普通高等教育“十三五”规划教材

普通化学实验

范志宏　主编

中国林业出版社

内容简介

本书是在普通高等教育“十一五”国家级规划教材，全国高等农林院校“十一五”规划教材《实验化学》的基础上，通过借鉴国内外化学实验教材的特点并吸收我国高等农业院校实验教学内容和课程体系改革的研究成果编写而成。全书共分普通化学实验基础理论，实验基本操作，物质的物理量及化学常数的测定，物质的制备、分离与提纯，物质的性质及自行设计实验6个部分，可根据课时及实验室条件选取相关实验进行教学。本书的一大特色是自行设计实验，旨在训练科学思维和化学方法。本书包含了目前我国大多数高等农、林、水产院校所开设的普通化学实验，内容丰富，结构新颖、合理，可作为高等农、林、水产院校各专业独立开设普通化学实验课的教科书，也可作为其他与化学相关的专业工作者和社会读者的实验参考书。

图书在版编目（CIP）数据

普通化学实验/范志宏主编.—北京：中国林业出版社，2018.7(2020.12 重印)
普通高等教育“十三五”规划教材
ISBN 978-7-5038-9674-3

Ⅰ.①普… Ⅱ.①范… Ⅲ.①化学实验－高等学校－教材 Ⅳ.①O6-3

中国版本图书馆 CIP 数据核字（2018）第 166051 号

国家林业和草原局生态文明教材及林业高校教材建设项目

中国林业出版社·教育出版分社

策划、责任编辑：高红岩

电话：（010）83143554　　**传真**：（010）83143516

出版发行　中国林业出版社（100009　北京市西城区德内大街刘海胡同 7 号）
　　　　　E-mail：jiaocaipublic@163.com　电话：（010）83143500
　　　　　http：//lycb.forestry.gov.cn
经　　销　新华书店
印　　刷　三河市祥达印刷包装有限公司
版　　次　2018 年 7 月第 1 版
印　　次　2020 年 12 月第 3 次印刷
开　　本　787mm×1092mm　1/16
印　　张　11.75
字　　数　275 千字
定　　价　25.00 元

前 言

在化学教学中，实验占有重要地位。大学一年级普通化学实验课的主要任务包括：引导学生仔细观察实验现象，直接获得化学感性知识；测定实验数据并正确处理与概括；训练学生正确掌握化学实验的基本方法和基本技能；巩固并加深对所学理论知识的理解；培养学生严谨的科学态度、良好的实验作风，以及分析问题、解决问题的独立工作能力。

普通化学实验是高等农业院校的基础化学课程，是在普通化学基本理论指导下，以学习实验原理、实验方法、实验操作技术以及培养化学科学思维的实践性课程。通过实验可以检验和评价理论的同时发现和发展理论。因此，普通化学实验与普通化学理论相辅相成，同时也为学习其他学科奠定良好的基础。

本书是大学一年级普通化学实验课的教材。有关化学基本概念、基本定律的实验；元素及其化合物的性质的实验是普通化学课的重要内容。本书安排的主要内容包括：基本概念的实验；物理量及化学常数的测定；无机化合物的制备和提纯；常见元素及其化合物性质的实验。

实验基本操作的训练和实验室安全知识的教育是实验课的一个重要内容。本书把这些内容集中编排在前面，以便师生对这部分内容有较系统的了解。其中各项的具体要求应结合实验反复练习，逐步掌握。

在编写上，安排部分实验由学生自行设计方案，教材仅给予提示和启发，以引起学生的兴趣、调动学生的主观能动性，自行设计实验有利于学生对本门课程教学内容的全面了解和掌握，并有利于增强学生分析和解决问题的能力和科学思维方法及创新精神的培养。实验内容的选择和实验的顺序的安排可视课程情况而定。

教材内容和结构安排充分考虑到我国农、林、水产各高校的现状与实际；既有本门课程自身的独立性、系统性和科学性，又照顾到与各有关化学课程及其他专业课程的联系与衔接。教材中适当编排了一些微量及半微量实验。这不仅是实验化学发展的一个趋势，同时也强化了学生在节约化学试剂、减少环境污染方面的意识。

参加本书编写的有山西农业大学的杨美红、郭继虎、范志宏、程作慧、芦晓芳、高春艳、李婧婧、高文梅老师，全书由主编范志宏修改统稿完成，山西农业大学赵晋忠教授主审并提出了许多宝贵意见，中国林业出版社和山西农业大学教材科许大连同志对本书的出版付出了极大的精力和艰辛，在此特致谢意。

在本次编写过程中，我们尽了自己的最大努力，但限于水平，书中一定还会有错误或不当之处。恳切希望使用本书的同行和读者批评指正。

编 者

2018 年 3 月

目 录

绪 论

化学是研究物质的性质、组成、结构、变化和应用的学科，是一门历史悠久又富有活力的实践性极强的学科。普通化学并不是化学的一个传统分支，也不是一门新兴的交叉学科，而是一门介绍整个化学领域内基础知识、简明阐述化学学科一般原理的化学学科，是高等农业院校必不可少的一门基础课，是培养全面发展的现代农业工程和生物技术人员知识结构和能力的重要组成部分，在化学和农业之间起着桥梁的作用。普通化学实验是普通化学课程的重要组成部分，是巩固、扩大和加深所学普通化学的基本理论和基本知识。可以说，普通化学实验是伴随化学学科的迅速发展以及高等农林院校化学课程体系改革，由化学学科的化学分支学科所包含的化学实验中分离出来，经高度综合后形成的一个有自身特点的新的化学实验课程体系。

21 世纪以来，随着科学技术的飞速发展，全国许多高等农、林、水产院校加大化学实验的改革力度，将普通化学实验发展为一门新的独立开设的基础实验课。这种将普通化学实验教学从普通化学理论教学中脱离出来，不是作为一门理论化学课程的附属部分，而是目前国际、国内先进院校强化实践教学的一种模式。实践证明，通过这种模式的普通化学实验教学，不仅可加强学生的实验设计能力，而且有利于提高学生综合运用化学知识的能力和科研素养的培养和训练，与目前培养综合型、设计型、复合型人才的宗旨相符合，具有较高的现实意义。

一、普通化学实验的教学功能和特点

普通化学实验是高等农、林、水产院校有关专业必修的一门重要基础课，是为了适应 21 世纪高等农、林、水产院校对本科生人才的化学素质、知识和能力的要求以及我国经济、科技发展和学生个性发展的需要而开设的一门实践性课程，其教学功能是：使学生通过普通化学实验的学习获得化学学科相关的化学实验基础理论、基本知识和基本操作技能，使学生逐步学会对实验现象进行观察、分析、联想思维和归纳总结，培养学生独立操作和分析、解决问题的能力。培养学生严肃、严密、严格的科学态度和良好的实验素养，以开拓学生智能，并为有关的后续课程和将来从事的专业工作奠定坚实的基础。

普通化学实验以介绍化学实验原理、实验方法、实验手段及实验操作技能为其主要内容。在教材内容和结构安排上，既要满足面向 21 世纪人才培养的需要，又考虑到目前我国高等农业院校的现状和实际；既要有本门课程自身的系统性、科学性和独立性，又照顾到与有关化学课程及其他专业课程的衔接与联系。本门课程与现有的其他化学课程是相互独立、相互配合、相互补充的关系。实验化学的教学特点是除了做到“体系重组，融会贯通”之外，还注重教学内容的系统性、先进性、新颖性和实用性。

二、普通化学实验的教学内容和教学方法

实验化学的教学内容涉及面很广，许多内容直接与农业、林业、水产业生产实践和生物科学研究相联系，采用的实验材料涉及水、土壤、农药、食品等。普通化学实验作为新开设的独立课程其基本内容应包括：

（1）实验原理　即进行一个实验需要提供的化学原理与实验依据。

（2）实验技术　即采用的实验手段。包括现代化仪器设备的基本操作和使用技术以及敏锐的观察力和综合分析能力。

（3）实验方法　即达到实验目的采取的途径。实验方法通常要以必要的原理与技术为背景，但对具体实验而言，其方法的设计一般有很灵活的特殊性和技巧性。

（4）具体的实验项目　它是体现实验原理、技术、方法的载体。通过实验项目的实践验证理论，发展理论。

对于普通化学实验的教学，着重选取实验原理与方法为主线并贯穿于整个课程之中。其内容概括为：基本操作技能、化学反应与分析、物质分离与鉴定、物理量测量、数据处理与误差分析等方面。

（1）加强实验原理的教学　提高实验课的理论思维，使学生能系统地掌握实验方法与技术的共性，重点讲授与实验内容配套的相关内容，给学生一个比较系统与完整的化学实验知识。通过实验化学的教学使学生懂得生产来自科学实验，利用科学实验的结果指导生产，没有科学实验就没有生产。一切重大科技成果，几乎都是建立在科学实验的基础上的，是人类运用先进的科学实验方法和实验手段获得的。

（2）切实加强基本操作技能的训练　在实验课时的安排中，应有足够的实验内容保证，提供反复训练、熟能生巧的机会。在实验中尽量创造条件让学生独立完成实验全过程，有效地加强动手能力的培养。《普通化学实验》是一门实验科学，是以观察与测量为基础，先现象后本质，由表及里的研究过程，而抓住规范的基本操作与基本技术训练正是抓住了实验教学的根本。

（3）开展实验方法论教学研究　在当前教学改革压缩教学时数的情况下，实验教学的学时是有限的，不可能做太多的实验。因此，除了要筛选有代表性的实验进行教学外，重要的是要在一定量的实验中开展实验方法论教学研究，即从具体的实验中引出普遍性的东西，举一反三，由此及彼，从特殊中看到一般。着重研究化学分支学科中的具体实验所蕴藏的十分丰富的共性内容，改变过去“只见树木、不见森林”的单一指导实验的教学方法。要充实每个实验内涵，进一步培养学生创造性的联想思维，扩大认识能力的深度与广度。

（4）按认识规律有层次地安排实验　化学实验本身是分层次的，一般有观察认知型、实践操作型与研究提高型之分。作为独立设课的普通化学实验课程，要认识到这样的层次存在，在教学安排上，循序渐进，点面结合，按人们的认识规律合理地进行。例如，把分析化学的基本方法有层次地融合到各实验之中，使普化与有机、物化、仪器分析等实验相互渗透，相辅相成。增设综合实验和自主设计实验等，加强对学生综合研究

能力的培养。

为达到上述要求，普通化学实验课程的教学方法可以采取“学导式”教学法——既以学生为主体，在教师指导下，学生自学和独立进行实验操作，教学的重心不是“教”而是学生的“学”和“做”，因而，在具体的教学实践中强调以学生自学和自主操作为主，并得到教师现场的必要指导，在学生主动掌握实验基本知识、基本原理和基本操作技能的同时加强智能的开发，从而把教学从以传授知识为主转移到培养学生自学能力、口头表达能力、实际操作能力、分析归纳和综合运用知识的能力和发展智能提高综合素质方面来。教学过程主要包括以下几个方面：

（1）引导预习　预习对实验原理的理解及实验操作过程有着十分重要的作用。在教学过程中，教师提前布置实验内容及预习内容，提出相关思考题，学生可通过参考教材、查阅资料等方式归纳总结出思考题答案，同时记忆实验操作过程，并预测实验结果。教师在授课的前 10 min 内就实验相关的内容进行提问，这样既培养了学生获取知识的能力，也有助于提高学生的语言表达能力。

（2）实验释疑　教师根据学生掌握的情况，帮助学生解析预习中遇到的实验疑难问题，培养学生的思维能力，在此基础上给出本次实验引导主线的标题或框架图，使学生对实验的重点和难点一目了然。

（3）精讲示范　教师根据实验要求和框架图，精讲实验原理和示范实验过程中的操作技术，要突出操作难点及学生掌握的薄弱环节，可配合录像、幻灯、CAI 等现代化教学手段进行演示强化，培养学生理解知识的能力。

（4）加强实践　在教师讲授重点、难点及注意事项后，放手让学生自己学、自己做，最大限度地发挥学生的主观能动性和创造性。尽可能开放实验室，使学生可以自己安排实验，同时有机会选做自己想做的实验。这样既可以创造一个良好的、宽松的实践性教学环境，而且又适当照顾了学生个性发展的需要。

（5）归纳总结　对于完整的实验教学内容进行归纳总结时，可以采取实验原理总结与实验技能、实验结果总结相结合的方式，增强学生的感性认识和理性认识，进一步加强理论与实践结合。在实验报告中，学生要写出实验的心得体会及对实验过程中出现的异常现象的解释。主要包括本次实验所获得的知识点，总结实验过程，找出自己的优势及存在的问题，培养学生综合运用知识的能力。

（6）成绩考核　学习成绩的考核可采用平时考查与期末试卷考试相结合来完成。平时考查包括课堂回答问题和实验报告完成情况，基本操作技能掌握情况，考查性实验及自行设计实验完成情况等。试卷考试尽可能逐步采用试题库组卷，以保证考试的科学性和规范化。

实践证明，在普通化学实验教学过程中应用“学导式”教学法，充分体现了教学过程中学生的主体地位，符合学生的思维发展特点和接受心理特点，增强学生的参与意识，杜绝学生消极旁观的现象，有助于开启思维，激发创造灵性，培养自学能力、描述表达能力、实际操作能力、发现问题解决问题的能力，达到“授之以渔”的目的。

三、普通化学实验的教学原则

普通化学实验的教学原则是实验化学教学过程中必须遵循的基本要求和指导原则。主要包括：

（1）教师的主导作用与学生主动性相统一的原则　在实验化学教学过程中即要发挥教师的主导作用，又要发挥学生主动性，并把两者有机地统一起来。发挥教师的主导作用是实现实验化学教学任务的关键。但是，在教学过程中，学生又是认识和实践化学实验基本操作的主体，需要学生内在的自觉性、主动性和创造性。因此，教师的主导作用是使教学过程能高效率地进行的主要保证，而学生的主动性则是实验能取得好的教学效果的基本条件，两者不可偏废。教师应在进行过程的各个环节充分发挥其主导作用，并且把这种主导作用逐渐地体现在发挥大学生的独立和创造性方面。为此，教师要充分了解学生的学习情况，对学生学习和实验操作主动地加以引导并进行有效的组织，激发学生学习的自觉性和积极性，引导学生学会学习和掌握实验操作技能，给他们以更多的学习主动权，为他们进行创造性活动提供一定条件，使教师的主导作用与学生的主动性有机结合起来。

（2）传授知识和发展智能相统一的原则　在教学过程中教师既要传授系统的化学实验基础知识和基本原理，又要使学生的智力和能力得到较好的发展，并在教学过程中把二者有机地统一起来。在教学中要有明确的智能培养目标，并以智能培养目标为主线，选择智力价值较高的实验教学内容设计课程体系，安排教学环节并对能力加以考核，从而提高培养智能的自觉性。

（3）理论与实践相统一的原则　在普通化学实验教学过程中，教师在传授实验基础知识、基本理论的基础上，引导学生掌握并运用知识于实验过程，去解决实验遇到的实际问题，以便形成专业人才必备的技能和技巧，提高分析问题和解决问题的能力以及手脑并用的操作能力。在教学过程中，学生通过自学所学习的知识主要是书本知识，这种知识从一定程度上说，对学生而言是一些没有经过实验验证的理论知识，如果这些理论知识不与学生自己的直接经验结合起来，就很可能是片面的知识。为此，就需要让学生独立自主地从事实验活动，使学生获得一定的实践知识，运用和检验理论知识。这样，理论知识运用于实践，实践知识又上升到理论，经过这样循环往复的深化过程，必然深化学生对客观世界的认识。在教学过程中，教师要充分认识和加强理论与实践的联系。要以实验基础知识和基本原理为主导，加强基础知识的教学，加强实践性教学环节，有目的地培养学生独立工作能力和创造才能。

第1章　普通化学实验基础理论知识

一、实验室规则

(1) 为了保证实验的顺利进行，实验课前应认真预习，明确实验的目的和要求，了解实验的基本原理、方法、步骤及注意事项并写好预习报告。

(2) 进入实验室后，首先检查所用仪器是否齐全，有无破损，如发现有缺少或破损，应立即向指导教师声明，并按规定补齐、更换。如在实验过程中损坏了仪器，也应及时向指导教师报告，填写仪器破损报告单，经指导教师签字后，交由实验室工作人员处理。

(3) 遵守纪律，不迟到、早退、无故旷课，实验过程中保持安静，不得大声喧哗、四处走动，更不准擅自离开实验室，因故未做的实验应及时补做。

(4) 实验时应严格遵守操作规程，在教师的指导下进行实验，不得擅自改变实验内容和操作过程，以保证实验安全。实验过程中应独立操作，认真观察，如实做好实验记录。

(5) 保持实验室和台面的整洁，火柴梗、废纸屑等应投入废物篓内，废液应倒入指定的废液缸，不得投放入水槽，以免引起下水道堵塞或腐蚀。有毒废液由实验室工作人员统一处理。

(6) 爱护仪器和设备，节约用水、用电。药品应按规定的量取用，已取出的试剂不能再放回原试剂瓶中。精密仪器应严格按照操作规程操作并及时填写使用记录册，不得任意拆装，发现仪器有故障，应立即停止使用并向指导教师报告。公用仪器、试剂等用毕应立即放回原处，不得随意乱拿乱放。试剂瓶中试剂不足时，应报告指导教师，及时补充。

(7) 实验完毕后，将所用仪器洗净，仪器试剂摆放整齐，整理好桌面。值日生负责做好整个实验室的清洁工作，并关好水、电开关及门窗等，经指导教师同意后方可离开实验室。实验室内一切物品不得私自带出实验室。

(8) 实验结束后，根据实验数据原始记录，进行结果处理得出实验结论，按实验报告要求格式写出一份完整的实验报告，交给指导教师批阅。

二、实验室安全知识与意外事故处理

1. 实验室安全知识

(1) 实验者进入实验室，首先要了解、熟悉实验室电闸、煤气开关、水开关及安全用具(如灭火器、沙箱、石棉布等)的放置地点及使用方法。不得随意移动安全用具的位置。

(2) 实验开始前，应仔细检查仪器有无破损，装置是否正确、稳妥。实验进行时，不得擅自离开岗位。

(3) 实验室电器设备的功率不得超过电源负载能力。电器设备使用前应检查是否漏电，常用仪器外壳应接地。不能用湿手开启电闸和电器开关。水、电、煤气、酒精灯等使用结束后应该立即关闭。点燃的火柴用后立即熄灭，不得乱扔。

(4) 禁止随意混合各种化学药品，以免发生意外事故。

(5) 绝不可加热密闭系统实验装置，否则体系压力增加会导致爆炸。

(6) 使用剧毒药品(如氰化物、三氧化二砷、氯化汞等)时，应格外注意小心！有毒药品不得误入口内或接触伤口。用剩的有毒药品还给教师，有毒废液不得倒入水槽或废液缸中，应由实验室工作人员集中统一处理。实验室所有药品不得带出实验室。

(7) 加热试管中的液体时，切记不可使试管口对着自己或别人，也不要俯视正在加热的容器，以防容器内液体溅出伤人。

(8) 使用浓酸、浓碱、铬酸洗液、溴等具有强腐蚀性的试剂时，切勿溅在皮肤或衣服上，尤其要注意保护眼睛，必要时应佩戴防护眼镜。进行危险性实验时，应使用防护眼镜、面罩、手套等防护用具。

(9) 嗅闻气体时，不能直接俯向容器去嗅气体的气味，应用手轻拂离开容器的气流，把少量气体扇向自己后再嗅。能产生有刺激性、腐蚀性或有毒气体的实验应在通风橱内进行。

(10) 使用酒精灯时，酒精应不超过酒精灯容量的2/3，随用随点燃，不用时盖上灯帽，不可用点燃的酒精灯去点燃别的酒精灯，以免酒精流出而失火。

(11) 稀释浓硫酸时，应将浓硫酸慢慢注入水中，并不断搅动，切勿将水直接加入浓硫酸中，以避免迸溅，造成灼伤。

(12) 易燃有机溶剂(如乙醚、乙醇、丙酮、苯等)使用时必须远离明火，用后要立即塞紧瓶塞，放置在阴凉处保存。钾、钠、白磷等暴露在空气中易燃烧，存放时应隔绝空气，钾、钠可保存在煤油中，白磷可保存在水中，使用时必须遵守它们的使用规则，如取用时应使用镊子。

(13) 某些强氧化剂(如氯酸钾、硝酸钾、高锰酸钾等)或其混合物不能研磨，否则将引起爆炸。

(14) 金属汞易挥发，如通过呼吸道进入人体内，会逐渐积累引起慢性中毒，取用汞时，应该在盛水的搪瓷盘上操作，做金属汞的实验应特别小心，不得把汞洒落在桌面或地上，一旦洒落或带汞仪器被损坏，汞液溢出时，应立即报告指导教师，尽可能收集起来，并用硫黄粉盖在洒落的地方，使汞转变成不挥发的硫化汞。

(15) 严禁在实验室内饮食、吸烟，一切化学药品禁止入口。实验结束后，应洗干净双手。

2. 实验室意外事故处理

（1）割伤　是实验室中经常发生的事故，常在拉制玻璃管或安装仪器时发生。当割伤时，首先将伤口内异物取出，用水洗净伤口，涂上碘酒或红汞药水，用纱布包扎，不要使伤口接触化学药品，以免引起伤口恶化，必要时送医院救治。

（2）浓酸烧伤　立即用大量水冲洗，然后用饱和碳酸氢钠溶液或稀氨水清洗，涂烫伤膏。

（3）浓碱烧伤　立即用大量水冲洗，再以1%～2%硼酸或乙酸溶液清洗，最后再用水洗，涂敷氧化锌软膏（或硼酸软膏）。

（4）溴烧伤　溴引起的灼伤特别严重，应立即用大量水冲洗，然后用酒精擦洗至无溴液，再涂上甘油。

（5）烫伤　被火、高温物体、开水烫伤后，可先用稀高锰酸钾溶液或苦味酸溶液揩洗灼伤处，再在烫伤处涂上烫伤膏，切勿用水冲洗。

（6）酸溅入眼内　应立即用大量水冲洗，再用2%四硼酸钠溶液冲洗眼睛，然后用水冲洗。

（7）碱溅入眼内　应立即用大量水冲洗，再用3%硼酸溶液冲洗眼睛，然后用水冲洗。

（8）有刺激性或有毒气体　在吸入刺激性或有毒气体（如溴蒸气、氯气、氯化氢）时，可吸入少量酒精和乙醚的混合蒸气解毒。因不慎吸入煤气、硫化氢气体时，应立即到室外呼吸新鲜空气。

（9）有毒物质　遇有毒物质误入口内时，立即取一杯含5～10 cm^3稀硫酸铜溶液的温水，内服后再用手指伸入咽喉部，促使呕吐，然后立即送医院治疗。

（10）触电　不慎触电时，立即切断电源，必要时进行人工呼吸。

（11）起火　当实验室不慎起火时，一定不要惊慌失措，而应根据不同的着火情况，采取不同的灭火措施。小火可用湿布或石棉布盖熄，如着火面积大，可用泡沫式灭火器和二氧化碳灭火器。对活泼金属钠、钾、镁、铝等引起的着火，应用干燥的细沙覆盖灭火。有机溶剂着火，切勿用水灭火，而应用二氧化碳灭火器、沙子和干粉等灭火。在加热时着火，立即停止加热，关闭煤气总阀，切断电源，把一切易燃易爆物移至远处。电器设备着火，应先切断电源，再用四氯化碳灭火器或二氧化碳灭火器灭火，不能用泡沫灭火器，以免触电。当衣服上着火时，切勿慌张跑动，引起火焰扩大，应立即在地面上打滚将火闷熄，或迅速脱下衣服将火扑灭。必要时报火警。

三、普通化学实验常用仪器介绍

化学实验中常用仪器列于表1－1。

表 1-1 化学实验常用仪器

仪器	规格	用途	注意事项
普通试管、离心试管	分硬质试管、软质试管；普通试管以管口外径（mm）× 管长（mm）表示；离心试管以容积（cm^3）表示	普通试管用作少量试剂的反应容器，便于操作和观察；离心试管主要用于沉淀分离	普通试管可以直接加热；硬质试管可加热至高温；加热时要在热源上不断地移动，使其受热均匀；加热后不能骤冷；离心试管不能直接加热，可用水浴加热
试管架	有木质、铝质和塑料等不同质地	放试管	加热后的试管应用试管夹夹好悬放在试管架上
试管夹	由木、竹或钢丝等制成	夹持试管	防止烧损和锈蚀
毛刷	以大小和用途表示，如试管刷、滴定管刷等	洗刷玻璃仪器	防止刷顶的铁丝撞破玻璃仪器
烧杯	以容积（cm^3）表示，如 1000、500、200、100、50 cm^3 等	常温或加热条件下用作反应药品量较大的反应容器，反应物易混合均匀，也可用来配制溶液	加热时放在石棉网上，使其受热均匀；可以加热至高温
锥形瓶	以容积（cm^3）表示，如 500、250、150、100 cm^3 等	反应容器，振荡方便，适用于加热反应、滴定操作	盛液体不能太多，加热时应放置在石棉网上
烧瓶	有圆底、平底之分；以容积（cm^3）表示，如 1000、500、250、100 cm^3 等	反应物较多又需较长加热时间时，用作反应容器	加热时注意勿使温度变化过于剧烈；一般放在石棉网上或电热套内加热

（续）

仪器	规格	用途	注意事项
凯氏烧瓶	以容积（cm^3）表示，如500、250、100、50 cm^3等	消解有机物质	放置石棉网上加热，瓶口处一般放置小漏斗，便于回流
洗瓶	分塑料和玻璃洗瓶，目前实验室多用塑料洗瓶；以容积（cm^3）表示	用蒸馏水洗涤沉淀或容器	不能加热
滴瓶	有无色、棕色之分；以容积（cm^3）表示，如125、60、30 cm^3等	用于盛少量液体试剂或溶液	见光易分解或不太稳定的试剂用棕色试剂瓶盛装，碱性试剂要用带橡皮塞的滴瓶，但不能长期存放浓碱液
广口瓶、细口瓶	有玻璃和塑料的，无色或棕色，磨口或不磨口；以容积（cm^3）表示，如1000、500、250 cm^3等	细口瓶用于盛装液体试剂，广口瓶用于盛装固体药品	不能直接加热；瓶塞不能互换；盛放碱液时要用橡皮塞
容量瓶	以刻度以下容积（cm^3）表示，如1000、500、250、200、100、50、25 cm^3等	用于准确配制一定体积的溶液	不能加热；不能用毛刷洗；瓶塞配套使用，不能互换；不能在其中溶解固体
碘量瓶	以容积（cm^3）表示，如250、100 cm^3等	碘量法或其他生成易挥发性物质的定量分析	加热时放在石棉网上，一般不直接加热，直接加热时外部要擦干，不要有水珠，以防炸裂；瓶塞与瓶配套使用

（续）

仪器	规格	用途	注意事项
称量瓶	分扁形称量瓶和高形称量瓶；以外径(mm)×高(mm)表示，如扁形称量瓶 50 mm × 30 mm、高形称量瓶 25 mm×40 mm	需要准确称取一定量的固体样品时用	不能直接加热；瓶塞与瓶配套使用，不能互换
量筒和量杯	以刻度所能度量的最大容积(cm^3)表示，如1000、500、250、100、50、25、10、5 cm^3等	量取一定体积的液体	不能加热；不能量热的液体；不能用作反应容器
吸量管和移液管	以所度量的最大容积(cm^3)表示，如50、25、20、10、5、2、1 cm^3等	用于精确量取一定体积的液体	不能加热；用后应洗净，置于吸管架上，以免沾污；为减少测量误差，吸量管每次都应从最上面刻度起往下放出所需体积
布氏漏斗和吸滤瓶	布氏漏斗为瓷质，以容积(cm^3)或口径(mm)表示；吸滤瓶为玻璃制品，以容积(cm^3)表示	二者配套使用，用于分离沉淀与溶液，利用循环水泵或真空泵进行减压过滤	不能用火直接加热；滤纸要略小于漏斗内径才能贴紧，先开水泵，后过滤，过滤毕，先将泵与吸滤瓶的连接处断开，再关泵
研钵	用瓷、玻璃、玛瑙、铁制成以口径(mm)表示	用于研磨固体物质	不能用火直接加热；按固体物质的性质和硬度选用不同的研钵；研磨时不能捣，只能碾压
药勺	由牛角或塑料制成，有长短各种规格	取固体药品	视所取药量的多少选用药勺两端的大、小勺；不能用于取用灼热的药品；用后应洗净擦干备用

（续）

仪器	规格	用途	注意事项
水浴锅	铜或铝制品	用于间接加热，也可用于粗略控温实验	加热时防止锅内的水烧干；用完后应洗净擦干备用
滴管	由尖嘴玻璃管与橡皮乳头构成	吸取或滴加少量（数滴）试剂；吸取沉淀的上层清液以分离沉淀	滴加试剂时保持垂直，避免倾斜，尤其不能倒立；除吸取溶液外，管尖不能接触其他器物，以免杂质沾污
点滴板	瓷质，分白色、黑色；十二凹穴、九凹穴、六凹穴等	用于点滴反应，尤其是显色反应	白色沉淀用黑色板，有色沉淀和溶液用白色板
三脚架	铁制品，有大小高低之分	放置较大或较重的加热容器；作仪器的支撑物	放置加热容器之前，先放石棉网；加热时灯焰应合适
滴定管和滴定管架	滴定管分酸式滴定管和碱式滴定管，管身颜色为无色或棕色，以容积（cm^3）表示，如100、50、25、10 cm^3等	用于滴定，或放出较准体积的溶液时用；滴定管架用于夹持滴定管	不能加热或量取热的液体；酸式滴定管用于盛装酸性溶液和氧化性溶液；碱式滴定管用于盛装碱性溶液或还原性溶液；见光易分解的滴定液要用棕色滴定管；活塞要原配，以防漏液
蒸发皿	有瓷、铂、石英等制品，分有柄和无柄；以容积（cm^3）表示，如125、100、35 cm^3等	蒸发液体用，还可作为反应器	耐高温，可直接加热；高温时不能骤冷；随液体性质不同选用不同质地的蒸发皿
表面皿	以口径（mm）大小表示，如150、125、100、90、75、65、45 cm^3等	盖在烧杯上防止液体溅迸或作其他用途	不能用火直接加热，直径要略大于所盖容器

（续）

仪器	规格	用途	注意事项
坩埚	材质有瓷、石英、铁、镍、铂等；以容积（cm^3）表示，如100、50、30、20、15、10 cm^3等	用于灼烧固体或处理样品	根据样品性质选用不同材质的坩埚；放在泥三角上直接用火烧；灼热的坩埚不能骤冷
漏斗	分长径、短径；以口径(mm)大小表示，如60、40、30 cm^3等	用于过滤操作	不能用火加热
分液漏斗	以容积（cm^3）和漏斗的形状（球形、梨形）表示，如500、250、100、50 cm^3等	萃取时用于分离两种不相溶的溶液	活塞要用橡皮筋系于漏斗颈上，避免滑出；不能加热；塞子与漏斗配套使用，不能互换
热水漏斗	由普通玻璃漏斗和金属外套组成；以口径（mm）表示，如60、40、30 mm等	用于热过滤	加水不超过其容积的2/3
玻璃钉漏斗	由普通玻璃漏斗和一枚玻璃钉组成；以口径(mm)表示	用于少量化合物的过滤	不能用火加热
漏斗架	木制，有螺丝可固定于支架上，可移动位置，调节高度	过滤时支承漏斗	固定漏斗板时，不要把它放倒

（续）

仪器	规格	用途	注意事项
干燥器	有普通干燥器和真空干燥器；以外径(mm)表示，如300、240、210、160 mm等	内放干燥剂，用作样品的干燥和保存	防止盖子滑动打碎，热的物品待稍冷后才能放入；盖的磨口处涂适量的凡士林；干燥剂要及时更换
铁架台	铁制品，固定夹有铝制品	用于固定或放置反应容器，铁环还可以代替漏斗架	使用时仪器的重心应处于铁架台底盘中部
坩埚钳	金属制品	夹取灼热的坩埚或坩埚盖	不要与化学药品接触，防止生锈；放置时，钳尖应向上
熔点测定管	以口径(mm)大小表示	用于测定固体化合物的熔点	所装溶液液面应高于上支管处
泥三角	由铁丝弯成，套以瓷管，有大小之分	灼烧坩埚时，放置坩埚	灼烧的泥三角不能滴上冷水，以免瓷管破裂
石棉网	由铁丝编成，中间涂有石棉，有大小之分	加热时垫在受热仪器与热源之间，能使受热物体均匀受热	不能与水接触；石棉脱落的不能使用

四、化学试剂和“三废”处理

(一)化学试剂

化学试剂的种类很多，世界各国对化学试剂的分类和分级的标准不尽一致，各国都有自己的国家标准及其他标准(行业标准、学会标准等)。我国化学试剂产品有国家标准(GB)、化工部标准(HG)及企业标准(QB)三级。

1. 化学试剂的分类

化学试剂产品已有数千种，有分析试剂、仪器分析专用试剂、指示剂、有机合成试剂、生化试剂、电子工业或食品工业专用试剂、医用试剂等。随着科学技术和生产的发展，新的试剂种类还将不断产生，到目前为止，还没有统一的分类标准。通常将化学试剂分为标准试剂、一般试剂、高纯试剂、专用试剂四大类。

(1) 标准试剂　标准试剂是用于衡量其他(欲测)物质化学量的标准物质。标准试剂的特点是主体含量高而且准确可靠，其产品一般由大型试剂厂生产，并严格按国家标准检验。主要国产标准试剂的种类及用途列于表 1-2 中。

表 1-2　主要国产标准试剂的种类与用途

类　别	主要用途
滴定分析第一基准试剂	工作基准试剂的定值
滴定分析工作基准试剂	滴定分析标准溶液的定值
杂质分析标准溶液	仪器及化学分析中作为微量杂质分析的标准
滴定分析标准溶液	滴定分析法测定物质的含量
一级 pH 基准试剂	pH 基准试剂的定值和高精密度 pH 计的校准
pH 基准试剂	pH 计的校准(定位)
热值分析试剂	热值分析仪的标定
色谱分析标准	气相色谱法进行定性和定量分析的标准
临床分析标准溶液	临床化验
农药分析标准	农药分析
有机元素分析标准	有机物元素分析

(2) 一般试剂　一般试剂是实验室最普遍使用的试剂，根据国家标准(GB)及部颁标准，一般化学试剂分为 4 个等级及生化试剂，其规格及适用范围等见表 1-3。指示剂也属于一般试剂。

按规定，试剂瓶的标签上应标示试剂名称、化学式、摩尔质量、级别、技术规格、产品标准号、生产许可证号、生产批号、厂名等，危险品和有毒药品还应给出相应的标志。

表 1－3　一般试剂的规格及适用范围

级别	中文名称	英文符号	标签颜色	适用范围
一级	优级纯（保证试剂）	GR	绿色	精密的分析及科学研究工作
二级	分析纯（分析试剂）	AR	红色	一般的科学研究及定量分析工作
三级	化学纯	CR	蓝色	一般定性分析及无机化学、有机化学实验
四级	实验试剂	LR	棕色或其他颜色	要求不高的普通实验
生化试剂	生化试剂 生物染色剂	BR	咖啡色 （染色剂：玫瑰色）	生物化学及医用化学实验

（3）高纯试剂　高纯试剂的特点是杂质含量低（比优级纯基准试剂低），主体含量一般与优级纯试剂相当，而且规定检测的杂质项目比同种优级纯或基准试剂多 1～2 倍，在标签上标有“特优”或“超优”试剂字样。高纯试剂主要用于微量分析中试样的分解及试液的制备。

（4）专用试剂　专用试剂是指有特殊用途的试剂，如仪器分析中色谱分析标准试剂、气相色谱担体及固定液、液相色谱填料、薄层色谱试剂、紫外及红外光谱纯试剂、核磁共振分析用试剂等。专用试剂与高纯试剂相似之处是不仅主体含量较高，而且杂质含量很低。它与高纯试剂的区别是，在特定的用途中（如发射光谱分析）有干扰的杂质成分，但只需控制在不致产生明显干扰的限度以下。

2. 化学试剂的选用

各种级别的试剂因纯度不同价格相差很大，不同级别的试剂有的价格可相差数十倍，因此在选用化学试剂时，应根据所做实验的具体要求，如分析方法的灵敏度和选择性、分析对象的含量及对分析结果准确度的要求，合理地选用适当级别的试剂。在满足实验要求的前提下，应本着节约的原则，尽量选用低价位试剂。

3. 化学试剂的存放

在实验室中化学试剂的存放是一项十分重要的工作。一般化学试剂应贮存在通风良好、干净、干燥的库房内，要远离火源，并注意防止污染。实验室中盛放的原包装试剂或分装试剂都应贴有商标或标签，盛装试剂的试剂瓶也都必须贴上标签，并写明试剂的名称、纯度、浓度、配制日期等，标签外应涂蜡或用透明胶带等保护，以防标签受腐蚀而脱落或破坏。同时，还应根据试剂的性质采用不同的存放方法。

（1）固体试剂一般应装在易于取用的广口瓶内；液体试剂或配制成的溶液则盛放在细口瓶中；一些用量小而使用频繁的试剂，如指示剂、定性分析试剂等可盛装在滴瓶中。

（2）遇光、热、空气易分解或变质的药品或试剂，如硝酸、硝酸银、碘化钾、硫代硫酸钠、过氧化氢、高锰酸钾、亚铁盐和亚硝酸盐等，都应盛放在棕色瓶中，避光保存。

（3）容易侵蚀玻璃而影响试剂纯度的，如氢氟酸、含氟盐、氢氧化钠等，应保存在塑料瓶中。

（4）碱性物质，如氢氧化钾、氢氧化钠、碳酸钠、碳酸钾和氢氧化钡等溶液，盛放的瓶子要用橡皮塞，不能用玻璃磨口塞，以防瓶口被碱溶结。

（5）吸水性强的试剂如无水硫酸钠、氢氧化钠等应严格用蜡密封。

（6）易燃液体保存时应单独存放，注意阴凉避风，特别要注意远离火源。易燃液体主要是有机溶剂，实验室常见的一级易燃液体有：丙酮、乙醚、汽油、环氧丙烷、环氧乙烷；二级易燃液体有：甲醇、乙醇、吡啶、甲苯、二甲苯等；三级易燃液体有：柴油、煤油、松节油。

（7）易燃固体有机物如硝化纤维、樟脑等，无机物如硫黄、红磷、镁粉和铝粉等，着火点都很低，遇火后易燃烧，要单独贮藏在通风干燥处。

（8）白磷为自燃品，放置在空气中，不经明火就能自行燃烧，应贮藏在水里，加盖存放于避光阴凉处。

（9）金属钾、钠、电石和锌粉等为遇水燃烧的物品，与水剧烈反应并放出可燃性气体，贮存时应与水隔离，如金属钾和钠应贮藏在煤油里。贮存这类易燃品（包括白磷）时，最好把带塞容器的2/3埋在盛有干沙的瓦罐中，瓦罐加盖贮于地窖中。要经常检查，随时添加贮存用的液体。

（10）易爆炸物如三硝基甲苯、硝化纤维和苦味酸等应单独存放，不能与其他类试剂一起贮藏。

（11）具有强氧化能力的含氧酸盐或过氧化物，当受热、撞击或混入还原性物质时，就可能引起爆炸。贮存这类物质，绝不能与还原性物质或可燃物放在一起，贮藏处应阴凉通风。强氧化剂分为3个等级：一级强氧化剂与有机物或水作用易引起爆炸，如氯酸钾、过氧化钠、高氯酸；二级强氧化剂遇热或日晒后能产生氧气支持燃烧或引起爆炸，如高锰酸钾、过氧化氢；三级强氧化剂遇高温或与酸作用时，能产生氧气支持燃烧和引起爆炸，如重铬酸钾、硝酸铅。

（12）强腐蚀性药品，如浓酸、浓碱、液溴、苯酚和甲酸等，应盛放在带塞的玻璃瓶中，瓶塞密闭。浓酸与浓碱不要放在高位架上，防止碰翻造成灼伤。如量大时，一般应放在靠墙的地面上。

（13）剧毒试剂，如氰化物、三氧化二砷或其他砷化物、升汞及其他汞盐等，应由专人负责保管，取用时严格做好记录，每次使用以后要登记验收。钡盐、铅盐、锑盐也是毒品，要妥善贮藏。

4. 化学试剂的取用

取用试剂时，应先看清试剂的名称和规格是否符合，以免用错试剂。试剂瓶盖打开后，瓶盖应翻过来放在干净的地方，以免盖上时带入脏物，取出试剂后应及时盖上瓶盖，然后将试剂瓶的瓶签朝外放至原处。取用试剂要注意节约，用多少取多少，多取的试剂不应放回原试剂瓶内，以免沾污整瓶试剂，有回收价值的应放入回收瓶中。

(1) 固体试剂的取用　固体试剂的取用一般使用药勺。药勺的两端为一大一小，取大量固体时用大端，取少量固体时用小端。使用的药勺必须干净，专勺专用，药勺用后应立即洗净。

要称取一定量固体试剂时，可将固体试剂放在干净的纸上、表面皿上、称量瓶内或其他干燥洁净的玻璃容器内，根据要求在不同精度的天平上称量。对腐蚀性或易潮解的固体，不能放在纸上，应放在称量瓶等玻璃容器内称量。

大块试剂从药勺倒入容器时，应将容器倾斜一定角度，使试剂沿容器壁滑下，以免击碎容器；粉状试剂可用药勺直接倒入容器底部；管状容器可借助对折的纸条将粉末送入管底。试剂取用后，要立即盖严瓶塞。

固体颗粒较大时，应在干净研钵内研碎。

(2) 液体试剂的取用　打开液体试剂瓶塞后，左手拿住盛接的容器，右手手心朝向标签处握住试剂瓶(以免倾注液体时弄脏标签)，倒出所需量试剂。若盛接的容器是小口容器(如小量筒、滴定管)，要小心将容器倾斜，靠近试剂瓶，再缓缓倾入，倒完后，应将试剂瓶口在容器上靠一下，使瓶口的残留试剂沿容器内壁流入容器内，再使试剂瓶竖直，以免液滴沿试剂瓶外壁流下。若盛接的容器是大口，可使用玻璃棒，使棒的下端斜靠在容器壁上，将试剂瓶口靠在玻璃棒上，使注入的液体沿玻璃棒从容器壁流下，以免液体冲下溅出。

取用少量或滴加液体试剂时，通常将液体试剂盛于滴瓶中，再用滴管取用。取用时，先提起滴管，使管口离开试剂液面，用手指挤压滴管上部的橡皮乳头，排出其中的空气，再把滴管伸入滴瓶的液体中，放松橡皮乳头吸入试剂，取出滴管，将接收试剂的容器倾斜，滴管竖直，挤压橡皮乳头，逐滴滴入试剂。严禁将滴管伸入试剂接收容器内或接触容器壁，以免沾污滴管。取用完液体后，应立即将滴管放回原滴瓶，不得将有试剂的滴管平放，更不能倒置，以免污染试剂，腐蚀胶头。

定量量取试剂时，可根据对准确度的要求分别选用量筒、移液管、吸量管等。用量筒量取液体时，应用左手持量筒，以大拇指指示所需体积的刻度处，右手持试剂瓶，瓶口紧靠量筒口的边缘，慢慢注入液体至所指刻度。读取刻度时，让量筒竖直，使视线与量筒内液面的弯月面最低处保持同一水平，偏高偏低都会造成误差。

(二)“三废”处理

在化学实验中会产生各种有毒的废气、废液和废渣。化学实验室的“三废”种类十分繁多，如直接排放到空气或下水道中，会对环境造成极大污染，严重威胁人类的生存环境，损害人们的健康。如SO_2、NO、Cl_2等气体对人的呼吸道有强烈的刺激作用，对植物也有伤害作用；As、Pb和Hg等化合物进入人体后，不易分解和排出，长期积累会引起胃痛、皮下出血、肾功能损伤等；氯仿、四氯化碳、多环芳烃等有致癌作用；CrO_3接触皮肤破损处会引起溃烂不止等。此外，“三废”中的贵重和有用的成分不能回收，在经济上也是不小损失。因此，必须加大实验室的“三废”处理力度，对实验过程中产生的“三废”进行必要的处理。

1. 常用的废气处理方法

（1）溶液吸收法　即用适当的液体吸收剂处理气体混合物，除去其中有害气体的方法。常用的液体吸收剂有水、碱性溶液、酸性溶液、氧化剂溶液和有机溶液，它们可用于净化含有 SO_2、NO_x（$x=1$，2）、HF、SiF_4、HCl、Cl_2、NH_3、汞蒸气、酸雾、沥青烟和各种组分有机物蒸气的废气。如卤化氢、二氧化硫等酸性气体，可用碳酸钠、氢氧化钠等碱性水溶液吸收后排放；碱性气体用酸溶液吸收后排放。

（2）固体吸收法　是将废气与固体吸收剂接触，废气中的污染物（吸附质）吸附在固体表面从而被分离出来。此法主要用于净化废气中低浓度的污染物质，常用的吸附剂有活性炭、活性氧化铝、硅胶、分子筛等。

2. 常用的废水处理方法

（1）中和法　利用化学反应使酸性废水或碱性废水中和，达到中性的方法称为中和法。中和法应优先考虑“以废治废”的原则，尽量利用废酸和废碱进行中和，或者让酸性废水和碱性废水直接中和。对于酸含量小于3%～5%的酸性废水或碱含量小于1%～3%的碱性废水，常采用中和处理方法。无硫化物的酸性废水，可用浓度相当的碱性废水中和；含重金属离子较多的酸性废水，可通过加入碱性试剂（如 NaOH、Na_2CO_3）进行中和。

（2）萃取法　采用与水互不相溶但能良好溶解污染物的萃取剂，使其与废水充分混合，提取污染物，达到净化废水的目的。如含酚废水就可采用二甲苯作萃取剂。

（3）化学沉淀法　于废水中加入某种化学试剂，使之与废水中某些溶解性污染物发生化学反应，生成难溶性物质沉淀下来，然后进行分离，以降低废水中溶解性污染物的浓度。此法适用于除去废水中的重金属离子（如汞、镉、铜、铅、锌、镍、铬等）、碱土金属离子（钙、镁）及某些非金属（砷、氟、硫、硼等）。如氢氧化物沉淀法可用 NaOH 作沉淀剂处理含重金属离子的废水；硫化物沉淀法是用 Na_2S、H_2S、CaS_x 或 $(NH_4)_2S$ 等作沉淀剂除汞、砷；铬酸盐法是用 $BaCO_3$ 或 $BaCl_2$ 作沉淀剂除去废水中的 CrO_3 等。

（4）氧化还原法　水中溶解的有害无机物或有机物，可通过化学反应将其氧化或还原，转化成无害的新物质或易从水中分离除去的形态。常用的氧化剂主要是漂白粉，用于含氮废水、含硫废水、含酚废水及含氨态氮废水的处理。常用的还原剂有 $FeSO_4$ 或 Na_2SO_3，用于还原六价铬；还有活泼金属如铁屑、铜屑、锌粒等，用于除去废水中的汞。

（5）离子交换法　利用离子交换剂对物质选择性交换的能力，去除废水中的杂质和有害物质。

（6）吸附法　利用多孔固体吸附剂，废水中的污染物可通过固－液相界面上的物质传递，转移到固体吸附剂上，从废水中分离除去。废水处理常用吸附剂有活性炭、磺化煤、沸石等。

此外，废水处理还有电化学净化法等。

3. 常用的废渣处理方法

废渣主要采用掩埋法。有毒的废渣应深埋在指定地点，如有毒的废渣能溶解于地下水，必须先进行化学处理后深埋在远离居民区的指定地点，以免毒物溶于地下水而混入饮水中。无毒废渣可直接掩埋，掩埋地点应有记录。有回收价值的废渣应该回收利用。

五、实验用水的规格、制备及检验方法

在化学实验中，根据任务和要求的不同，对水的纯度要求也不同。对于一般的分析实验工作，采用蒸馏水或去离子水即可，而对于超纯物质分析，则要求纯度较高的“高纯水”，应根据所做实验对水质量的要求，合理选用不同规格的纯水。制备纯水的方法不同，带来的杂质情况也不同。我国实验室用水规格的国家标准（GB/T 6682—2008）规定了实验室用水的技术指标、制备方法及检验方法等。

（一）实验用水的规格

实验室用水级别及主要指标见表1－4。

表1－4 实验室用水的级别及主要指标

指标名称		一级	二级	三级
pH范围（25℃）		—	—	5.0~7.5
电导率（κ）/（$\mu S \cdot cm^{-1}$）（25℃）	≤	0.1	1.0	5.0
吸光度（A）（254 nm，1cm光程）	≤	0.001	0.01	—
可溶性硅（以SiO_2计）/（$mg \cdot dm^{-3}$）	≤	0.01	0.02	—
可氧化物的限度实验		—	符合	符合

GB/T 6682—2008中只规定了一般技术指标，在实际工作中，有些实验对水有特殊要求，有时还要对Cl^-、Fe^{3+}、Cu^{2+}、Zn^{2+}、Pb^{2+}、Ca^{2+}、Mg^{2+}等离子及细菌进行检验。

（二）纯水的制备方法

制备实验室用水的原料水应当是饮用水或其他适当纯度的水。如有污染，则必须进行预处理。目前制备纯水的方法主要有蒸馏法、离子交换法、电渗析法。

1. 蒸馏法

蒸馏法将自来水或较纯净的天然水在蒸馏装置中加热汽化，再通过冷凝装置将水蒸气冷凝下来，所制得的纯水通常称为蒸馏水。蒸馏法使用的蒸馏器一般用玻璃、铜、石英等材料制成。蒸馏法设备成本低，操作简单，但能量消耗大，且只能除去水中非挥发性杂质，不能完全除去溶解在水中的气体。

2. 离子交换法

离子交换法是应用离子交换树脂分离出水中杂质离子的方法。将自来水通过装有阳

离子交换树脂和阴离子交换树脂的离子交换柱，利用离子交换树脂中的活性基团与水中的杂质离子进行交换作用，除去水中的杂质离子。用这种方法制得的纯水通常称为去离子水。离子交换法的优点是制备的水量大，成本低，去离子效果好；缺点是设备及操作较复杂，不能除去水中非离子型杂质，因此去离子水中常含有微量的有机物。

3. 电渗析法

电渗析法是在离子交换技术基础上发展起来的一种方法。它是在直流电场的作用下，将自来水通过阴、阳离子交换膜组成的电渗析器，利用阴、阳离子交换膜对水中阴、阳离子的选择性透过，使杂质离子从水中分离出来。此方法除去杂质的效率较低，也不能除去非离子型杂质，仅适用于要求不很高的分析工作。

三级水是最普遍使用的纯水，适用于一般化学分析实验。除直接用于某些实验外，还用于制备二级水乃至一级水。过去多采用蒸馏法制备，故通常称为蒸馏水。目前多采用离子交换法、电渗析法制备。

二级水可含有微量的无机、有机或胶态杂质。可用离子交换或多次蒸馏等方法制取。二级水主要用于无机痕量分析实验，如原子吸收光谱分析、电化学分析实验等。

一级水基本上不含溶解或胶态离子杂质及有机物。可用二级水经过石英设备蒸馏或离子交换混合床处理后，再经 0.2 μm 微孔滤膜过滤来制取。一级水主要用于有严格要求的分析实验，包括对微粒有要求的实验，如高效液相色谱分析用水。

(三)纯水的检验

纯水的检验有物理方法和化学方法两类。纯水检验的主要项目有 5 个。

1. pH 值

用酸度计测定与大气相平衡的纯水的 pH 值。测定时先用 pH 值为 5.0 ~ 8.0 的标准缓冲溶液校正 pH 计，再将 100 cm^3 待测水注入烧杯中，插入玻璃电极和甘汞电极，测定 pH 值。

2. 电导率

水的电导率越低(即水的导电能力越弱)，水中阴、阳离子的含量越少，水的纯度越高。测定电导率应选用适于测定高纯水的电导率仪(最小量程为 0.02 $\mu S \cdot cm^{-1}$)。测定一级、二级水时，电导池常数为 0.01 ~ 0.1，电导率极低，一般将电极装入制水设备的出水管道中测定。测定三级水时，电导池常数为 0.1 ~ 1，用烧杯接取约 300 cm^3 水样，立即测定。

3. 吸光度

将水样分别注入 1 cm 和 2 cm 的比色皿中，于紫外-可见分光光度计上 254 nm 处，以 1 cm 比色皿中水为参比，测定 2 cm 比色皿中水的吸光度。

4. SiO_2 的测定

一级、二级水中的 SiO_2 可按 GB/T 6682—2008 方法中的规定测定。通常使用的三级水可测定水中的硅酸盐。方法如下：取 30 cm^3 水于一小烧杯中，加入 4 $mol \cdot dm^{-3}$ 硝酸 5 cm^3，5% 钼酸铵溶液 5 cm^3，室温下放置 5 min 后，加入 10% 亚硫酸钠溶液 5 cm^3，观察是否出现蓝色。如呈现蓝色，则不合格。

5. 可氧化物的限度实验

将100 cm^3二级水或三级水注入烧杯中，然后加入10.0 cm^3的1 $mol \cdot dm^{-3}$ H_2SO_4溶液和新配制的1.0 cm^3的0.002 $mol \cdot dm^{-3}$ $KMnO_4$溶液，盖上表面皿，将其煮沸并保持5 min，与置于另一相同容器中不加试剂的等体积的水样作比较。此时溶液呈淡红色不完全褪色为合格。

另外，在某些情况下，还应对水中的Cl^-、Fe^{3+}、Cu^{2+}、Zn^{2+}、Pb^{2+}、Ca^{2+}、Mg^{2+}等离子进行检验。检测Cl^-可取10 cm^3待检测的水，用4 $mol \cdot dm^{-3}$ HNO_3酸化，加2滴1% $AgNO_3$溶液，摇匀后如有白色乳状物则不合格。检测金属离子的一种简易方法为：取水25 cm^3，加1滴0.2%铬黑T指示剂，pH = 10.0的氯化铵－氨水缓冲溶液5 cm^3，如溶液呈现蓝色，说明Fe^{3+}、Zn^{2+}、Pb^{2+}、Ca^{2+}、Mg^{2+}等阳离子含量甚微，水质合格，如呈现紫红色，则说明水不合格。

六、计算机在实验化学中的应用

计算机辅助教学(Computer Aided Instruction，简称CAI)是当今教学改革的一个重要方面。目前，计算机辅助教学正向着多媒化、智能化、网络化发展，把这一手段运用于实验化学教学，对于提高学生能力和化学素质等方面将起到不可低估的作用，同时，也能在很大程度上降低教师和学生的工作量，提高工作效率。计算机辅助实验化学教学主要包含实验过程的模拟和实验数据的处理两个方面。

1. 实验过程的模拟

计算机模拟化学实验是多媒体仿真在化学实验中的具体应用，是化学实验摆脱实物教育的一场革命。它的产生和发展，不仅是教育方法、教育手段、教育技巧的更新，而且对保护自然资源、缓解化学实验对环境造成的污染等都具有深远的意义。

在普通化学实验教学中，可以利用计算机，使用多媒体等技术向学生介绍仪器的使用，展示如何组装实验仪器装置，讲解实验步骤并模拟实验过程和结果。它的优点主要是：学生可以比较清楚地了解整个实验的过程，做到心中有数，而且使用计算机可以随时改变实验条件并得出结果，帮助学生摸索出相应的实验规律，找出较优的实验条件，这种教学比单纯的讲解更能给学生留下深刻的印象。此外，利用精密仪器进行的化学实验，由于实验仪器昂贵，有些学校目前状况下无法进行，但是利用多媒体实验教学，可以让学生更多地了解一些高档精密仪器的使用，既能增强学生的学习兴趣，又拓宽了学生的知识面。一些化学性质实验，药品用量非常大，造成的污染也很严重，但是操作简单，如采用电化教学的方式，既能降低实验药品的消耗量，又能减少实验环境的污染，对于学生而言，同样可以收到直观的学习效果。计算机还可以模拟一些在普通实验室不宜做的实验，如实验药品毒性较大、容易爆炸等，这样有助于学生全面了解各种实验，丰富学生的知识。

2. 实验数据的处理

通过人机对话，将实验结果输入计算机，由计算机进行综合处理、计算、分析、作图，大大提高了处理数据的速度和精度，很大程度地降低了工作量，提高了工作效率。

目前，计算机辅助化学实验教学还处于初级阶段，可应用于化学实验教学及实验数据处理的软件有限，因此应大力开发适用软件。开发大学实验化学教学软件主要应遵从以下原则：尽量贴近教学大纲和教材，充分利用计算机的优势，以生动准确的图文向学生显示实验中概念、理论，同时让学生随机练习，由计算机判断正误，实现人机对话，达到使学生主动学习的目的。

七、普通化学实验基本要求

（一）实验预习

为使实验能达到预期的目的，实验前要做好充分的预习和准备工作，做到心中有数。对实验中可能遇到的问题，应查阅有关数据，确定正确的实验方案，使实验得以顺利进行。预习要求如下：

（1）认真阅读与本次实验有关的实验教材、参考数据等相关内容，复习与实验有关的理论。

（2）明确本次实验的目的、要求。

（3）了解实验内容、原理和方法。

（4）了解实验具体的操作步骤、仪器的使用及注意事项。

（5）查阅有关数据，获得实验所需有关常数。

（6）估计实验中可能发生的现象和预期结果，对于实验中可能会出现的问题，要明确防范措施和解决办法。

（7）写好简明扼要的预习报告。

（二）实验记录与数据处理

1. 实验记录

要做好实验，除了安全、规范操作外，在实验过程中还要认真仔细地观察实验现象，对实验全过程进行及时、全面、真实、准确的记录。实验记录一般要求如下：

（1）实验记录的内容包括：时间、地点、室温、气压、实验名称、同组人姓名、操作过程、实验现象、实验数据、异常现象等。

（2）应有专门的实验记录本，不得将实验数据随意记在单页纸上、小纸片上或其他任何地方。记录本应标明页数，不得随意撕去其中的任何一页。

（3）实验过程中的各种测量数据及有关现象的记录，应及时、准确、清楚。不要事后根据记忆追记，那样容易错记或漏记。在记录实验数据时，一定要持严谨的科学态度，实事求是，切忌带有主观因素，更不能为了追求得到某个结果，擅自更改数据。

（4）实验记录上的每一个数据，都是测量结果，因此在重复测量时，即使数据完全相同，也应记录下来。

（5）所记录数据的有效数字应体现出实验所用仪器和实验方法所能达到的精确度。

(6) 实验记录切忌随意涂改，如发现数据测错、读错等，确需改正时，应先将错误记录用一斜线划去，再在其下方或右边写上修改后的内容。

(7) 实验过程中涉及的仪器型号、标准溶液的浓度等，也应及时准确记录下来。

(8) 记录应简明扼要、字迹清楚。实验数据最好采用表格形式记录。

2. 有效数字及其运算规则

科学实验要获得可靠的结果，不仅要正确地选用实验方案和实验仪器，准确地进行测量，还必须正确记录和运算。实验所获得的数据不仅表示数量的大小，还反映了测量的准确程度。在实验数据的记录和结果的计算中，保留几位数字不是任意的，要根据测量仪器及分析方法的准确度来决定。这就涉及有效数字的概念。

(1) 有效数字　在科学实验中，对于任一物理量的测定，其准确度都是有一定限度的，读数时，一般都要在仪器最小刻度后再估读一位。例如，常用滴定管的最小刻度为 0.1 cm^3，读数应读到小数点后第二位。若读数在 21.4～21.5 cm^3之间，实验者还可根据液面位置在 0.4～0.5 之间再估读一位，如读为 21.46 cm^3等。读数 21.46 cm^3中的前三位数字“21.4”是准确读取的，是可靠的、有效的，第四位数字“6”是估读的，不同的人估读的结果可能有所差别，不太准确，称为可疑数字。可疑数字虽不十分准确，但并不是凭空臆造的，它所表示的量是客观存在的，只不过受到仪器、量器刻度的准确程度的限制而不能对它准确认定，在估读时受到实验者主观因素的影响而略有差别，因而也是具有实际意义、有效的。因此，由若干位准确的数字和一位可疑数字(末位数字)所组成的测量值都是实验中实际能够测出的数字，都是有效的，称为有效数字。

有效数字不仅表示数量的大小，也反映了测量的准确度误差。例如用分析天平称取 0.5000 g 试样，数据中最后一位是可疑数字，表明试样的实际质量是在(0.5000 ± 0.0001) g 范围的某一数值，测量的相对误差为(±0.0001/0.5000)×100% = ±0.02%。如用台秤称取试样 0.5 g，则表明试样的实际质量是在(0.5 ±0.1) g 范围内，测量的相对误差为(±0.1/0.5)×100% = ±20%，测量的准确度要比分析天平差得多。在根据仪器实际具有的准确度读数和记录实验结果的有效数字时，记录下准确数字后，一般再估读一位可疑数字就够了，多读或少读都是错误的。如将分析天平称取试样结果记作 0.500 g，则意味着试样的实际质量是在(0.500 ±0.001) g 范围的某一数值，测量的相对误差为(±0.001/0.500)×100% = ±0.2%，则将测量的准确度无形中降低了一个数量级，显然是错误的。如将结果记作 0.500 00 g，则又夸大了仪器的准确度，也是不正确的。

数字“0”在有效数字中位置不同，意义不同。它有时是有效数字，有时不是有效数字。当“0”在有效数字中间或有小数的数字末位时均为有效数字，数字末位的“0”说明仪器的准确度。例如，滴定管读数为 20.40 cm^3，两个“0”都是有效数字，这一数据的有效数字为四位，末位的“0”是可疑数字，它说明滴定管最小刻度为 0.1 cm^3。末位的“0”不能省略，也不能多加，否则会降低或夸大所用仪器的准确度；当“0”在数字前表示小数点位数时只起定位作用，不是有效数字。如 20.40 cm^3若改用 dm^3为单位时记为 0.02040 dm^3，则前面的两个“0”只起定位作用，不是有效数字，有效数字位数仍为四位。另外还应注意，以“0”结尾的正整数，有效数字位数比较含糊，如2200有效数字的位数可能是四位，也可能是二位或三位，对于这种情况，应根据实际测定的准确度，以指数形式表示为2.2×10^3，2.20×10^3或2.200×10^3，则有效数字位数就明确了。

表示误差时，无论是绝对误差或相对误差，只取一位有效数字。记录数据时，有效数字的最后一位与误差的最后一位在位数上相对齐。如1.21 ± 0.01是正确的，1.21 ± 0.001或1.2 ± 0.01都是错误的。

（2）有效数字修约规则　在处理数据过程中，各测量值的有效数字位数可能不同，须根据各步的测量准确度及有效数字的计算规则，按照“四舍六入五成双”的规则对数字进行修约，合理保留有效数字的位数，舍弃多余数字。修约规则具体做法是：拟保留n位有效数字，第$n+1$位的数字$\leqslant4$时舍弃；第$n+1$位的数字$\geqslant6$时进位；第$n+1$位的数字为5且5后的数字不全为零时进位；第$n+1$位的数字为5且5后的数字全为零时，如进位后第n位数成为偶数(含0)则进位，奇数则舍弃。根据这一规则，将下列数据修约为三位有效数字时，结果应为：

待修约数据	修约后数据
1.2444	1.24
1.2461	1.25
1.2351	1.24
1.2350	1.24
1.2450	1.24

修约数字时，只允许对原测量值一次修约到所需的位数，不能分次修约。例如将2.5491修约为两位有效数字时，不能先修约为2.55，再修约为2.6，而应一次修约为2.5。

（3）有效数字运算规则　在有效数字运算过程中，应先按有效数字运算规则将各个数据进行修约，合理取舍，再计算结果。既不能无原则地保留多位有效数字使计算复杂化，也不应随意舍去尾数而使结果的准确度受到损失。

① 加减运算：几个数据相加或相减时，和或者差所保留的有效数字的位数，应以运算数据中小数点后位数最少(即绝对误差最大)的数据为依据。例如：

$$2.0113+31.25+0.357=?$$

三个数据分别有±0.0001、±0.01、±0.001的绝对误差，其中31.25的绝对误差最大，它决定了和的绝对误差为±0.01，其他数对绝对误差不起决定作用，因此有效数字位数应以31.25为依据修约。先修约，后计算，可使计算简便，即：

$$2.0113+31.25+0.357=2.01+31.25+0.36=33.62$$

② 乘除运算：几个数据进行乘除运算时，积或商的有效数字的保留，应以运算数据中有效数字位数最少(即相对误差最大)的数据为依据，与小数点的位置或小数点后位数无关。例如：

$$0.0121\times25.64\times1.027=?$$

三个数的相对误差分别为：（±0.0001/0.0121）×100% = ±0.8%、（±0.01/25.64）×100% = ±0.04%、（±0.001/1.027）×100% = ±0.1%，其中 0.0121 的相对误差最大，其有效数字位数为三位，应以它为依据将其他各数分别修约为三位有效数字后再相乘，最后结果的有效数字仍为三位，即：

$$0.0121 \times 25.64 \times 1.027 = 0.0121 \times 25.6 \times 1.03 = 0.139$$

此外，在乘除运算中，如果有效数字位数最少的数据的首位数字是 8 或 9，则通常该数的有效数字位数可多算一位。例如：8.25、9.12 等，均可视为 4 位有效数字。

③ 进行数值开方和乘方时，保留原来的有效数字的位数。

④ 运算过程中，对于像 π、e 以及手册上查到的常数等，可按需要取适当的位数。一些分数或系数等应视为在足够多的有效数字，不必考虑修约问题，可直接进行计算。

⑤ 对 pH、pM 等对数值，其有效数字位数仅取决于小数点后数字的位数，其整数部分只代表该数据的方次。例如：pH = 10.31，计算 H^+ 浓度时，应为 $[H^+] = 4.9 \times 10^{-11} mol \cdot dm^{-3}$，有效数字的位数为 2 位，不是 4 位。

（三）实验数据的表达

数据是表达实验结果的重要方式之一。除应正确地记录实验数据，还应对原始的实验数据进行系统分析、归纳、整理和总结，并正确表达实验结果所获得的规律。实验数据的表达方法主要有列表法和作图法。

1. 列表法

列表法是表达实验数据最常用的方法之一。将各种实验数据列入一种设计合理、形式紧凑的表格内，可起到化繁为简的作用，有利于对获得的实验结果进行相互比较，有利于分析和阐明某些实验结果的规律性。

设计表格的原则是简单明了，列表时还应注意以下几点：

（1）每一个表的上方都应有表格序号及表格名称，表格名称应简明、完备，使人一目了然。

（2）表中每一行或每一列的第一栏应写出该行或该列数据的名称和单位。

（3）表中的数据应用最简单的形式表示，公共的乘方因子应在第一栏的名称下注明。

（4）每一行中的数字要排列整齐，小数点应对齐。

（5）原始数据可与处理结果并列在一张表上，处理方法和运算公式应在表下注明。

2. 作图法

作图法表示实验数据，能直接显示出自变量和因变量间的变化关系。从图上易于找出所需数据，还可用来求实验内插值、外推值、曲线某点的切线斜率、极值点、拐点及直线的斜率、截距等。因此，利用实验数据正确地做出图形是十分重要的。作图法常与列表法并用，作图前，往往先将实验测得的原始数据与处理结果用列表法表示，然后再按要求做出有关图形。

作图法也存在作图误差，要获得好的图解效果，首先要获得高质量的图形。准确作图时应注意以下几点：

（1）坐标纸及比例尺的选择　最常用的坐标纸为直角坐标纸，对数坐标纸、半对数坐标纸和三角坐标纸也常用到。作图时以横坐标表示自变量，纵坐标表示因变量。横、纵坐标不一定由“0”开始，应视实验具体数值范围而定，比例尺的选择非常重要，需遵守以下几点：

① 坐标纸刻度要能表示出全部有效数字，使从图中得到的精密度与测量的精密度相当。

② 所选定的坐标刻度应便于从图上读出任一点的坐标值，通常使用单位坐标格所代表的变量为1、2、5的倍数，不用3、7、9的倍数。

③ 充分利用坐标纸的全部面积使全图分布均匀合理。

④ 若作直线求斜率，则比例尺的选择应使直线倾角接近45°，这样斜率测求误差最小。

⑤ 若作曲线求特殊点，则比例尺的选择应使特殊点表现明显。

（2）画坐标轴　选定比例尺后，画上坐标轴，在轴旁说明该轴所代表的变量名称及单位。在纵坐标轴左边及横坐标轴的下面，每隔一定距离写下该处变量应有的值，以便作图及读数，但不应将实验值写在坐标轴旁或代表点旁。读数时，横坐标自左向右，纵坐标自下而上。

（3）作代表点　将相当于测量数值的各点绘于图上。在点的周围以圆圈、方块、三角、十字等不同符号在图上标出。点要有足够的大小，它可以粗略地表明测量误差范围。在一张图上，如有几组不同的测量值时，各组测量值的代表点应用不同的符号表示，以便区别，并在图上说明。

（4）连曲线　做出各点后，用曲线尺做出尽可能接近于实验点的曲线，曲线应平滑均匀，细而清晰。曲线不必通过所有的点，但各点应在曲线两旁均匀分布，点和曲线间的距离表示测量误差。

（5）写图名　每个图应有简单的标题，横、纵坐标轴所代表的变量名称及单位，作图所依据的条件说明等。

（四）实验数据的一元线性回归分析及计算机处理法

1. 一元线性回归分析

在化学实验中，经常使用校正曲线法来获得未知溶液的浓度。以吸光光度法为例，标准溶液的浓度 c 与吸光度 A 之间的关系，在一定范围内，可以用直线方程描述，即符合朗伯－比耳定律。但是由于测量仪器本身的精密度及测量的微小变化，即使同一浓度的溶液，两次测量的结果也不会完全一致。因而各测量点对于以朗伯－比耳定律为基础所建立的直线，往往会有一定的偏离，这就需要用数理统计方法找出对各数据点误差最小的直线，即要对数据进行回归分析。最简单的单一组分测定的线性校正模式可用一元线性回归。一元线性回归方程为：

$$y = a + bx \qquad (1-1)$$

因变量 y 和自变量 x 可由实验测得。线性方程的截距 a 与斜率 b，可通过对一组实验数据进行线性拟合得到，设一组实验数据为：

$$x_1, x_2, \cdots, x_n$$

$$y_1, y_2, \cdots, y_n$$

根据最小二乘法原理可以导出：

$$a = \frac{\sum_{i=1}^{n} x_i^2 \sum_{i=1}^{n} y_i - \sum_{i=1}^{n} x_i \sum_{i=1}^{n} x_i y_i}{n \sum_{i=1}^{n} x_i^2 - (\sum_{i=1}^{n} x_i)^2} \tag{1-2}$$

$$b = \frac{n \sum_{i=1}^{n} x_i y_i - \sum_{i=1}^{n} x_i \sum_{i=1}^{n} y_i}{n \sum_{i=1}^{n} x_i^2 - (\sum_{i=1}^{n} x_i)^2} \tag{1-3}$$

评价线性关系的好坏可用相关系数 r，$|r|$ 的值越接近 1，线性关系越好。

$$r = \frac{n \sum_{i=1}^{n} x_i y_i - \sum_{i=1}^{n} x_i \sum_{i=1}^{n} y_i}{\sqrt{[n \sum_{i=1}^{n} x_i^2 - (\sum_{i=1}^{n} x_i)^2][n \sum_{i=1}^{n} y_i^2 - (\sum_{i=1}^{n} y_i)^2]}} \tag{1-4}$$

例如分光光度法测磷含量的实验，可将标准溶液的浓度（设为 x）和吸光度（设为 y）数据代入式（1-2）和式（1-3）中，求得线性回归方程的截距 a 与斜率 b，再将待测样品溶液的吸光度值代入线性回归方程，即可求得样品溶液中磷的含量。

2. 计算机数据处理法

实验数据还可直接在计算机上进行处理。仍以上述例子说明，打开 Win9X 操作系统，执行 Excel 应用程序，将实验所得标准溶液的吸光度与浓度数据分别填入第一列和第二列单元格，选定上述数据区域，用鼠标点击“图表向导”图标，选择 X-Y 散点图形中的非连线方式，点击“下一步”至“完成”，即可得吸光度与浓度数据的散点图。选定这些点后，打开主菜单上的“图表”，选择“添加趋势线”，在“类型”对话框中选择“线性趋势分析”，在“选项”对话框中点击“显示公式”，及“显示 R 平方值”复选框，然后点击“确定”，即可在上述 X-Y 散点图上出现一条回归直线、线性回归方程及相关系数。将样品的吸光度数据代入线性回归方程，即可得到样品中苯甲酸浓度。

此外，一些计算器如 CASIO、*fx*-3600*Pv* 等也具备线性回归计算功能，具体使用方法参见计算器的使用说明书。

（五）实验报告

实验报告是全面总结实验情况，归纳整理实验数据，分析实验中出现的问题，得出实验结果必不可少的环节，因此实验结束后要根据实验记录写出翔实的实验报告。实验报告的具体内容及格式因实验类型而异，实验报告的内容一般包括实验目的、实验原理、试剂规格与用量、实验内容(步骤)、实验数据记录及处理、实验结果与讨论。以下列出几种类型的实验报告格式以供参考。

(1) 测量实验 实验目的、测量的简单原理、实验方法、数据记录及处理、误差及误差分析。

(2) 制备实验 实验目的、制备方法(流程)、实验步骤、产品性质、纯度检验(检验方法、反应方程式、现象、结果)、讨论。

(3) 性质实验 实验目的、内容、现象、解释(反应方程或文字叙述)、必要的结论。

八、实验性污染及其防治

人类赖以生存的环境包括大气、水、土地、矿藏、森林、草原、野生动物、野生植物、水生生物、名胜古迹、风景游览区、温泉疗养区、自然保护区、生活居住区等。人类不断地从环境中摄取生存所必需的物质和能量，同时也对环境产生影响。人们在科研、生产和生活过程中产生的一些废弃物随意排入大气、水体或土壤中，便可对自然环境产生一定的污染。如果造成污染的程度不是很深，由于环境本身具有一定的自净能力，受污染的环境经过若干物理的、化学的自然过程或在生物的参与作用下还可以逐步恢复到原来的状态。但环境本身的自净能力是有限度的，当污染物的浓度或总量超过环境的自净能力时，就会降低自然环境原有的功能和作用，破坏生态平衡，使人类赖以生存的环境质量下降，而环境质量的变化又不断地反馈作用于人类，直接或间接地对包括人类在内的其他生物产生影响或危害，甚至威胁到人类的生存。

产业革命后，随着工业生产的迅速发展，人类排放的污染物大量增加，在世界一些地区发生过多起突发性的环境污染事件，这一时期的公害事物主要出现在工业发达国家，是局部性的、小范围的环境污染问题。20 世纪 80 年代以来，环境污染的范围扩大到大面积的生态破坏甚至是全球性的环境污染，不但包括经济发达国家，也包括众多的发展中国家，当今世界大气、水、土壤等所受到的污染和破坏已经达到相当危险的程度，日益严重的环境污染已引起人们普遍的重视。

导致环境污染或造成生态环境破坏的物质称为环境污染物。环境污染物当前最主要的来源有：工业污染物(由工业生产所产生的废水、废气和废渣)；农药(农业生产中使用的杀虫剂、除草剂、植物生长调节剂等)；生活废弃物(粪便、垃圾、生活废水等)；放射性污染物(核工业、医用、农用放射源等)。实验性污染物常常混于生活废弃物之中排出，并没有引起人们的重视。然而，随着人们环境保护意识的提高，防治实验性污染也不得不提到议事日程上来。

(一) 实验性污染物的种类

实验性污染可分为化学污染和物理污染两大类，而化学污染又可分为无机污染和有机污染；物理污染则可分为放射性污染和噪声污染等。由于实验室排放的化学污染物总量不是很大，一般没有专门的处理设施，而被直接排到生活废弃物中，因此往往出现局部浓度过大、危害较严重的后果。

1. 无机污染物

实验室排出的无机污染物主要是一些毒性较大的金属和无机化合物。

（1）有毒金属　有毒金属元素大多为过渡性元素，是具有潜在危害的污染物。它们在不同的环境条件下，可以不同的价态出现，而价态不同，其活性和毒性效应不同。它与其他污染物不同之处是不但不能被微生物等分解，而且还可被生物体不断富集，甚至被转化为毒性更强的金属有机化合物。有毒重金属在环境中可水解为氢氧化物，也可与一些无机酸生成溶度积较小的难溶盐（如硫化物、碳酸盐等），这些难溶盐的生成可暂时性的减少污染，但大量沉积于底泥中，将可能成为长期的次生污染源。主要的有毒金属有铝、铊、铅、铬、镉、汞等。

（2）有毒无机化合物　有毒无机化合物的危害主要来自于它们的反应活性、腐蚀性或毒性。如一氧化碳与血红蛋白的亲和力比氧和血红蛋白的亲和力大200～300倍，侵入人体后，很快与血红蛋白结合成碳氧血红蛋白，阻碍氧与血红蛋白结合成氧合血红蛋白，并且碳氧血红蛋白的解离速率仅为氧合血红蛋白的1/3600，因此会导致中毒者呼吸变慢，最后衰竭致死。再如氰化钾、氰化钠、氢氰酸等简单氰化物都有剧毒，极小量即可致死。主要有毒无机污染物有一氧化碳、二氧化碳、氮氧化物、氰化物、二氧化硫等。

2. 有机污染物

（1）多环芳烃　环境中的化学物质是诱发癌症的主要因素，其中，多环芳烃是引起人和动物癌症最重要的致癌物之一。截至目前，人们研究过的2000多种化合物中，发现有致癌作用的有500多种，其中200多种系芳烃化合物。如最简单的多环芳烃——萘，长期接触萘的人会发生喉癌、胃癌、结肠癌等癌症。在多环芳烃化合物中，除含有很多致癌和致变性成分外，还会有多种促癌物质。多环芳烃是石油、煤炭等化工燃料中所含的各种有机物在不完全燃烧以及还原气氛下经高温处理产生的。因此，在燃烧条件差、排气不充分时，就会造成严重的环境污染。实验室排出的多环芳烃在环境中的含量虽然很微，但它们具有很大的潜在毒性，必须严加控制排放，防止对环境造成污染。

（2）表面活性剂　表面活性剂发展到现在，几乎到了无处不有的程度。其用量最大的是纤维、塑料、化妆品、医药、金属加工、农药、洗涤剂、石油和煤炭等工业领域。如洗涤剂全世界年产量超过130万t。洗涤剂的主要成分是烷基磺酸钠，它是一种典型的表面活性剂，能使水产生大量泡沫而污染环境。早期使用的洗涤剂为支链烷基磺酸钠（ABS）型，由于它在环境中存留期长，不易分解等，近年来，大多改用直链烷基磺酸钠（LAS）型。LAS型在好气状态下，易被微生物分解为含5～6个C的直链不发泡物质，减小了废水处理的难度。另外，洗涤剂中加入的增净剂——磷酸盐进入水体后，会引起水体富营养化，影响鱼类的生存，破坏生态环境。

（3）农药　农药在防治害虫、杂草，保护生物、家畜以及动植物产品不受虫害，调节植物生长等方面具有极其重要的作用。同时，农药也可破坏生态平衡，污染环境。为了提高动植物产量，解决几十亿人口的吃饭问题，人们又不得不大量合成农药和使用农药。农药的种类很多，大多数在大气、水体和土壤中可被较快分解。只有 DDT、六六六、二烯合成制剂等少数有机农药分解速率非常缓慢，可在环境中长期滞留扩散，最终进入人体产生危害。因此，目前农药的发展方向是发展无公害农药和生物农药。

（4）酚　酚是生产树脂、尼龙、增塑剂、抗氧化剂、添加剂、聚酯、药品、杀虫剂、炸药和染料的重要原料，在世界范围内酚的生产量十分巨大，目前还有继续增长的势头。一般来讲，酚对无脊椎动物都有毒性，随着取代程度的增加（特别是氯原子的增加），其毒性也随之增加。酚的甲基化衍生物不仅致癌而且致畸，大多数硝基酚只致突变而不致癌。

（5）卤代烃　卤代烃是实验室常用的试剂之一，它能在大气中发生光解反应，产生卤素自由基，从而参与催化破坏臭氧层的反应。目前大量的卤代烃通过天然和人工的途径进入大气中，由于天然的卤代烃年排放量是固定不变的，所以大气中卤代烃的逐年增加，说明人为排放量在不断增加。完全被卤素取代的卤代烃，如三氯一氟甲烷（CFC－11）、二氯二氟甲烷（CFC－12），在大气层聚积并扩散至高层时，会发生光解。被光解释放的氟通过催化循环反应，把大气中的 O_3转化为 O_2分子，使地球周围的大气层中的 O_3越来越少，阻挡紫外线辐射到地球表面的能力越来越弱，使人类皮肤癌呈上升趋势，气候和大气温度受到了一定影响。

（6）亚硝基胺　*N*－亚硝基胺有诱发大鼠肝癌以及肺、肾、食道等部位癌变的作用，被列入环境中潜在致癌物之一。二烷基和环状亚硝基胺主要是造成肝脏损伤，如长期接触小剂量亚硝基胺，除诱发癌症外，还可引起胆管增长、纤维化、肝细胞结节状增生等变化。亚硝胺类化合物对动物的毒性一般随着烷基链的延长而逐渐降低，毒性最大的是甲基苯基硝胺。

（7）多氯联苯　多氯联苯（Polychlorinated biphenyl，PCB）为联苯的多氯化产物，是一组具有广泛应用价值的氯代芳烃化合物。由于氯原子的数目和位置不同，理论上可能有 210 个异构体，但目前已鉴定的有 120 种。PCB 具有很强的致癌、致畸、致突变的"三致"作用，且很难分解，在环境中循环能造成广泛的危害，是世界各国环境污染的重点控制物质，并严格限制其生产量。

（8）有机金属化合物　有机金属化合物是指金属、准金属（Si、As、Se 等）分别和有机物的碳直接成键所组成的化合物，如 $(CH_3)_2Hg$、CH_3Li 等。有机金属化合物种类多，产量大，具有无机、有机化合物的双重性质。它们大部分具有剧毒性、易燃性和较强的反应活性，如烷基汞在生物体内代谢缓慢，易为生物所积累。由于烷基增大了 Hg 的脂溶性，使得这类化合物在生物体内有较大的半衰期。有机锡化物的毒性，以 R_3SnX 为最大，X 基团有较大的生物活性时，也会增加化合物的毒性。当 R 为正烷基、苯基或环己基时，化合物的毒性最大。有机铅化合物有 1200 多种，但对环境影响最大的是四烷基铅、它们的盐以及分解产物。因为四烷基铅主要作为汽油抗爆剂，用量多，分布广，几乎进入地球的各个部位，特别是城市环境污染的重要污染物。

（二）实验性污染的防治

1. 重金属污染的防治

防治重金属污染目前主要从两方面入手：一是控制污染源，尽量减少重金属污染物的排放。这方面，世界各国正在开展的工作主要是改进工艺，尽量避免或减少重金属的使用，进而从根本上解决污染物的排放，如为了防止传统氯碱工业所引起的Hg污染，科技人员研究出了隔膜制碱法，比较彻底地解决了Hg的污染问题；二是对污染地区进行治理，以消除污染和限制其危害。不同污染物其治理方法不同，目前，解决重金属污染最理想的方法是采用生物技术，使其固定或定位在非食物链部分。

2. 有机溶剂的回收

实验室常用的溶剂有氯仿、四氯化碳、石油醚、乙醚、异丙醚、乙酸乙酯、苯、二甲苯、甲醇、异戊醇等。这些溶剂使用后应分类收集，集中回收，这样既可使废物得到利用，同时又可避免造成环境污染。

3. 有机混合物的处理

对有机物含量较高的废弃物，焚烧是防止污染最常用的处理办法。而对有机污染物与水的混合体系，最好通过微生物作用使有机物降解。

4. 有机、无机混合污染体系的处理

对有机、无机混合污染体系，可以直接采用严密的化学处理后进行填埋，也可先通过微生物将有机污染物分解，然后再进行填埋。

总之，无论采用物理法、化学法还是微生物法，处理后的污泥最好再做附加处理。特别是对无机毒物含量较高的污泥，可先采用固化的办法使其成为稳定的固体，不再渗漏和扩散，然后再进行土地填埋。这一系列作法是目前较为常用的化学污染物的处理办法。

九、常用化学手册和实验参考书

（1）Handbook of Chemistry and Physics（CRC 化学与物理手册）。

该书是美国化学橡胶公司（The Chemical Rubber Company，简称CRC）出版的一部著名的化学和物理学科的实用手册，应用十分广泛。该书初版于1913年，以后逐年改版，每版都要修订，内容不断更新。1970年以前分上、下两册出版，从51版（1970年）开始合并为一册。该书内容丰富，使用方便，索引详细，数据都附有文献出处，不仅广泛收集了化学和物理方面的重要数据，而且提供了大量科学研究和实验室工作所需要的知识。早期版本一册内容分为A—F 6个部分：A. 数学用表；B. 元素和无机化合物；C. 有机化合物；D. 普通化学；E. 普通物理常数；F. 其他。现已扩充有14部分，包括基本常数单位、符号和命名、有机、无机、热力学与动力学、流体、生化、分析等。其中，有机化合物是内容最多部分，这部分列出了有机化合物的名称、别名和分子式、相对分子质量、颜色、结晶形状、比旋光度、紫外吸收、熔点、沸点、密度、折光率和溶解度等物理常数，Merck index编号，CA登记号及在Beilstein的参考书目（Beil. Ref）等。

化合物的名字排序仿造美国化学文摘，以母体化合物为主。查阅方法可按英文名称及归类查阅，也可通过分子式索引查阅。该手册目前已出版第81版(1999年)。

(2) Lang's Handbook of Chemistry(兰氏化学手册)，J. A. Dean 主编，13th Ed.，1985。

该书是较常用的化学手册，1934年出第1版，内容包括11个部分：① 数学用表；②一般数据与换算表；③原子和分子结构；④无机化学；⑤分析化学；⑥电化学；⑦有机化学；⑧光谱学；⑨热力学性质；⑩物理性质；⑪其他数据。每一大类前有目录表，书末有主题索引。第13版已由尚久方等人译成中文版，由科学出版社于1991年出版。

(3) The Merck Index(默克索引)，美国Merck公司出版，11th Ed.，1989。

该书主要介绍有机化合物和药物，是一本化学制品、药物和生物制品的大辞典，共收集3万余种化合物。每个化合物除列出分子式、结构式、物理常数、化学性质和用途之外还提供了较新的制备文献。化合物按英文字母顺序排列。书末附有分子式索引、交叉索引和主题索引等。

(4) Chemical Abstracts(美国《化学文摘》，简称CA)。

该刊创刊于1907年，是由美国化学会化学文摘服务社编辑出版的大型文献检索工具。CA包括两部分内容：①文摘部分，从资料来源刊物上将一篇文章按一定格式缩减为一篇文摘。再按索引词字母顺序编排，或给出该文摘所在的页码，或给出它在第一卷的栏数及段落，现在发展成一篇文摘占有一条顺序编号。②索引部分，其目的是用最简便、最科学的方法既全又快地找到所需资料的摘要，若有必要再从摘要列出的来源刊物寻找原始文献。

CA收录的文献资料范围广，报道速度快，索引系统完善，是检索化学文献信息最有效的工具。随着信息技术的发展，CA的全部编辑工作均使用计算机，文献处理流程科学化，通过长期的积累，形成了一套严格的文献加工体系，从主题标引、文摘编写、化学物质的命名和结构处理都有严格的规范。所以，该文摘已成为当今世界上最有影响的检索体系，是获取化学信息必不可少的工具。

(5) 中国大百科全书，中国大百科全书出版社，1989。

这是我国第一部大型综合性百科全书。全书为80卷，每卷约120万～150万字，按学科分卷出版。化学卷为二卷，约355万字，按条目的汉语拼音顺序排列，并附有汉字笔画索引、外文名称索引、内容分析索引，查阅十分方便。详尽地叙述和介绍了化学学科的基本知识。

(6) 化工辞典(第2版)，王箴主编，化学工业出版社，1979。

化工辞典是一本综合性化工工具书，它收集了有关化学和化工名词10 500余条。列出了无机和有机化合物的分子式、结构式、基本的物理化学性质及有关数据，并对其制法和用途作了简要说明。书前有按笔画为序的目录和汉语拼音字表。本书侧重于从化工原料的角度来阐述。

(7) 科学技术百科全书，科学出版社，1981。

全书按学科专业分30卷出版，内容包括基础科学和技术科学100多个专业有关论题的定义、基本概念、基本原理、发展动向、新近成果和实际应用等。其中，第 7 卷为无机化学，第 8 卷为有机化学，第 9 卷为物理化学、分析化学，第 30 卷为总索引。

（8）中国国家标准汇编，中国标准出版社。

中国国家标准汇编收集公开发行的全部现行国家标准，分若干册陆续出版。从 1983 年 8 月开始出版以来已出版 40 多个分册，全部按照国家标准的顺序号编排，每册有目录。另外，中国标准出版社在 1984 年 10 月还出版了国家标准局编的《中华人民共和国国家标准目录》，收录国家标准 4870 个，按标准的顺序号目录和分类目录两部分编排。因此，可从标准的顺序号目录、分类目录及各分册的目录 3 个途径进行检索。

（9）试剂手册，中国医药公司上海试剂采购供应站编，第 2 版，上海科学技术出版社，1985。

本书介绍了 7500 多种一般试剂、生化试剂、色谱试剂、生物染色素和指示剂，每种都有中文、英文名称，按化学式、相对分子质量、主要物理化学性质、用途等项分别阐述。

（10）实用化学便览，傅献彩主编，南京大学出版社，1989。

本书汇集了常用物理化学数据、化学实验基本技术和方法、化学试剂的制备、化合物和性能、大气和水的环境质量标准、食品卫生标准。

（11）简明化学手册，北京师范大学无机化学教研室编，北京出版社，1982。

全书共分五部分：化学元素；无机化合物；水、溶液；常见有机化合物；其他。内容简明扼要。

（12）化学用表，顾庆超等编，江苏科学技术出版社，1979。

以表格形式介绍化学工作中常用的资料，主要内容有原子和分子性质、无机化合物和有机化合物、分析化学、化肥和农药、高分子化合物和物理化学等常用的数据。

（13）简明分析化学手册，常文保，李克安编，北京大学出版社，1981。

该手册根据教学和科研的实际需要，把分析化学中所需的基本材料尽量收入，内容包括分析化学中常见无机化合物，水溶液和常见有机化合物的物理化学性质、数据和表格。数据简明扼要，便于查阅。

（14）物理化学简明手册，印永嘉主编，高等教育出版社，1988。

该手册简明实用，汇编了物理化学各主要分支学科中最基本的各种物理量数据，包括气体及液体的性质、热效应和化学平衡、溶液和相平衡、化学动力学、电化学、物质的界面性质、原子和分子性质、分子光谱、晶体学等各个方面。

（15）简明化学手册，北京师范大学无机化学教研室编，北京出版社，1980。

该手册分五部分：化学元素；无机化合物；水、溶液；常见有机化合物；其他。内容简明扼要。1982 年 10 月修订再版。

（16）简明化学手册，甘肃师范大学化学系编，甘肃人民出版社，1980。

该手册主要包括物理数据、元素性质、无机和有机化合物性质、分析化学基础知识、热力学有关数据、标准电极电势表等。

（17）化学数据手册，J. G. 斯塔克，H. G. 华莱士编，莱厚昌译，石油工业出版社，1980。

该书的特点是短小精悍、简明扼要。内容包括元素、原子和分子的性质，热力学和动力学数据，有机化合物的物理性质，分析和其他方面的一些数据。

（18）实用化学手册，张向宇等编，国防工业出版社，1986。

全书共分17章，内容包括化学元素、无机化合物和有机化合物的命名原则及重要的物理、化学性质；气体、固体、液体及其水溶液的性质；电化学、工艺化学、仪器分析、分离提纯、高聚物简易鉴别以及实验技术和安全知识等。

（19）纯化学手册(第4版)，前苏联 Ю. В. 卡尔雅金，И. И. 安捷洛夫主编，1974，曹素忱等译，高等教育出版社，1989。

该手册介绍了450多种无机试剂的物理化学性质和合成与制备的方法。内容全面，丰富，方便具体、可靠，是实验室中制备无机化学试剂的参考手册。

（20）Atlas of Spectral Data and Physical Contants for Organic Compounds(有机化合物光谱数据和物理常数汇集)，J. G. Grasselli，CRC Press，2nd Ed.，1975。

该书第1版出版于1973年，全书分为光谱、主要数据表及索引三部分，收集了近8000个有机化合物的物理常数(熔点、沸点、密度、比旋光度、溶解度)和光谱数据(红外、紫外、核磁共振、质谱)。1975年该书出版第2版，增加了内容，光谱数据增加到21 000种。全书分6卷，第1卷为化合物名称同义名称录、结构图、光谱辅助表等。第2～4卷为有机化合物的光谱数据和物理常数，按有机化合物名称的字母顺序排列。第5～6卷为索引，包括分子式索引、分子量索引、物理常数索引、化学结构和亚结构索引、质谱索引及光谱数据索引等。

（21）现代化学试剂手册(1～5册)，化学工业出版社，1987。

（22）Handbook of the Thermodynamics of Organic Compounds(有机化合物热力学手册)，Stephenson RM，1972。

（23）The Vapor Pressures of Pure Substances(纯物质蒸气压)，Baiblik Tomas，1984。

（24）Electrochemical Data(电化学数据)，Dobes D.，1975。

（25）TRC 和 APl 数据汇编。

美国得克萨斯农业和机械大学的热力学研究中心(简称 TRC)与美国石油学会(简称 AP 工)联合发行6类综合索引数据。即：A. 物理和热力学性质；B. 红外光谱；C. 紫外光谱；D. 拉曼光谱；E. 质谱；F. 核磁共振波谱。

（26）分析化学手册(第2版)，杭州大学化学系等合编，化学工业出版社，1997。

这是一本化学分析工具书，较为全面地收集了分析化学常用数据，详尽介绍了各种实验方法。共分5个分册：第1分册基础知识与安全知识；第2分册化学分析；第3分册光学分析与电化学分析；第4分册色谱分析；第5分册质谱与核磁共振。

（27）重要无机化学反应，陈寿椿编，上海科学技术出版社，1982。

本书把无机反应中的重要反应分成阳离子(包括部分稀有元素反应)和阴离子两大部分，汇集了近4800条化学反应，较详尽地介绍了离子的一般理化性质，重要的鉴别反应及可能发生的化学反应。书末还附有各种常用试剂的配制方法。

（28）化学实验基础，孙尔康等编，南京大学出版社，1991。

这是一本综合性实验讲座教材，系统介绍了化学实验的基本知识、基本操作和基本技术；常用仪器、仪表和大型仪器的原理、操作及注意事项；计算机技术、误差和数据处理、文献查阅等。

（29）化学实验规范，北京师范大学《化学实验规范》编写组，北京师范大学出版社，1987。

本书介绍了高等学校各门化学基础实验课的教学目的和要求及各项实验技术的操作规范。

（30）化学分析基本操作规范，《化学分析基本操作规范》编写组，高等教育出版社，1984。

该书是在总结全国各高校分析化学实验教学经验后，编写的定性和定量分析规范操作。

（31）定量分析化学实验教程，柴华丽、马林等编著，高等教育出版社，1993。

本书介绍了分析化学实验的基本操作及经典的分析方法，有一定的权威性。

第2章　普通化学实验基本操作技术

一、简单玻璃工操作及玻璃仪器的洗涤与干燥

（一）简单玻璃工操作

在普通化学实验中，经常使用玻璃管、滴管、弯管及毛细管。它们是通过对玻璃管（棒）的加工而制作的，因而应熟悉一些玻璃工操作的基本实验技能。

1. 玻璃管（棒）的切割

将干净、粗细合适的玻璃管（棒）平放在桌面上，一手按所需长度捏紧玻璃管，一手持锉刀，用锋利的边沿压在欲截处用力一拉（或推），锉一细痕（只能按单一方向拉动或推动），如图2-1。然后将锉痕处用水沾湿，两手握住玻璃管锉痕的两侧，锉痕向外，两拇指抵住锉痕背面两侧，轻轻向前推，同时向两边拉，玻璃管即会平整地断开，如图2-2。为了安全，折断玻璃管（棒）时，手上可垫块布。

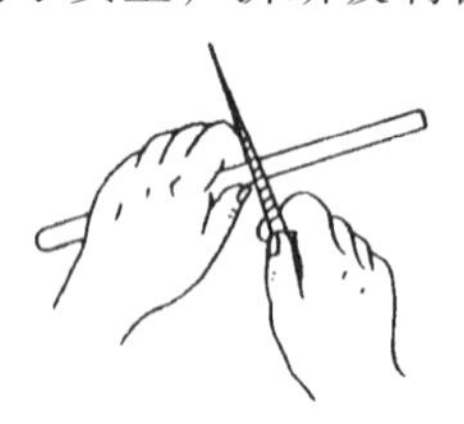

图2-1　锉痕

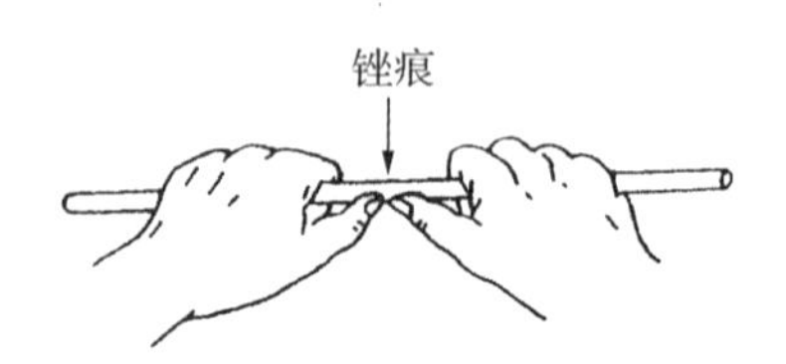

图2-2　折断

对较粗玻璃管进行截断时，可利用玻璃管骤热或骤冷易裂的性质使其断裂。将一根末端拉细的玻璃管在灯焰上加热至白炽，使其成熔球，立即压触到用水滴湿的粗玻璃的锉痕处，则骤热而断裂。也可在粗玻璃管的锉痕处，紧绕一根电阻丝，用导线与调压器和电源连接电阻丝，通电使电阻丝呈亮红色后，立即切断电源，于锉痕处滴水，则骤冷而断裂。

为了使玻璃管截断面平滑，在截断面上稍涂点水，用锉刀面轻轻将其锉平，或将断口放在火焰上，一边加热，一边来回转动，当断口处发红停止加热，即可变得光滑。

2. 玻璃管的弯曲

将玻璃管横放在火焰中，先用小火预热，并缓慢旋转玻璃管。当玻璃管加热变软时，离开火焰，轻轻顺势弯曲，用“V”形手法，然后加热部位稍稍向左或向右偏移，再弯成几度角。反复几次加热弯曲，准确地把玻璃管弯成所需的角度，弯好后冷却变硬，再松手。最后放在石棉网上冷却。弯好的玻璃管角度符合要求，角的两边应在同一平面上。

3. 滴管的拉制

截取直径8 mm左右的玻璃管一段，两手持玻璃管的两端，将中部放在喷灯火焰上，先小火后大火加热，同时向同一个方向转动管使其受热均匀，在管稍微变软时，两手轻轻向里挤，以加厚烧软处的管壁。当烧至暗红时，离开火焰，两手同时向两边拉伸至所需细度。拉长之后，立刻松开一只手，另一只手将玻璃管垂直提着并冷却定型。拉制的细管与原管应处在同一水平面上。待冷却后，从拉细部分中间截断，分别将尖嘴在弱火焰中烧圆，将玻璃管口烧熔，在石棉网上垂直下压，使其变大，最后在石棉网上冷却后套上乳胶帽，就可以得到两支滴管。

4. 毛细管的拉制

选取直径约10 mm、壁厚约1 mm的干净玻璃管，两手持玻璃管横放在火焰上，先由小火到大火加热，同时做同向转动使其受热均匀，当烧至发黄变软时，即离开火焰，两手以同向同速转动，同时向两边水平拉伸，开始时稍慢，然后较快地拉长，直到拉成直径1 mm左右的毛细管。冷却后，用小瓷片的锐棱把直径合格的部分截成所需长度的2倍，两端用小火封闭，以免灰尘和湿气的进入。使用时，从中间截断，就可以得到两根测定熔点或沸点用的毛细管。

（二）玻璃仪器的洗涤与干燥

1. 玻璃仪器的洗涤

实验所用玻璃仪器必须洗涤干净。使用不洁净的仪器，会由于污物和杂质的存在而影响实验结果，因此必须注意仪器的清洁。

玻璃仪器的洗涤方法很多，应根据实验的要求、污物的性质和沾污的程度，以及仪器的类型来选择合适的洗涤方法。

（1）一般洗涤　例如试剂瓶、烧杯、锥形瓶、漏斗等仪器，先用自来水洗刷仪器上的灰尘和易溶物，污染严重时，可用毛刷蘸去污粉或洗涤液刷洗，然后用自来水冲洗，最后用洗瓶（内装去离子水或蒸馏水）少量冲洗内壁2～3次，以除去残留的自来水。滴定管、容量瓶、移液管等量器不宜用毛刷蘸洗涤液刷洗内壁，常用洗液洗涤。

（2）洗液洗涤

①铬酸洗液：称取25 g化学纯重铬酸钾置于烧杯中，加50 cm^3水，加热并搅拌使之溶解，在搅拌下缓缓沿烧杯壁加入45 cm^3浓硫酸，冷却后贮存在玻璃试剂瓶中备用。铬酸洗液呈暗红色，具有强氧化性和强腐蚀性，适于洗去无机物和某些有机物。仪器加洗液前尽量把残留的水倒净，以免稀释洗液。向仪器中加入少许洗液，倾斜仪器使内壁全部润湿。用毕的铬酸洗液倒回原瓶，可反复多次使用，但当颜色变为绿色（Cr^{3+}颜色）时，就失去了去污能力，不能再继续使用。仪器用洗液洗过后再用自来水冲洗，最后用蒸馏水淋洗。

②盐酸－乙醇洗涤液：由化学纯盐酸与乙醇按1∶2的体积混合。光度分析用的吸收池、比色管等被有色溶液或有机试剂染色后，用盐酸－乙醇洗涤液浸泡后，再用自来水及去离子水洗净。

③氢氧化钠-高锰酸钾洗涤液：取4 g高锰酸钾溶解于水中，加入100 cm^3 10%氢氧化钠溶液即可。可洗去油污及有机物。洗后器壁上留下的氧化锰沉淀可用盐酸洗涤，最后依次用自来水、蒸馏水淋洗。洗净的仪器其内壁应能被水均匀润湿而不挂水珠。在定性、定量实验中，对仪器的洗涤程度要求较高。

2. 玻璃仪器的干燥

不同的实验对玻璃仪器的干燥程度有不同的要求。一般定量分析用的烧杯、锥形瓶等仪器洗涤后即可使用，有一些无水条件的实验必须在干净、干燥的仪器中进行。常用的干燥玻璃仪器的方法有以下几种：

（1）晾干　对于不急用的仪器，洗净后倒置于干净的实验柜内或干燥架自然晾干。

（2）吹干　将洗净的仪器擦干外壁，倒置控去残留水后用电吹风机将仪器内壁吹干。

（3）烘干　将洗净的仪器尽量倒干水，口朝下放在烘箱中，并在烘箱下层放一搪瓷盘，防止仪器上滴下的水珠落入电热丝中，烧坏电热丝。温度控制105 ℃左右约30 min即可。

（4）烤干　能加热的仪器（如烧杯、蒸发皿等）可直接放在石棉网上，用小火烤干。试管可用试管夹夹住后，在火焰上来回移动直接烤干，但必须使管口低于管底。

（5）用有机溶剂干燥　在洗净的仪器内加入易挥发的有机溶剂（常用乙醇和丙醇），转动仪器，使仪器内的水分和有机溶剂混溶，倒出混合液（回收），仪器内少量残留混合物很快挥发而干燥。如用电吹风往仪器中吹风，则干得更快。

带有刻度的计量仪器，不能用加热的方法进行干燥，因为加热会影响仪器的精度。

二、天平的使用方法及称量

（一）天平的使用方法

普通化学实验中对称量质量准确度的要求不同，需要选用不同类型的天平。常用的天平有托盘天平（台秤）和电子分析天平等。

1. 托盘天平

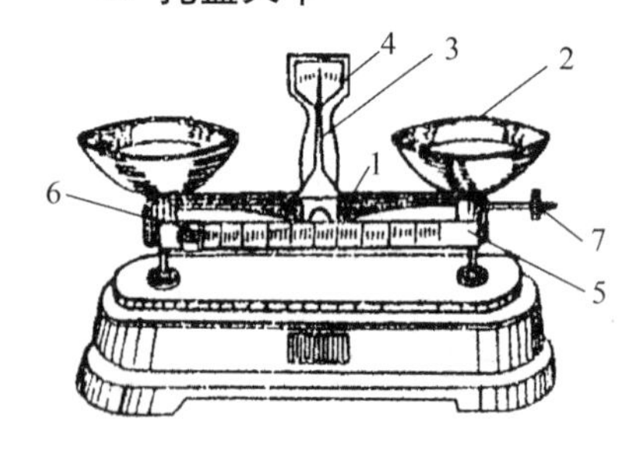

图2-3　托盘天平

1. 横梁　2. 托盘　3. 指针　4. 刻度牌　5. 游码标尺　6. 游码　7. 平衡调节螺丝

托盘天平的构造如图2-3。一般能称准至0.1~0.5 g。它用于粗称或准确度要求不高的称量。使用方法如下：

（1）调零点　称量前应将游码置于游标卡尺的左端“0”处，检查指针是否在刻度盘上正中间位置，此处为零点。如不在零点，调节平衡螺丝。

（2）称量　将被称物放在左盘，选择质量合适的砝码放在右盘，再用游码调节至指针正好停在刻度盘中间位置，此时指针所停的位置为停点，停点与零点偏差不应超过1小格。读取砝码加游码的质量，即为被称物的质量。

称量物不能直接放在托盘上，应根据不同情况放在称量纸、表面皿或烧杯中。称量结束后应将游码移到零刻度，砝码应放回盒内。

2. 电子分析天平

电子分析天平是较为先进的分析天平，是进行精确称量的精密仪器，可以精确地称量到0.1 mg，称量简便迅速。电子天平型号很多，有顶部承载式（吊挂单盘）和底部承载式（上皿式）两种结构。从天平的校准方法来分，有内校式和外校式两种。前者是标准砝码预装在天平内，启动校准键后，可自动加码进行校准；后者需人工将配套的标准砝码放到称盘上进行校准。例如FA/JA系列上皿电子天平，其外形如图2-4。

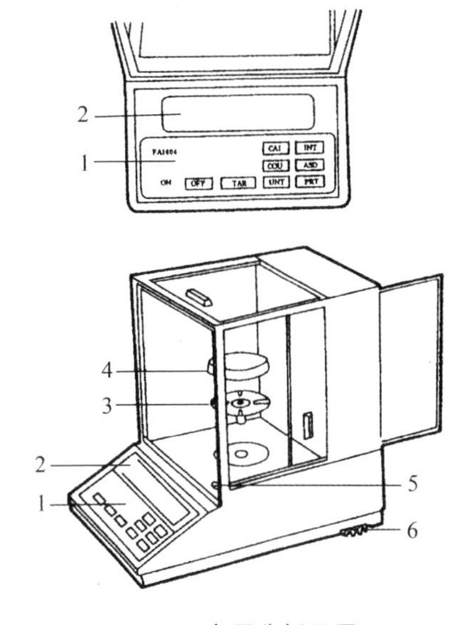

图2-4 电子分析天平

1. 键盘（控制板） 2. 显示器 3. 盘托 4. 称盘 5. 水平仪 6. 水平调节脚

电子天平的一般操作方法是：

（1）查看水平仪 如水平仪不水平，通过水平调节脚调至水平。

（2）校准 通电预热一定时间（按说明书规定），轻按ON键，等出现0.0000 g称量模式后方可称量，显示稳定后如不为零则按一下TAR键，稳定显示0.0000 g，用自带的标准砝码进行校准，校准完毕，取下标准砝码，应显示0.0000 g，若不显示零，可按一下TAR键，再重复校准操作。

（3）直接称量或固定质量称量 例如用小烧杯称取试样时，将洁净干燥的小烧杯放在称盘中央，关闭侧门，显示数字稳定后，按TAR键，显示即恢复为零，开启侧门，缓慢加试样，至显示出所需样品的质量时，关闭侧门，显示数字稳定后，直接记录所称试样的质量。

对于差减称量法，将适量试样装入洁净干燥的称量瓶中放入称盘中央，关闭侧门，显示数字稳定后，记录其质量为m_1，按上述差减称量法可连续称取几份试样。

（二）称量方法

（1）直接称量法 对一些性质稳定、不污染天平的称量物，如金属、表面皿、坩埚等，称量时，直接将其放在天平盘上称其质量。对一些在空气中无吸湿性的试样或试剂，可放在洁净干燥的小表面皿或小烧杯中，一次称取一定质量的试样。

（2）固定质量称量法 对于一些在空气中性质稳定而又要求称量某一固定质量的试样，通常采用此法称量。先称出洁净干燥的容器（如小表面皿或小烧杯等）的质量，然后加入固定质量的砝码，再用角匙将略少于指定质量的试样加入容器里，待天平接近平衡时，轻轻振动角匙，让试样徐徐落入容器中，直到天平平衡，即可得到所需固定质量的试样。

图2－5 试样敲击的方法

(3) 差减称量法 称取试样的质量只要求在一定的质量范围内，可采用差减称量法。此法适用于连续称取多份易吸水、易氧化或易与二氧化碳反应的物质。将适量试样装入洁净干燥的称量瓶中，先在台称上粗称其质量，然后在分析天平上准确称量，其质量为 m_1，一手用洁净的纸条套住称量瓶取出，举在要放试样的容器(烧杯或锥形瓶)上方，另一手用小纸片夹住瓶盖，打开瓶盖，将称量瓶一边慢慢地向下倾斜，一边用瓶盖轻轻敲击瓶口，使试样慢慢落入容器内(图2－5)。当倾出的试样估计接近所要求的质量时，慢慢将称量瓶竖起，同时轻敲瓶口上部，使黏附在瓶口试样落回瓶中，盖好瓶盖，再将称量瓶放回天平上称量，此时称得的准确质量为 m_2，两次质量之差(m_1-m_2)即为所称试样的质量，按上述方法可连续称取几份试样。

三、缓冲溶液的配制

(一) 缓冲溶液的组成及 pH 值计算

能够抵御少量强酸、强碱或稀释而保持溶液 pH 值基本不变的溶液，称为缓冲溶液。它一般是由浓度较大的弱酸及其盐、弱碱及其盐、多元弱酸的酸式盐及其次级盐所组成。缓冲溶液分为一般缓冲溶液和标准缓冲溶液两类。

不同的缓冲溶液具有不同的 pH 值。对于弱酸及其盐组成的缓冲溶液，若用 c_a 表示弱酸的浓度，c_s 表示盐的浓度，即

$$\mathrm{pH} = \mathrm{p}K_a^\Theta - \lg\frac{c_a}{c_s} \qquad (2-1)$$

对于弱碱及其盐组成的缓冲溶液，若用 c_b 表示弱碱的浓度，c_s 表示盐的浓度，即

$$\mathrm{pH} = \mathrm{p}K_w^\Theta - (\mathrm{p}K_b^\Theta - \lg\frac{c_b}{c_s}) \qquad (2-2)$$

(二) 缓冲溶液的选择与配制

由式(2－1)可知，缓冲溶液 pH 值的大小，取决于 $\mathrm{p}K_a^\Theta$ 和缓冲对 $c(A^-)$ 和 $c(HA)$ 的比值，当 c_a/c_s 等于(或接近)1 时，即 $\mathrm{pH}\approx\mathrm{p}K_a^\Theta$。因此，配制具有一定 pH 值的缓冲溶液，应当选择 $\mathrm{p}K_a^\Theta$ 与所需 pH 值相等或接近的弱酸及其盐。其他类型的缓冲溶液也应遵循此原则。另外，所选择的缓冲溶液对测量过程应没有干扰。

缓冲溶液有不同的配制方法。一般是先根据所需 pH 值选择合适的缓冲对，然后适当提高缓冲对的浓度，尽量保持缓冲对的浓度等于(或接近)1:1，这样才能配制具有足够缓冲容量的缓冲溶液。

1. 常用一般缓冲溶液的配制

常用一般缓冲溶液的配制见附录Ⅱ－5。

2. pH 标准溶液

用 pH 计测量溶液的 pH 值时，必须先用 pH 标准溶液对仪器进行校准(定位)。pH 标准溶液应选用 pH 基准试剂配制。将 pH 基准试剂经事先干燥处理后，用电导率小于 1.5 μs · cm^{-1}的纯水配制成规定的浓度(表 2－1)。

表 2－1　pH 标准溶液的配制方法

pH 基准试剂		配制			pH 标准值(25℃)
名称	化学式	干燥条件	浓度/(mol · dm^{-3})	方法	
草酸三氢钾	$KH_3(C_2O_4)_2 \cdot 2H_2O$	57℃ ±2℃，烘 4～5 h	0.05	16 g $KH_3(C_2O_4)_2 \cdot 2H_2O$ 溶于水后，转入 1 dm^3 容量瓶中，稀释至刻度，摇匀	1.68 ±0.01
酒石酸氢钾	$KHC_4H_4O_6$	105℃ ±5℃，烘 2～3 h	饱和溶液	过量的 $KHC_4H_4O_6$(大于 6.4 g · dm^{-3})和水，控制温度在 23～27℃，激烈振摇 20～30 min	3.56 ±0.01
邻苯二甲酸氢钾	$KHC_8H_4O_4$	105℃ ±5℃，烘 2～3 h	0.05	取 10.12 g $KHC_8H_4O_4$，用水溶解后转入 1 dm^3 容量瓶中，稀释至刻度，摇匀	4.00 ±0.01
磷酸氢二钠-磷酸二氢钾	Na_2HPO_4－KH_2PO_4	110～120℃，烘 2～3 h	0.025～0.025	取 3.533 g Na_2HPO_4、3.387 g KH_2PO_4，用水溶解后转入 1 dm^3 容量瓶中，稀释至刻度，摇匀	6.86 ±0.01
四硼酸钠	$Na_2B_4O_4 \cdot 10H_2O$	在氯化钠和蔗糖饱和溶液中干燥至恒重	0.01	取 3.80 g $Na_2B_4O_4 \cdot 10H_2O$ 溶于水后，转入 1 dm^3 容量瓶中，稀释至刻度，摇匀	9.18 ±0.01
氢氧化钙	$Ca(OH)_2$	—	饱和溶液	过量(大于 2 g · dm^{-3})和水，控制温度在 23～27℃，剧烈振摇 20～30 min	12.46 ±0.01

pH 标准溶液的 pH 值随温度而变化，表 2－2 列出了在 10～35℃的 pH 值。

表 2－2　pH 标准缓冲溶液

标准缓冲溶液	pH 值						
	5℃	10℃	15℃	20℃	25℃	30℃	35℃
0.05mol · dm^{-3} $KH_3(C_2O_4)_2 \cdot 2H_2O$	1.67	1.67	1.67	1.68	1.68	1.68	1.69
饱和 $KHC_4H_4O_6$	—	—	—	—	3.56	3.55	3.55
0.05mol · dm^{-3} $KHC_8H_4O_4$	4.00	4.00	4.00	4.00	4.00	4.01	4.02
0.025mol · dm^{-3} Na_2HPO_4和 0.025mol · dm^{-3} KH_2PO_4	6.95	6.92	6.90	6.88	6.86	6.85	6.84
0.01mol · dm^{-3} $Na_2B_4O_4 \cdot 10H_2O$	9.39	9.33	9.28	9.23	9.18	9.14	9.11
饱和 $Ca(OH)_2$	13.21	13.01	12.82	12.64	12.46	12.29	12.13

以上标准溶液一般可以保存 2 个月。如发现变混浊、发霉等现象，则不能继续使用。

四、实验室制气、净化和钢瓶取气

（一）气体的发生

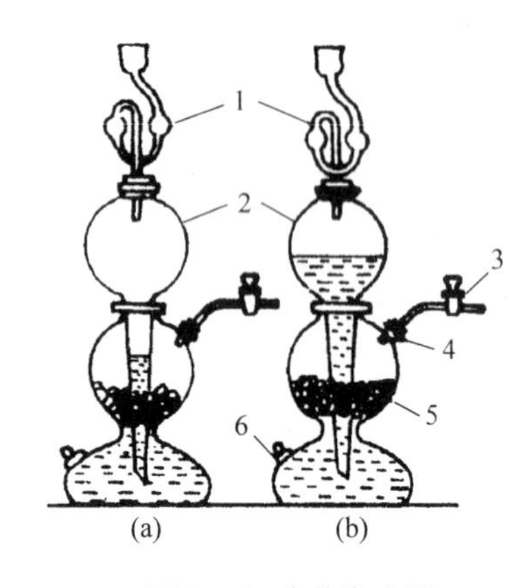

图 2－6 启普发生器

（a）开启活塞 （b）关闭活塞

1. 安全漏斗 2. 球形漏斗 3. 活塞 4. 气体出口 5. 球形容器 6. 液体出口

实验室制备气体常用启普发生器或气体发生装置进行制备。

启普发生器适用于不需加热的固液反应制备气体（如 H_2、CO_2、H_2S 等气体的制备）。启普发生器由一个葫芦状的球形容器和球形漏斗组成（图 2－6）。在球形容器中部放入颗粒状固体试剂。为了防止固体试剂落入下半球溶液中，应在球形漏斗下部与中间球形容器底部之间的间隙处垫一些玻璃棉。从气体出口处加入适量固体试剂，再装好带导气管的塞子，最后从球形漏斗中加入酸液。

使用时，打开导气管上的活塞，由于压力差，酸液进入中间球体与固体试剂接触反应而放出气体。停止使用时，关闭活塞，容器内继续反应产生的气体会将部分酸液压入球形漏斗内，使酸液不再与固体接触而停止反应。调节活塞可得到所需要的气体流量。

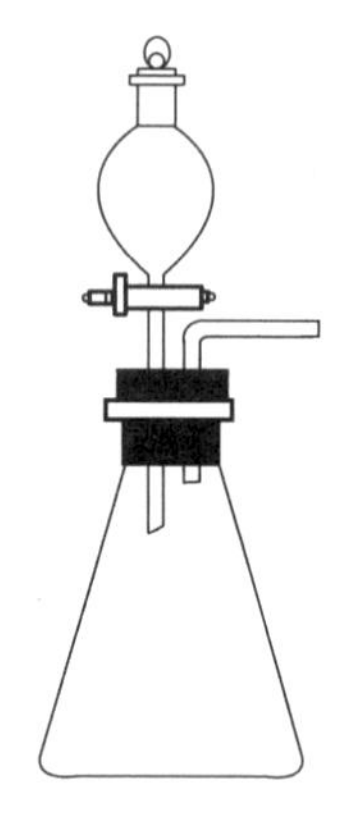

图 2－7 气体发生装置

当制备气体反应需要加热时，或粉末状固体与酸反应制备气体，如 HCl、Cl_2、H_2S 等气体，应选用如图 2－7 所示的气体发生装置。将固体试剂放入蒸馏烧瓶中，酸液放在分液漏斗中。使用时打开分液漏斗的活塞，使酸液滴加到固体上进行反应而产生气体。如果反应缓慢可采用水浴加热或酒精灯加热等。

（二）气体的净化和干燥

实验室制取的气体一般都有水气、酸雾和其他杂质。如果需要对气体进行净化和干燥，所用的吸收剂和干燥剂应根据气体的性质和其中所含杂质的种类进行选择。通常先除去杂质与酸雾，再将气体干燥。如净化和干燥 CO_2 气体，先将气体通入水中除去酸雾，再通入浓 H_2SO_4 中除去水分。例如，由 Zn 和稀 H_2SO_4 反应制备 H_2，常含有 H_2S、H_3As 气体，通入 $KMnO_4$ 溶液和 $Pb(Ac)_2$ 溶液可除去，然后再通过无水 $CaCl_2$ 对气体进行干燥。

气体的净化和干燥，通常选用某些液体（如 H_2O、浓 H_2SO_4），或固体处理剂（如无

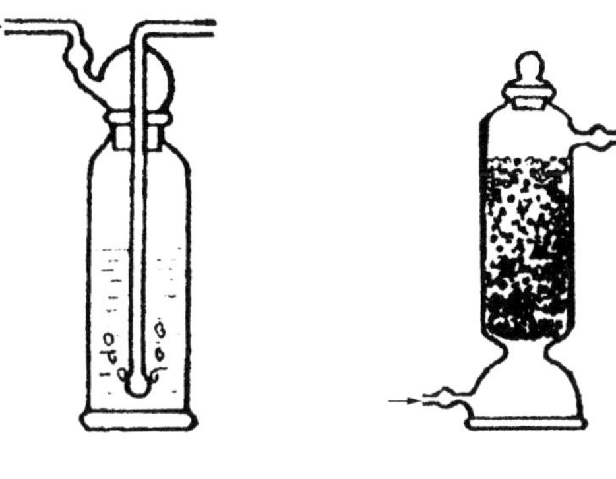

图2-8　洗气瓶　　　　图2-9　干燥塔

水 $CaCl_2$、碱石灰等)，装在洗气瓶(图2-8)或干燥塔(图2-9)进行。

(三) 气体的收集

气体的收集方法取决于气体的密度、在水中的溶解性及是否与空气中的氧气反应。收集方法有以下几种：

(1) 在水中溶解度很小的气体(如 H_2、O_2、N_2、CO、CH_4等)，可用排水集气法收集。

(2) 易溶于水而比空气轻的气体(如 NH_3、H_2、CH_4等)，可用瓶口向下的排气集气法收集。

(3) 易溶于水而比空气重的气体(如 Cl_2、CO_2、SO_2等)，可用瓶口向上的排气集气法收集。

(四) 钢瓶取气

实验室中常用钢瓶直接获得各种气体。钢瓶是贮存压缩气体或液化气体的高压容器。气体钢瓶内充满气体时，一般最大压力为15 MPa。钢瓶口连接钢瓶帽和钢瓶启闭阀，钢瓶阀门侧面接头连接减压阀。慢慢开启钢瓶阀门，当高压表显示瓶内压力时，再旋紧调节螺杆，直至低压表显示实验所需压力。停止使用时，先关闭钢瓶阀门让余气排净，当高压、低压表的指针均为零时，再松开调节螺杆，减压阀被关闭。

安装在气体钢瓶上的氧气减压阀外观示意图及工作原理图见图2-10。

使用钢瓶注意事项：

(1) 钢瓶应直立放置在阴凉、干燥、远离热源的地方，并加以固定。

(2) 氧气钢瓶及其减压阀严禁与油类接触，并与可燃气体钢瓶分开存放。

(3) 钢瓶上的减压阀要专用。开启阀门和减压阀时，人要站在钢瓶接口的侧面，以防被气流冲出而伤人。

(4) 钢瓶内的气体绝不能全部用完，一般留有0.05 MPa以上的残余压力。可燃性气体如乙炔应剩0.2~0.3 MPa。

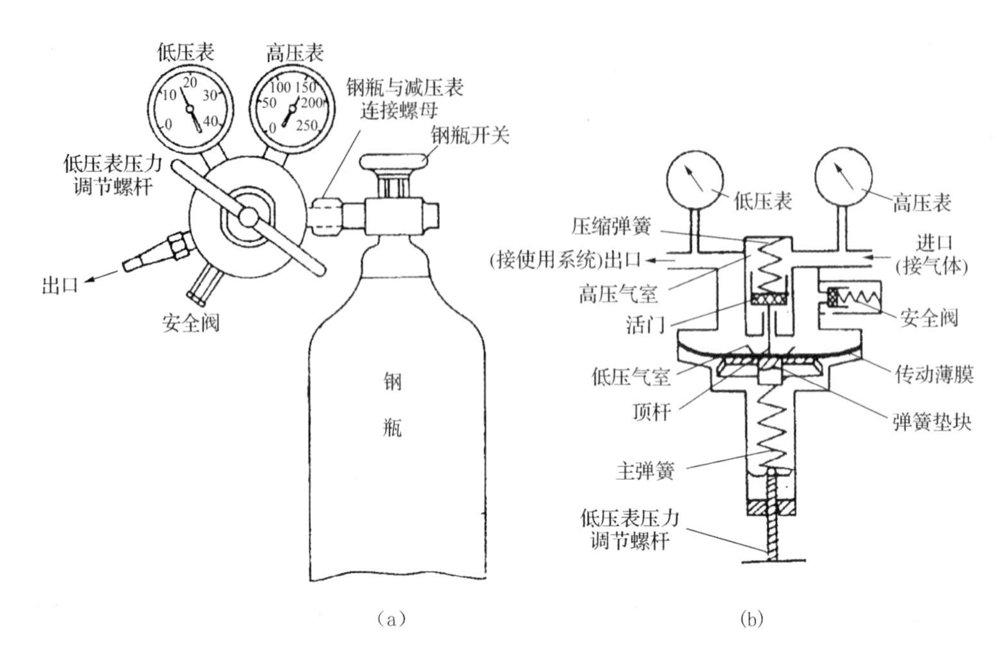

图 2－10　氧气减压阀的外观及工作原理图

（a）安装在气体钢瓶上氧气减压阀示意图　（b）减压阀工作原理图

（5）为了避免各种气瓶混淆而用错气体，在各种高压气瓶外表都涂以特定的颜色以示区别，并在瓶上写明瓶内气体的名称。

五、滴定分析基本操作及常用量器使用与校正

(一)滴定分析的量器及基本操作

1. 滴定管

滴定管是用于滴定时准确测量流出溶液的体积。按其用途不同分为两种：一种是下端带有玻璃活塞的酸式滴定管，用于盛装酸性或氧化性溶液，但不能装碱性溶液；另一种是下端用乳胶管(乳胶管内有一颗玻璃珠，用于控制溶液的流出)连接一个带尖嘴的小玻璃管的碱式滴定管，用于盛装碱性溶液，不能盛装与胶管发生侵蚀或氧化作用的溶液，如 HCl、H_2SO_4、I_2、$KMnO_4$、$AgNO_3$等。

常量分析用的滴定管有 50 cm^3及 25 cm^3两种，最小刻度为 0.1 cm^3，读数可估计到 0.01 cm^3。另外还有 10、5、2、1 cm^3微量和半微量滴定管。

2. 基本操作

（1）使用前的准备

① 检漏：酸式滴定管应检查活塞是否转动灵活或配合紧密，如不紧密，将会出现漏水现象。为了使活塞转动灵活并防止漏水，必须给活塞涂凡士林。其方法是：将滴定管中的水(或溶液)倒掉，平放在实验台上，用吸水纸将活塞和活塞槽内的水擦干，在活塞孔

两端沿圆周用手指均匀地涂一薄层凡士林(图2－11)，紧靠活塞孔处不要涂，以免活塞孔被堵塞。将活塞平行放入活塞槽中，单方向旋转活塞直至活塞转动灵活且外观为均匀透明状为止。最后在活塞槽小头一端沟槽上套上一个小橡皮圈，以免活塞脱落打碎。套橡皮圈时应用手抵住活塞，不得使其松动。若无小橡皮圈，可以套一个橡皮筋。

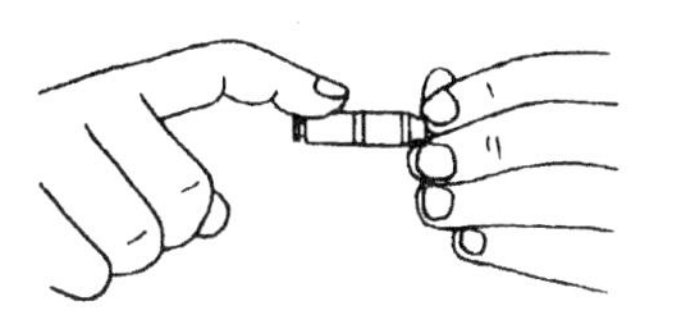

图2－11　活塞涂凡士林

活塞涂凡士林后，用自来水充满滴定管，将其放在滴定管架上静置约2 min，观察有无水滴滴下或从缝隙渗出。然后将活塞旋转180°，再进行检查，如果两次均无水滴渗出，活塞转动灵活即可使用。否则应重新涂凡士林并检查不漏水后方可使用。如遇凡士林堵塞活塞孔或玻璃尖嘴时，可将滴定管充满水，用洗耳球鼓气加压，或将尖嘴浸入热水中，再用洗耳球鼓气，即可将凡士林排除。

碱式滴定管使用前，应检查乳胶管是否老化，玻璃珠大小是否合适。若不符合要求，应及时更换。

② 洗涤：洗涤方法根据其沾污程度而定。当没有明显污物时，用自来水直接冲洗，或者用滴定管刷蘸上肥皂水或洗涤剂刷洗(但不能用去污粉)，然后用自来水冲洗，如还不干净，可装入5～10 cm^3洗液浸洗(碱式滴定管应将玻璃珠向上推至封住管口，以防洗液与乳胶管接触使其被氧化)，一手拿住滴定管上端，另一手拿住活塞上部，边转动边将管口倾斜，使洗涤液湿润全管。若沾污较重，可装满洗液浸泡一段时间。洗毕，洗液应倒回洗液瓶中。洗涤后，用自来水冲洗至流出的水为无色。

用自来水冲洗后，再用蒸馏水洗涤2～3次，每次约10 cm^3。每次加入蒸馏水后，要边转动边将管口倾斜，使水湿润全管。对酸式滴定管应竖起，使水流出一部分以冲洗滴定管的下端，其余的水从管口倒出。对碱式滴定管，从下面放水洗涤时，要用拇指和食指轻轻往一边挤压玻璃珠外面的乳胶管，并随放随转，将残留的自来水全部洗出。

最后用操作溶液润洗2～3次，每次由溶液瓶直接倒入，用量约10 cm^3，其润洗方法同蒸馏水法洗涤。

③ 装液与赶气泡：装入操作溶液后，如下端留有气泡或有未充满的部分，将滴定管取下倾斜约30°，若为酸式滴定管，用手迅速打开活塞，使溶液冲出并带走气泡。若为碱式滴定管，用食指和拇指捏玻璃珠部位，胶管向上弯曲的同时捏挤胶管，使溶液急速流出并带走气泡(图2－12)。

(2) 读数　读数前，应观察一下，管内壁应无液珠，下端尖嘴内应无气泡，尖嘴外应不挂液滴。读数时，用手指拿住管的上部无刻度处，使其自然下垂，并使自己的视线与所读的液面处于同一水平上(图2－13)。对无色或浅色溶液，视线与弯液面下缘相切。若为乳白板蓝线衬背滴定管，应当取蓝线上下两尖端相对点的位置读数。对于深色溶液可读取液面两侧最高点。

每次滴定的初读数，最好都调节到零刻度或略低于零刻度，这样每次滴定所用的溶液均差不多在滴定管的同一部位，可避免滴定管刻度不准而引起的误差。滴定时应一次完成，避免因溶液不够装入第二次，这样就会增加读数误差。

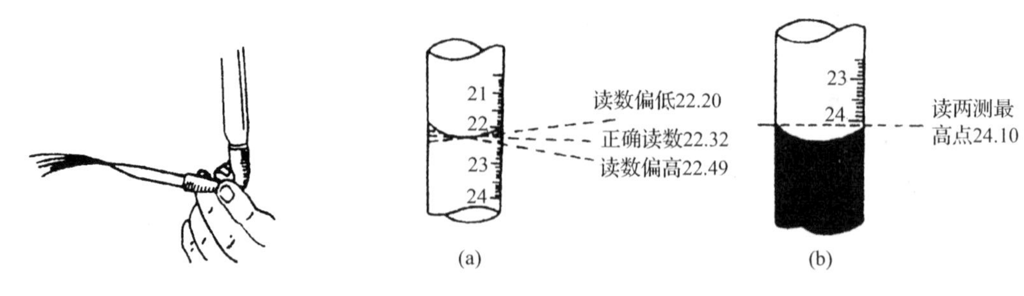

图2－12　碱式滴定管排气泡　　　　图2－13　读数视线的位置

(3) 滴定　初读数之后，立即将滴定管夹在滴定管架上，其下端插入锥形瓶(或烧杯)口内约1 cm处，再进行滴定。操作酸式滴定管时，左手控制活塞，拇指在前，食指和中指在后，轻轻捏住活塞柄向里扣，无名指和小指向手心弯曲，无名指抵住下端，转动活塞时，注意勿使手心顶着活塞，以防手心把活塞顶出造成渗漏，如图2－14所示。操作碱式滴定管时，左手拇指在前，食指在后，捏住玻璃珠外侧的乳胶管向外捏，使乳胶管和玻璃珠形成一条缝隙让溶液流出。无名指、中指和小指则夹住尖嘴管，使其垂直而不摆动，但须注意不要使玻璃珠上下移动，更不要捏玻璃珠下部的乳胶管，以免吸入空气而形成气泡，如图2－15所示。

滴定时，左手控制溶液流速，右手拿锥形瓶瓶颈摇动，微动腕关节，向同一个方向旋转溶液，但不可前后摇动，以免溶液溅出。若用烧杯滴定，则用玻璃棒向同一个方向搅拌，尽量避免玻璃棒碰烧杯壁(图2－16)。

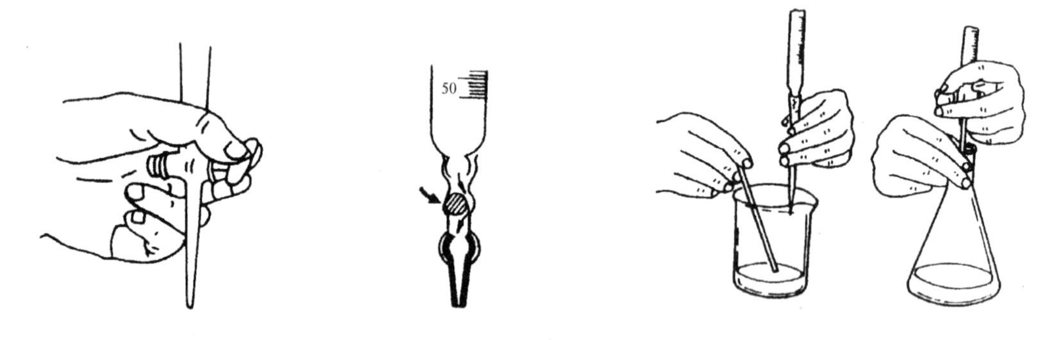

图2－14　活塞的转动　图2－15　碱式滴定管溶液的流出　　　图2－16　滴定操作

(4) 滴定速度　开始滴定时，速度可稍快些，但不能形成液柱流下，边滴边摇。接近终点时，每加一滴摇一次，最后每加半滴摇一次，直到溶液出现明显的颜色变化为止。半滴的操作方法是溶液悬挂在尖嘴上，让其沿器壁流入容器，再用少量蒸馏水冲洗内壁，并摇匀。

滴定完毕，滴定管内剩余的溶液应弃去，不可倒回原瓶，以防沾污溶液。最后依次用自来水和蒸馏水将滴定管洗净，装满蒸馏水，罩上滴定管备用，或用蒸馏水洗净后倒挂在滴定管架上。

(二)玻璃量器及基本操作

1. 移液管和吸量管

移液管和吸量管都是用来准确移取一定体积溶液的量器，二者常称为吸管。移液管是中间膨大两端细长，上端标有刻线，无分刻度，膨大部分标有容积和温度。常用的有5、10、20、25和50 cm^3等规格。吸量管是标有分刻度的直型玻璃管，管的上端标有指定温度下的总容积，可以准确移取不同体积的溶液，但其准确度比移液管稍差一些。常用的有1、2、5和10 cm^3等规格。

吸量管洗涤方法与滴定管相似，洁净的吸管内壁应不挂水珠。洗涤时先用自来水冲洗，如不洁净或有严重沾污时，可先用铬酸洗液洗，用自来水冲洗后，再用蒸馏水清洗2～3次。洗净的吸量管在移取溶液前必须用吸水纸吸净尖端内外的水，然后用待移取溶液润洗内壁2～3次，以保证被移取溶液浓度不变。在吸取溶液时，一手拿洗耳球(预先排除空气)，另一手拇指及中指拿住管颈标线以上的地方(图2-17)，将吸管插入待吸溶液液面下1～2 cm处(不能伸入太浅以免吸空，也不能伸入太多，以免管外壁沾带溶液过多)，用洗耳球慢慢吸取溶液，当溶液上升到标线以上时，迅速用食指紧按管口，取出吸管，拿盛液的容器倾斜约30°，使吸管垂直且管尖嘴紧贴其内壁，然后微微松动食指或用拇指和中指轻轻转动吸管，并减轻食指的压力，让溶液缓慢下降，同时平视刻度，直到溶液弯月面下缘与刻度相切时，立即按紧食指。再将吸管移入准备接受溶液的容器中，仍使吸管垂直，管尖嘴接触容器内壁，让接收容器倾斜，放开食指，让溶液自由地沿壁流下(图2-18)。待溶液流尽后，应等约15 s，取出吸管。

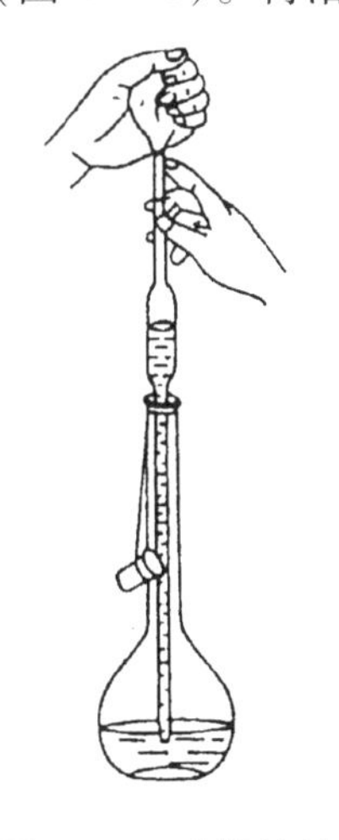

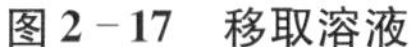

图2-17 移取溶液

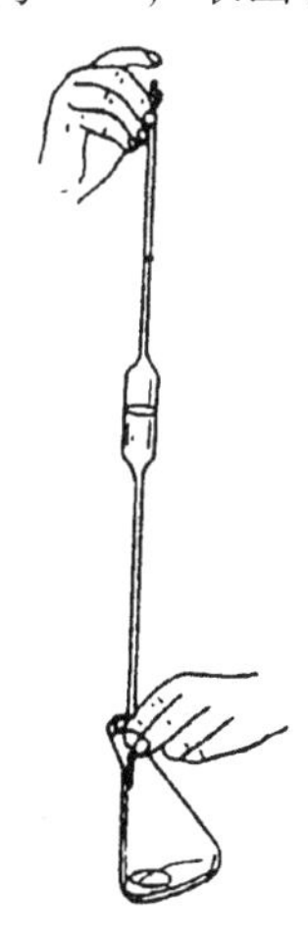

图2-18 放出溶液

注意：除标有“吹”字的吸管外，不要把残留在管尖内的液体吹出，因为在校准吸管容积时没有把这部分液体包括在内。

2. 容量瓶

容量瓶是细颈梨形平底玻璃瓶，瓶口带有磨口玻璃塞或塑料塞，颈上有一标线，瓶体标有它的体积和温度，一般表示20℃时，液体充满刻度时的体积。常用的有10、25、50、100、200、250、500和1000 cm^3等多种规格。它用于配制准确浓度的溶液或定量地稀释一定浓度的溶液。它常与移液管配合使用，可将某种物质配制的溶液分成若干等份。

（1）使用前应检查瓶塞是否漏水　加自来水至标线附近，盖好瓶塞，用左手食指按住，其余手指拿住瓶颈标线以上部分，用右手五指托住瓶底边(图2－19)，将瓶倒立2 min，观察瓶塞周围是否有水渗出。将瓶直立，瓶塞转动180°，再倒立2 min，不漏水即可使用。为了避免打破磨口玻璃塞，用细绳把塞子系在瓶颈上。

（2）容量瓶的洗涤方法与吸管相同　尽可能用自来水冲洗，必要时才用洗液浸洗。用自来水洗干净后，再用蒸馏水润洗2～3次。

（3）容量瓶的操作　用固体物质配制溶液时，准确称取一定的固体物质，置于干净的小烧杯中，加入少量溶剂将其完全溶解后，再定量转移至容量瓶中，此过程称为定容。定量转移时，一手持玻璃棒，将玻璃棒悬空伸入容量瓶中，玻璃棒的下端靠近瓶颈内壁。另一手拿烧杯，使烧杯嘴紧贴玻璃棒，让溶液沿玻璃棒顺容量瓶内壁流下(图2－20)，烧杯中溶液倾完后，烧杯不要直接离开玻璃棒，将烧杯嘴向上提，同时使烧杯直立，可避免杯嘴与玻璃棒之间的一滴溶液流到烧杯外面。将玻璃棒取出放入烧杯内，用少量溶剂冲洗玻璃棒和烧杯内壁洗涤2～3次，每次的洗涤液都转移到容量瓶中，补加溶剂至接近标线，最后逐滴加入，直到溶液的弯月面恰好与标线相切。盖紧瓶塞，一手按住瓶塞，另一手托住瓶底，将容量瓶倒立摇匀(图2－21)，再倒过来，使气泡上升顶部，如此反复10次左右，使溶液混匀。

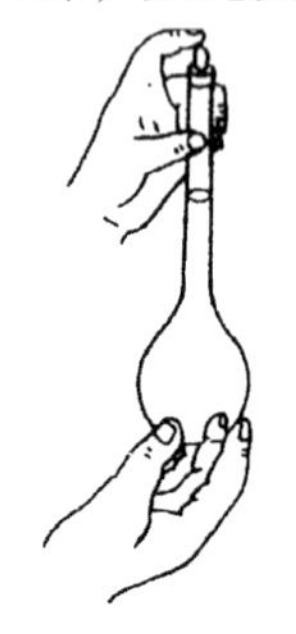
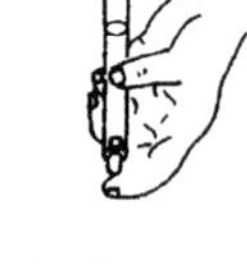

图2－19　容量瓶的拿法

图2－20　定量转移

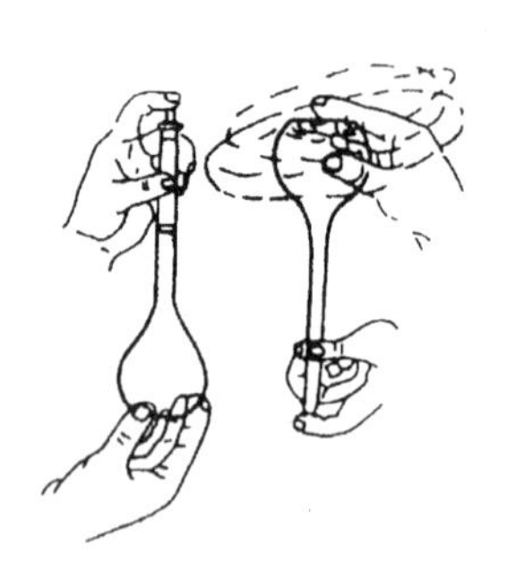

图2－21　摇匀溶液

如用容量瓶将已知准确浓度的浓溶液稀释成一定浓度的稀溶液，则用移液管移取一定体积的浓溶液于容量瓶中，加水至标线，按上述方法混匀即可。

（4）注意事项　容量瓶不宜长期贮存试剂溶液，配好的溶液需长期保存时，应转入试剂瓶中。容量瓶用毕应立即用水洗净备用。如长期不用，应将磨口和瓶塞擦干，用纸将其隔开。容量瓶不能在烘箱中烘干或直接用明火加热。如需干燥，将洗净的容量瓶用乙醇等有机溶剂润洗后晾干或电吹风冷风吹干。

（三）玻璃量器的校正

量器的实际容量与它标示的往往不完全相符。此外，通常的量器校正以20℃为标准，但使用时温度发生改变，量器的容积及溶液的体积都将发生改变，因此，在精密分析时需进行仪器的校正。量器校正时，视具体情况可采用相对校正和称量校正。

1. 相对校正

在实际工作中，容量瓶和移液管常是配合使用的，用容量瓶配制溶液，用移液管取出其中一部分进行测定。此时重要的是二者的容量是否为准确的整数倍数关系。如用25 cm^3移液管从250 cm^3容量瓶中取出一份试液是否为1/10，这就需要对这两件量器进行相对校正。方法是：用25 cm^3移液管吸取纯水10次至一个洁净并干燥的250 cm^3容量瓶中，观察溶液的弯月面是否与标线正好相切，否则，应另作一标记。此法简单，在实际工作中使用较多，但必须在这两件仪器配套使用时才有意义。

2. 称量校正

校正滴定管、容量瓶、移液管的实际容积常采用称量校正法。方法是：称量被校正量器中容纳或放出纯水的质量，再根据该温度下纯水的密度计算出该量器在20℃时的实际容积。

由质量换算容积时必须考虑以下因素：

① 水的密度及玻璃容器的胀缩随温度而改变。

② 空气浮力对质量的改变等。考虑上述因素，将20℃容量为1 cm^3的玻璃容器在不同温度时所盛水的质量列表2－3。根据表2－3中的数据即可算出某一温度 t 时，一定质量 m 的纯水在20℃时所占的实际容积 V，即 $V = m/\rho$。

例如，校正移液管时，在15℃ 称量得纯水的质量为24.94 g，查表得15℃时，ρ 为0.997 92 $g \cdot cm^{-3}$，由此算得它在20℃时实际体积为24.99 cm^3。

表2－3　在不同温度下纯水在1 cm^3的玻璃容器中所盛水的质量 ρ

t/℃	ρ/($g \cdot cm^{-3}$)	t/℃	ρ/($g \cdot cm^{-3}$)	t/℃	ρ/($g \cdot cm^{-3}$)
5	0.998 53	14	0.998 04	23	0.996 55
6	0.998 53	15	0.997 92	24	0.996 34
7	0.998 52	16	0.997 78	25	0.996 12
8	0.998 49	17	0.997 64	26	0.995 88
9	0.998 45	18	0.997 49	27	0.995 66
10	0.998 39	19	0.997 33	28	0.995 39
11	0.998 33	20	0.997 15	29	0.995 12
12	0.998 24	21	0.996 95	30	0.994 85
13	0.998 15	22	0.996 76		

六、普通化学实验中的分离与提纯技术

（一）固液分离的方法

固液分离的方法通常有3种：倾析法、过滤法和离心分离法。

1. 倾析法

图2－22 倾析法洗涤

倾析法主要用于沉淀颗粒较大或其相对密度较大的固液分离。倾析法操作如图2－22所示。首先使沉淀充分沉降，将沉淀上部的清液小心地沿玻璃棒倾入另一容器中，使沉淀与溶液分离。若沉淀需洗涤时，则往盛沉淀的容器中加入少量蒸馏水（或其他洗涤剂），用玻璃棒将沉淀和洗涤剂充分搅匀，待沉淀充分沉降后，再用倾析法倾去溶液。重复洗涤3次，即可洗净沉淀。

2. 过滤法

影响过滤的因素较多，如溶液的温度、黏度、过滤时的压力、过滤器的空隙大小等。升高温度有利于过滤；通常热溶液黏度小，有利于过滤；减压过滤因形成负压有利于过滤；过滤器空隙的大小应根据沉淀颗粒的大小和状态来确定。空隙太大易透过沉淀，空隙太小易被沉淀堵塞，使过滤困难。若沉淀是胶体，可通过加热破坏胶体，有利于过滤。

常用的过滤方法有常压过滤、减压过滤和热过滤3种。

（1）常压过滤　使用的器具为漏斗和滤纸。

① 漏斗：有玻璃质和瓷质两种。玻璃漏斗有长颈和短颈两种类型。长颈漏斗用于重量分析，短颈漏斗用于热过滤。长颈漏斗的直径一般为3～5 mm，颈长为15～20 cm。锥体角度为60°，颈口处呈45°，如图2－23所示。

② 滤纸：按用途不同可分为定性滤纸和定量滤纸。定性滤纸灼烧后的灰分较多，常用于定性实验；定量滤纸的灰分很少，一般灼烧后的灰分低于0.1 mg，低于分析天平的感量，又称无灰滤纸，常用于定量分析。按过滤速度和分离的性能不同分为快速、中速和慢速3种。例如，$BaSO_4$为细晶形沉淀，常用慢速滤纸，NH_4MgPO_4为粗晶形沉淀，常用中速滤纸，而$Fe_2O_3 \cdot nH_2O$为胶状沉淀，需用快速滤纸。按滤纸直径的大小分为9，11，12.5和15 cm等几种。通常根据沉淀量的多少选择滤纸，沉淀一般不超过滤纸锥体的1/3。滤纸的大小还要根据漏斗的大小来确定，一般滤纸上沿应低于漏斗上沿0.5～1 cm。使用时，将手洗净擦干后按四折法把滤纸折成圆锥形，见图2－24。滤纸的折叠方法是将滤纸对折后再对折，这时不要压紧，打开成圆锥体，放入漏斗，滤纸三层的一边放在漏斗颈口短的一边。如果上边沿与漏斗不十分密合，可稍微改变滤纸的折叠角度，直到滤纸上沿与漏斗完全密合为止（三层与一层之间处应与漏斗完全密合），下部与漏斗内壁形成缝。此时把第二次的折边压紧（不要用手指在滤纸上来回拉，以免滤纸破裂造成沉淀透过）。为使滤纸和漏斗贴紧而无气泡，将三层滤纸的外层折角处撕

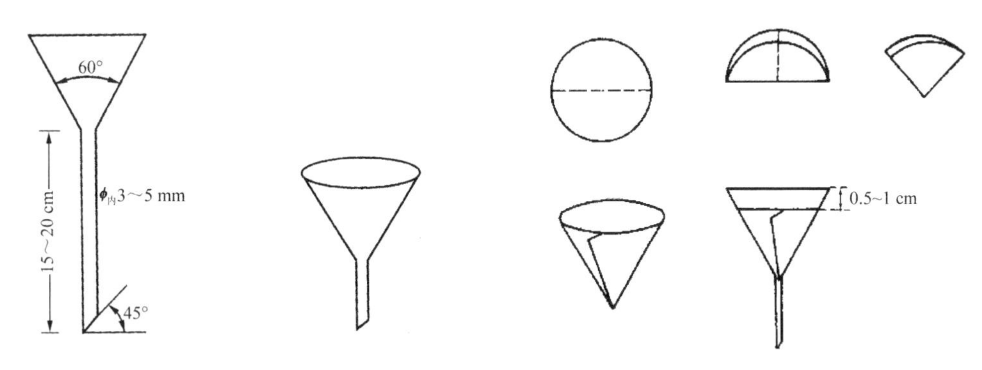

图2－23　漏斗　　　　**图2－24　滤纸的折叠和安放**

下一小块，撕下的滤纸放在干燥洁净的表面皿上，以便需用时擦拭沾在烧杯口外或漏斗壁上少量残留的沉淀用。

将滤纸放好后，用手指按紧三层的一边，用少量水润湿滤纸，轻压滤纸赶出气泡，加水至滤纸边沿。这时漏斗颈内应全部充满水，形成水柱。若不形成水柱，可用手指堵住漏斗下口，稍掀起滤纸的一边，用洗瓶向滤纸与漏斗间的空隙处加水，直到漏斗颈和锥体充满水。然后按紧滤纸边，慢慢松开堵住下口的手指，此时即可形成水柱。若还没有水柱形成，可能是漏斗不干净或者是漏斗形状不规范，重新清洗或调换后再用。将准备好的漏斗放在漏斗架上，盖上表面玻璃，下接一洁净烧杯，烧杯内壁与漏斗出口尖处接触。漏斗位置放置的高低，应根据滤液的多少，以漏斗颈下口不接触滤液为准。收集滤液的烧杯也要用表面皿盖好。

③ 过滤：过滤操作多采用倾析法(图2－25)。倾析法的主要优点是过滤开始时没有沉淀堵塞滤纸，使过滤速度加快，同时在烧杯中进行残留沉淀的洗涤及转移(图2－26)，比在滤纸上洗涤充分，可提高洗涤效果。

④ 沉淀的洗涤：将转移到漏斗中的沉淀进行洗涤，以除去沉淀表面吸附的杂质和残留的母液。其方法是用洗瓶流出细小而缓慢的水流，从滤纸边沿稍下部位开始，向下按螺旋形移动冲洗，如图2－27所示。不可将洗涤液突然冲到沉淀上，否则会造成损失。待洗液流完后，按“少量多次”的原则重复洗涤几次，达到除尽杂质的目的。最后

图2－25　过滤

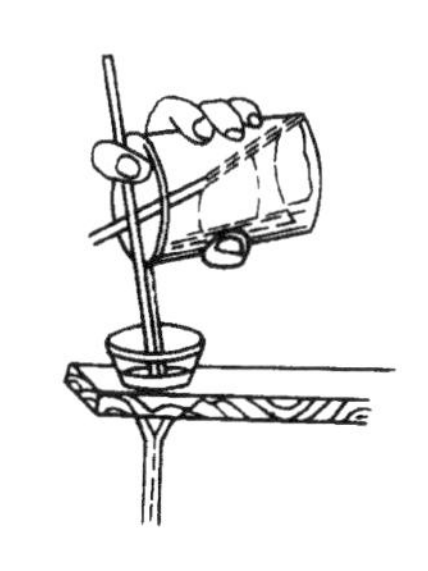

图2－26　残留沉淀的转移

图2－27　沉淀的洗涤

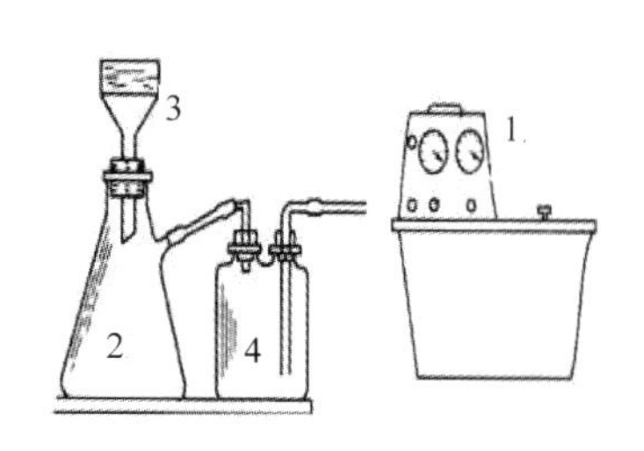

图 2-28 减压过滤装置
1. 真空泵 2. 吸滤瓶
3. 布氏漏斗 4. 安全瓶

用洗瓶冲洗漏斗颈下端的外壁，用洁净的试管接收少量滤液，选择灵敏的定性反应来检验是否将沉淀洗净（如用硝酸银检验是否有氯离子存在）。

（2）减压过滤 又称吸滤、抽滤或真空过滤。此法具有过滤速度快、沉淀内含溶剂少易干燥等优点。但此法不适宜于胶状沉淀和颗粒太细沉淀的过滤，因为胶状沉淀在减压过滤时易透过滤纸，而颗粒太细的沉淀抽滤时，在滤纸上形成一层密实的沉淀，使溶液不易透过，达不到减压过滤的目的。减压过滤装置如图 2-28所示。

减压过滤装置减压的基本原理是利用减压水泵或其他真空泵，使吸滤瓶内形成负压，达到加速过滤的目的。

减压过滤操作步骤如下：

① 将滤纸剪成略小于布氏漏斗内径且全部盖住小孔大小。且不可将滤纸在内壁上竖起，以免沉淀不经过抽滤沿布氏漏斗壁直接进入吸滤瓶，造成损失。

② 将剪好的滤纸放入布氏漏斗中，用少量洗液把滤纸润湿后，将布氏漏斗装在吸滤瓶上，插入吸滤瓶的橡皮塞不得超过塞子高度的 2/3，以免减压后难以拔出，一般插入 1/2 ~ 2/3。同时，漏斗管颈下方的斜口要正对吸滤瓶的支管口，以免减压过滤时母液直接冲入安全瓶。安全瓶的作用是防止关闭水泵或水压突然变小时，自来水回流到吸滤瓶内（称为倒吸），弄脏溶液。

③ 检查抽滤装置密封完好后，打开真空泵，将溶液流入漏斗，加入量不要超过漏斗总量的 2/3。然后将沉淀转移到漏斗中，用少量洗液洗玻璃棒和容器内壁 2 ~ 3 次，一同洗净沉淀。洗涤沉淀时，应关掉真空泵，使洗液慢慢通过沉淀物，以尽量洗净沉淀。

④ 抽滤完毕或中间停止抽滤时，首先打开安全瓶的旋塞或塞子。如果水泵与抽滤瓶直接相连，应首先拔下连接抽滤瓶的橡皮塞或松开布氏漏斗，形成常压，以免倒吸，然后关上真空泵。

⑤ 取下布氏漏斗，将其倒扣在滤纸上，轻击漏斗边沿，使滤纸和沉淀一同落下。滤液应从抽滤瓶的上口倾出，不要从支口倾出，以免弄脏滤液。

（3）热过滤 常用于降低温度或在常压下易析出结晶的固液分离。热过滤使用热水漏斗（又称保温漏斗）。热过滤装置见图 2-29。

热水漏斗是铜质的双层套管，内放一个短颈玻璃漏斗，套管内装热水，可减少散热，不至于在热过滤中析出结晶。同时采用折叠滤纸，如图 2-30 所示。折叠滤纸可增大热溶液与滤纸的接触面积，以利于加速过滤。滤纸的折叠方法如下：

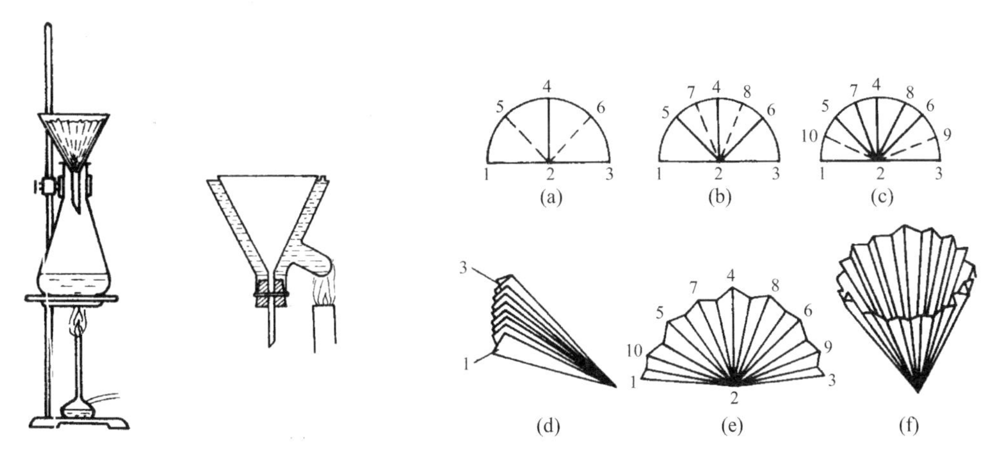

图2-29　热过滤装置　　**图2-30　滤纸的折叠方法**

将圆形滤纸(如果是方形滤纸可在叠好后再剪成圆形)对折再对折，打开成半圆形，分别将1与4、3与4重叠打开成图2-30(a)；将1与6、3与5重叠打开成图2-30(b)；将1与5、3与6重叠打开成图2-30(c)；然后将每份反向对折成图2-30(d)；打开成扇形，如图2-30(e)；再分别在1与2、2与3处各向内折一小折面，打开即成折叠滤纸(或扇形滤纸)，如图2-30(f)。在折叠时将滤纸压倒即可，不要用手指来回拉，尤其是滤纸圆心更要小心。过滤前将折好的滤纸翻转放入漏斗，以免手指弄脏的一面接触滤液。

热过滤步骤如下：

①装好热过滤装置，如图2-29所示。

②在热水漏斗中加入水，不要加水太满，以免水沸腾后溢出。加热热水漏斗侧管(如溶剂易燃，过滤前应将火熄灭)，待热水微沸后，立即将准备好的热饱和溶液沿玻璃棒加入热水漏斗中的折叠滤纸上(玻璃棒切勿对准滤纸中心的底部，此处易破损；或不用玻璃棒引流，以免热溶液通过玻璃棒降温，易析出结晶)。加入热饱和溶液的液面距折叠滤纸上沿0.5~1 cm。随着过滤的进行，不断补充热饱和溶液，直到加完为止(为不使热饱和溶液温度降低，可在过滤的同时，在另一火源上加热溶液，以保持温度)。

③待溶液过滤完后，在滤纸上仍有少量结晶析出，可用事先准备好的热水每次少量洗2~3次，将滤纸上的结晶溶解滤下。

3. 离心分离法

离心分离法常用于沉淀量较少的固液分离。此法操作简单而迅速，实验室中常用的电动离心机如图2-31所示。

电动离心机由电动机带动装有试管的一组金属套管(或塑料管)做高速圆周运动，使试管中的沉淀物受到离心力的作用，向离心试管底部集中，上层为澄清的溶液，即可把溶液和沉淀分开。可用滴管小心地吸出上部清液(图2-32)，也可将上清液倾出。如果沉淀需要洗涤，可加入少量洗涤液，用玻璃棒充分搅起，再进行离心分离，重复操作2~3次即可。

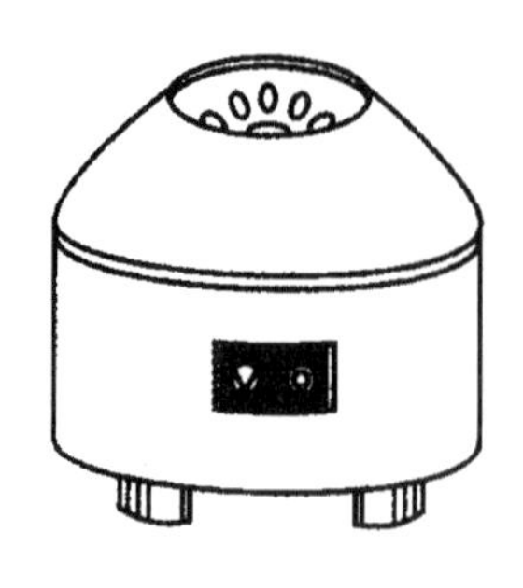

图 2－31 电动离心机

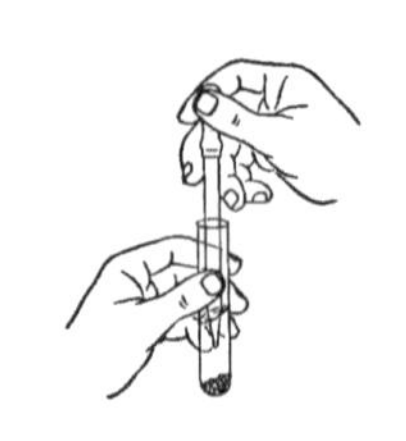

图 2－32 用滴管吸去溶液

使用电动离心机时，由于其转速较高，一旦不平衡，很容易损坏。因此离心时，离心机中装有溶液的试管必须对称，以保持平衡。检查离心试管放好后，盖上盖子，慢慢开动离心机，达到要求转速约 0.5 min 后即可慢慢停机。全部停止转动后才能打开上盖。

（二）重结晶

重结晶是用来分离提纯固体物质的方法之一。无论是从自然界还是通过化学反应制备的物质，往往是混合物或者含有副产物、未完全作用的原料和催化剂等，常常用重结晶法进行分离提纯。其原理是利用混合物中各组分在某种溶剂中的溶解度不同，或在同一种溶剂中不同温度下的溶解度不同，使它们相互分离，达到纯化的目的。固体物质在溶剂中的溶解度与温度关系密切，通常温度升高溶解度增大。若把固体物质溶解在热的溶剂中成饱和溶液，冷却时因溶解度降低，溶液变成过饱和溶液而析出结晶，这个过程叫作重结晶。重结晶通常适用于纯化杂质含量在5%以下的固体物质。杂质含量过高影响结晶的速度和提纯效果，往往需要多次重结晶才能提纯。有时，还会形成油状物难以析出结晶，可采取萃取和水蒸气蒸馏的方法进行初步提纯。

1. 选择溶剂

选择适当的溶剂是重结晶的关键，适当的溶剂应具备下列条件：

①不与被提纯物质起化学反应。

②被提纯物质在热溶剂中溶解度较大，在室温或更低温度的溶剂中几乎不溶或难溶。

③对杂质的溶解度很大（留在母液中被分离）或很小（热过滤时除去）。

④较易挥发，易与结晶分开。

⑤能得到较好的结晶。

⑥价廉易得，毒性小，回收率高，操作方便。

选择溶剂应根据“相似相溶”原理，查阅化学手册或有关文献，若有几种溶剂都合适时，应根据重结晶的回收率、操作的难易、溶剂的毒性、易燃性、用量和价格来选择。

在实际工作中，通常采用溶解度试验方法选择溶剂。取 0.1 g 待重结晶的固体置于一小试管中，用滴管逐滴加入溶剂，并不断振荡，若加入1 cm^3溶剂后，固体已全部或大部分溶解，则此溶剂的溶解度太大，不适宜作为重结晶的溶剂；若固体不溶或大部分不溶，但加热至沸(沸点低于100℃时，应采用水浴加热，以免着火)时完全溶解，冷却后，固体几乎全部析出，这种溶剂适宜作为重结晶溶剂。若待重结晶固体不溶于1 cm^3沸腾的溶剂中，可在加热下，按每次0.5 cm^3溶剂分次加入，并加热至沸。若加入溶剂总量达4 cm^3，固体仍不溶解，表示该溶剂不适宜作为重结晶溶剂。即使固体能溶解在4 cm^3沸腾的溶剂中，用水或冰水冷却，甚至用玻璃棒摩擦试管内壁，均无结晶析出，此溶剂也不适宜作为重结晶溶剂。

若难以选择一种合适的溶剂时，可使用混合溶剂。混合溶剂由两种互溶的溶剂组成，一种对被提纯物质的溶解度较大，另一种对被提纯物质的溶解度较小。常用的混合溶剂有：乙醇-水、乙酸-水、丙酮-水、乙醇-乙醚、乙醚-丙酮、苯-石油醚、乙醇-丙酮、乙醚-石油醚。常用的溶剂见表2-4。

表2-4　常见的重结晶溶剂

溶剂	沸点/℃	冰点/℃	相对密度	溶解度(水)	易燃性
水	100	0	1.0	+	0
甲醇	64.96	<0	0.7918	+	+
乙醇(95%)	78.1	<0	0.804	+	++
冰醋酸	117.9	16.7	1.05	+	+
丙酮	56.2	<0	0.79	+	+++
乙醚	34.1	<0	0.71	-	++++
石油醚	30~60	<0	0.64	-	++++
乙酸乙酯	77.06	<0	0.90	-	++
苯	80.1	5	0.88	-	++++
氯仿	61.7	<0	1.48	-	0
四氯化碳	76.54	<0	1.59	-	0

注：+表示混溶性好，+越多表示易燃性越强。

2. 溶解

在锥形瓶中加入待重结晶的固体物质，加入比计算量较少的溶剂，加热至沸，若有未溶解的固体物质，保持在沸腾状态下逐渐添加溶剂至固体恰好溶解。由于在加热和热过滤过程中溶剂的挥发，温度降低导致溶解度降低而析出结晶，最后需多加20%的溶剂，但溶剂量过大则难以析出结晶。

在溶解过程中，若有油状物出现，对物质的纯化很不利，因杂质会伴随析出，并夹带大量的溶剂。避免这种现象发生的具体方法是：①选择溶剂的沸点低于被提纯物质的熔点；②适当加大溶剂的用量。

有机溶剂易燃又有毒性，如果使用的溶剂易燃时，应选用锥形瓶或圆底烧瓶，装上回流冷凝管。严禁在石棉网上直接加热，根据溶剂沸点的高低选用热浴。

3. 脱色

待重结晶的固体物质常含有有色杂质，在加热溶解时，尽管有色杂质可溶解于有机溶剂，但仍有部分被晶体吸附不能除去。有时在溶液中还存在少量树脂状物质或极细的不溶性杂质，用简单的过滤方法不易除去，加入活性炭可吸附色素和树脂状物质。使用活性炭应注意以下几点：

①活性炭应在溶液稍冷后加入，切不可在溶液沸腾状态加入，否则易形成暴沸。

②活性炭加入后，需在搅拌下加热煮沸 5 min。若脱色不净，待稍冷后补加活性炭，继续在搅拌下加热至沸。

③活性炭的加入量视杂质多少而定。一般为粗品质量的 1%~5%。若加入量过多，会吸附一部分纯产品，使产率降低；若加入量过少，达不到脱色目的。

④活性炭在使用前，应在研钵中研细，增大表面积，提高吸附效率。除用活性炭脱色外，还可采用层析柱脱色，如氧化铝吸附色柱。

4. 热过滤或常压过滤

待重结晶固体经溶解、脱色后，要进行过滤，除去吸附了有色杂质的活性炭和不溶解的固体杂质。如果采用热过滤，为了避免在过滤时溶液冷却析出结晶，造成操作困难和损失，应尽快完成操作。通常采用热水漏斗和折叠滤纸(图 2－29 和图 2－30)。

5. 结晶

将热溶液迅速冷却并剧烈搅动后，可得到很细小的结晶，细小结晶包含杂质很少，但由于表面积大，吸附在表面上的杂质较多。若将热溶液在室温或保温静置使其缓慢冷却，析出的晶粒较大，往往有母液或杂质包在晶体内。因此，当发现大晶体开始形成时，轻轻摇动使其形成较均匀的小晶体。为使结晶更完全，可使用冰水冷却。

如果溶液冷却后仍不结晶，可采用以下方法促使晶核的形成：

①用玻璃棒摩擦器壁，以形成粗糙面或玻璃小点作为晶核，使溶质分子呈定向排列，促使晶体析出。

②加入少量该溶质的晶体，这种操作称为“接种”或“种晶”。

③也可将过饱和溶液置于冰箱内较长时间，也可析出结晶。

6. 抽滤

把结晶从母液中分离出来，一般采用布氏漏斗进行抽气过滤(简称抽滤又叫减压过滤)。减压过滤装置见图 2－28。

7. 结晶的干燥、称重与测定熔点

减压过滤后得到的结晶，其表面还吸附有少量溶剂，根据所用溶剂和结晶的性质，可采用自然晾干、红外线干燥、真空恒温干燥或在烘箱内加热等方法干燥。充分干燥后的结晶，称其重量，计算产率，最后测其熔点。若纯度不符合要求，可重复重结晶操作，直至与熔点吻合为止。

（三）升华

某些物质在固态时具有相当高的蒸气压，当加热时，不经过液态直接气化，蒸气受冷后又变成固态，这个过程叫作升华。利用升华的方法提纯物质，可除去不挥发性杂质，或分离不同挥发性的固体混合物，得到产品的纯度较高。升华的操作时间较长，损失也较大，通常在实验室中仅用升华来提纯少量(1 ~2 g)的固体物质。通常对称性较高的固体物质具有较高的熔点，且在熔点温度以下具有较高的蒸气压，易于用升华来提纯。为了深入了解升华的原理，控制升华的条件，就必须研究固、液、气三相平衡(图2－33)。

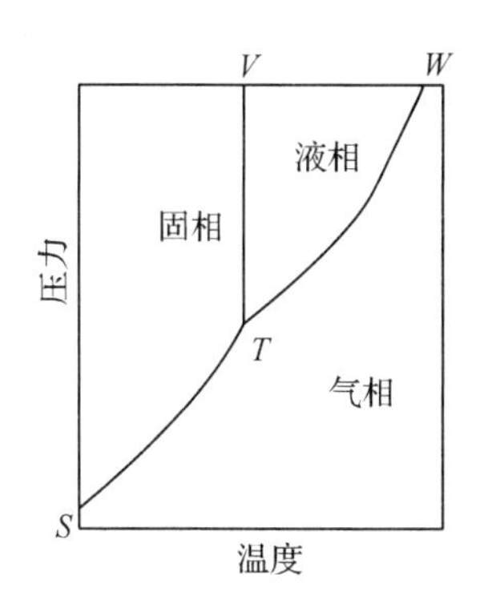

图2－33　物质三相平衡曲线

图2－33中 *ST* 表示固相与气相平衡时固相的蒸气压曲线。*TW* 是液相与气相平衡时液相的蒸气压曲线。*TV* 是固相与液相的平衡曲线，此曲线与其他两曲线相交于 *T*。*T* 为三相点，在这一温度和压力下，固、液、气三相处于平衡状态，即三相同时并存。不同物质在固－液平衡状态时的温度与压力不同。纯净物质的真正熔点是固－液两相在大气压下处于平衡状态的温度。但在三相点 *T* 的压力是固、液、气三相处于平衡状态的蒸气压，所以三相点的温度和真正的熔点有差别。然而这种差别极小，通常只有几分之一度，因此在一定压力下，*TV* 曲线偏离垂直方向很小。

在三相点以下，物质只有气、固两相。若温度降低，蒸气就不再经过液态而直接变为固态。所以，一般的升华操作在三相点以下进行。如果某物质在三相点温度以下的蒸气压很高，则气化速率很大，这样就很容易从固态直接变为蒸气，则此物质蒸气压随温度降低而下降，稍微降低温度，即可由蒸气直接变为固体，此物质就较容易用升华方法进行纯化。

例如，六氯乙烷(三相点温度186℃，压力104 kPa)在185℃时蒸气压已达101. 3 kPa，因而在低于186℃ 时就可完全由固相直接挥发成蒸气，中间不经过液态阶段。樟脑(三相点温度179℃，压力49. 3 kPa)在160℃时蒸气压为29. 1 kPa，未达熔点时已有相当高的蒸气压，只有缓慢加热，使温度低于179℃ 时，即可升华。蒸气遇到冷的表面就凝结成固体，这样蒸气压可始终维持在49. 3 kPa以下，直至升华完毕。例如樟脑这样的固体物质，其三相点平衡蒸气压低于101. 3 kPa；若加热过快，使蒸气压超过三相点平衡蒸气压，这时固体就会熔化；若继续加热到101. 3 kPa时，液体就开始沸腾。

有些物质在三相点时的平衡蒸气压较低，如苯甲酸(熔点122℃，蒸气压0. 8 kPa)，萘(熔点80℃，蒸气压0. 93 kPa)。若用一般升华的方法，就得不到满意的回收率。为了提高升华的收率，可采用减压升华的方法。除此之外，也可将物质加热至熔点以上，使其具有较高的蒸气压，同时通入空气或惰性气体带出蒸气，使蒸发速度增大，并可降低被纯化物质的分压，使蒸气直接变为固体。

1. 常压升华

常用的升华装置如图2－34(a)。首先将升华物质粉碎，平铺在表面皿上，上面覆盖一张刺有小孔的滤纸，然后将大小合适的玻璃漏斗盖在上面，漏斗的径口塞脱脂棉团或玻璃毛，减少蒸气逸出。在石棉网上缓慢加热蒸发皿(最好用沙浴或其他热浴)，小心调节火焰，使浴温低于被升华物质的熔点，使其慢慢升华。蒸气通过滤纸上的小孔上升，冷凝在滤纸或漏斗壁上。必要时外壁可用湿布冷却。

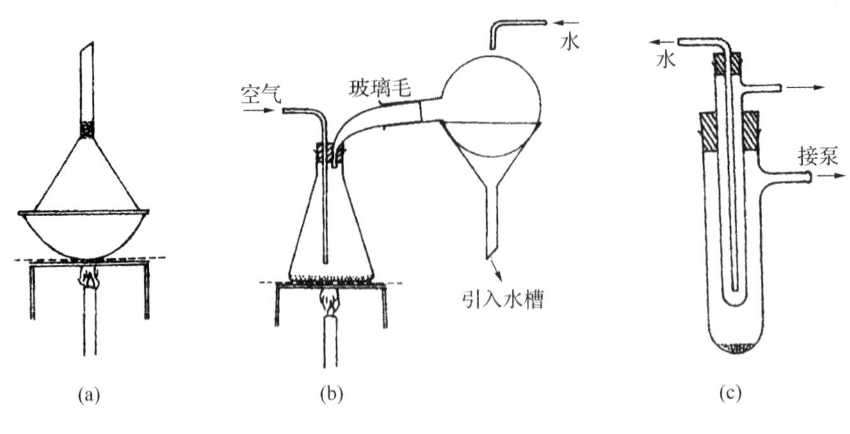

图 2－34　几种升华装置

在空气或惰性气流中进行升华的装置如图 2－34(b)。在锥形瓶上配二孔塞，一孔插入玻璃管导入空气；另一孔插入接液管，接液管的另一端伸入圆底烧瓶中，烧瓶口塞一些棉花或玻璃毛。当物质开始升华时，通入空气或惰性气体，带出的升华物质遇到冷水冷却的烧瓶壁就凝结在壁上。

2. 减压升华

减压升华装置如图 2－34(c)。把升华物质放入吸滤瓶中，将装有“冷凝指”的橡皮塞塞紧管口，利用水泵或油泵减压，将吸滤管浸在水浴或油浴中缓慢加热，使之升华，升华物质冷凝在指形冷凝管的表面。

七、加热、冷却和干燥

有些化学反应在室温下反应很慢甚至不能进行，通常需要在加热条件下才能加快反应；而有些反应，因反应非常激烈，常常释放出大量热使反应难以控制或生成的产物在常温下易分解，因此反应温度需要控制在室温或低于室温情况下进行。除此之外，许多基本操作(如蒸馏、重结晶等)也都要加热、冷却。所以，加热和冷却的方法在化学实验中既是十分普遍又是非常重要的。

在化学实验中，有许多反应要求在无水条件下进行。例如，制备格氏试剂，在反应前要求卤代烃、乙醚绝对干燥；液体化合物在蒸馏前也要进行干燥，以防止水与化合物形成共沸物或由于少量水与化合物在加热条件下可能发生反应而影响产品纯度；固体化合物在测定熔点及化合物进行波谱分析前也要进行干燥，否则会影响测试结果的准确性。因此，干燥在化学实验中既是非常普遍又是十分重要的。

(一) 加热

化学实验中常用的热源有煤气灯、酒精灯、电炉和电热套等。必须注意，玻璃仪器一般不能用火焰直接加热。因为剧烈的温度变化和加热不均匀会造成玻璃仪器的损坏。同时，由于局部过热，还可能引起化合物的部分分解。为了避免直接加热可能带来的问题，实验室中常常根据具体情况应用不同的间接加热方式。

（1）通过石棉网加热　最简便的间接加热方式，烧杯、烧瓶等可加热容器可以放在石棉网上进行加热，常用的热源是灯具和电炉。但这种加热仍不均匀，在减压蒸馏、回流低沸点易燃物等实验中不能应用。

（2）水浴加热　加热温度在80℃以下，最好用水浴加热，可将容器浸在水中，水的液面要高于容器内液面，但切勿使容器接触水浴底，调节火焰或其他热源把水温控制在所需要的温度范围内。一般水浴加热装置有3种，如图2－35所示。

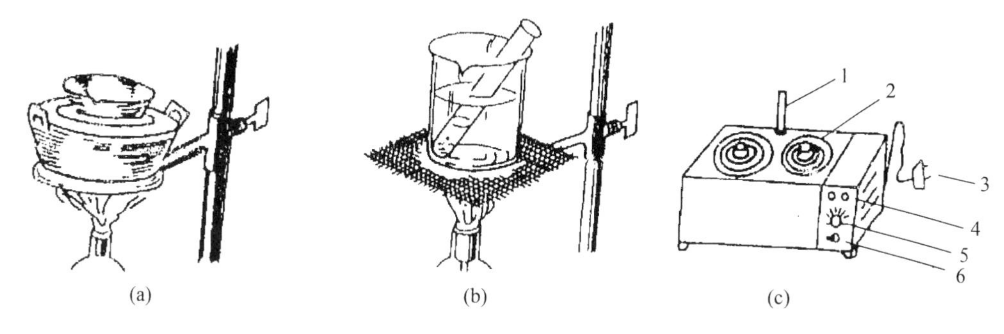

图2－35　水浴加热装置

(a)水浴加热　(b)烧杯代替水浴加热　(c)电热恒温水浴

1. 温度计　2. 浴槽盖　3. 电源插座　4. 指示灯　5. 调温旋钮　6. 电源开关

（3）空气浴加热　电热套是一种较好的空气浴，它是由玻璃纤维包裹着电热丝织成碗状半圆形的加热器，有控温装置可调节温度。由于它不是明火加热，因此可以加热和蒸馏易燃化合物。但是蒸馏过程中，随着容器内物质的减少，会使容器壁过热而引起蒸馏物的碳化，但只要选择适当大一些的电热套，在蒸馏时再不断调节电热套的高低位置，碳化问题是可以避免的。

（4）油浴加热　油浴加热温度范围一般为100～250℃，其优点是温度容易控制，容器内物质受热均匀。油浴所达到的最高温度取决于所用油的品种。实验室中常用的油有植物油、液体石蜡等。植物油加热到220℃。为防止植物油在高温下分解，常可加入对苯二酚等抗氧剂，以增加其热稳定性。液体石蜡能加热到220℃，温度再高并不分解，但较易燃烧，这是实验室中最常用的油浴。甘油和邻苯二甲酸二正丁酯适用于加热到140～150℃，温度过高则易分解。硅油可以加热到250℃，比较稳定，透明度高，但价格较贵。真空泵油也可以加热到250℃以上，也比较稳定，价格较高。

（5）沙浴加热　要求加热温度较高时，可采用沙浴。沙浴可加热到350℃，一般将干燥的细沙平铺在铁盘中，把容器半埋入沙中(底部的沙层要薄些)。在铁盘下加热，因为沙的导热效果较差，温度分布不均匀，所以沙浴的温度计水银球要靠近反应器。由于沙浴温度不易控制，故在实验中使用较少。

此外，当物质在高温加热时，也可以使用熔融的盐浴，但由于熔融盐温度在几百摄氏度以上，所以必须注意使用安全，防止触及皮肤和溢出、溅出。

在化学实验中，根据实际情况还可以采用其他适当的加热方式，如红外灯加热、微波加热等加热方式。

（二）冷却

有些反应，其中间体在室温下是不稳定的，必须在低温下进行，如重氮化反应等。有的放热反应，常产生大量的热，使反应难以控制，并引起易挥发化合物的损失，或导致化合物的分解或增加副反应，为了除去过剩的热量，便需要冷却。此外，为了减少固体化合物在溶剂中的溶解度，使其易于析出结晶，也常需要冷却。通常根据不同要求，可选用合适的冷却方法。冷却的方法很多，最简单的方法是把盛有反应物的容器浸入冷水中冷却。若反应要求在室温以下进行，常可选用冰或冰水混合物，后者冷却效果较前者好。当水对反应无影响时，甚至可把冰块投入反应器中进行冷却。如果要把反应混合物冷至0℃以下，可用碎冰和某些无机盐按一定比例混合作为冷却剂，见表2－5。

表2－5 冰盐冷却剂

盐类分子式	100份碎冰中加入盐的质量/g	达到最低温度/℃
NH_4Cl	25	－15
$NaNO_3$	50	－18
NaCl	33	－21
$CaCl_2 \cdot 6H_2O$	100	－29
$CaCl_2 \cdot 6H_2O$	143	－55

干冰（固体二氧化碳）和丙酮、氯仿等溶剂以适当的比例混合，可冷却到－78℃。为保持冷却效果，通常把干冰和它的溶液盛放在保温瓶（杜瓦瓶）或其他绝热较好的容器中。

（三）干燥

干燥方法大致可分为物理法与化学法两种。物理法有吸附、分馏、利用共沸蒸馏将水分带走等方法。近年来还常用离子交换树脂和分子筛等来进行脱水干燥。化学法是以干燥剂来进行去水，其去水作用又可分为两类：① 能与水可逆地结合生成水合物，如氯化钙、硫酸镁和硫酸钠等；② 与水发生不可逆的化学反应而生成一种新的化合物，如金属钠、五氧化二磷和氧化钙等。

1. 液体有机化合物的干燥

（1）形成共沸混合物去水　利用某些有机化合物与水能形成共沸混合物的特点，在待干燥的有机物中加入共沸组成某一有机物，因共沸混合物的共沸点通常低于待干燥有机物的沸点，所以蒸馏时可将水带出，从而达到干燥的目的。

（2）使用干燥剂干燥

①干燥剂的选择：液体有机化合物干燥，一般是把干燥剂直接放入有机物中，因此干燥剂的选择必须要考虑到：与被干燥有机物不能发生化学反应；不能溶解于该有机物中；吸水容量（吸水的质量与干燥剂的质量比）大、干燥速度快、价格低廉。常用干燥

剂的性能见附录Ⅱ－10。

在干燥含水量较多而又不易干燥的（含有亲水性基团）化合物时，常先用吸水量较大的干燥剂除去大部分水分，然后再用干燥效能强的干燥剂干燥。各类有机化合物常用的干燥剂见表2－6。

表2－6　各类有机物常用干燥剂

化合物类型	干燥剂
烃	$CaCl_2$、Na、P_2O_5
卤代烃	$CaCl_2$、$MgSO_4$、Na_2SO_4、P_2O_5
醇	K_2CO_3、$MgSO_4$、CaO、Na_2SO_4
醚	$CaCl_2$、Na、P_2O_5
醛	$MgSO_4$、Na_2SO_4
酮	K_2CO_3、$CaCl_2$、$MgSO_4$、Na_2SO_4
酸酚	$MgSO_4$、Na_2SO_4
酯	$MgSO_4$、Na_2SO_4、K_2CO_3
胺	KOH、NaOH、K_2CO_3、CaO
硝基化合物	$CaCl_2$、$MgSO_4$、Na_2SO_4

②干燥剂的用量：干燥剂的用量可根据干燥剂的吸水量和水在有机物中的溶解度来估计，一般用量都要比理论量高。同时也要考虑分子的结构。极性有机物和含亲水性基团的化合物干燥剂用量需稍多。干燥剂的用量要适当，用量少，干燥不完全，用量多，因干燥剂表面吸附，将造成被干燥有机物的损失。一般用量为10 cm^3液体需加0.5～1 g干燥剂。

③操作方法：干燥前要尽量把有机物中的水分分离干净，加入干燥剂后，振荡片刻，静置观察，若发现干燥剂黏结在瓶壁上，应补加干燥剂。有些化合物在干燥前呈浑浊，干燥后变成澄清，这可认为水分基本除去。干燥剂的颗粒大小要适当，颗粒太大，表面积小，吸水缓慢；颗粒过细，吸附有机物较多，且难分离。干燥剂放入以后，要放置一段时间（至少0.5 h，最好放置过夜），并不时加以振荡。然后将已干燥的液体通过置有折叠滤纸的漏斗直接滤入蒸馏瓶进行蒸馏。对于某些干燥剂（如金属钠、石灰、五氧化二磷等），由于它们和水反应后生成比较稳定的产物，有时可不必过滤而直接进行蒸馏。

2. 固体有机化合物的干燥

（1）晾干　固体化合物在空气中自然晾干，这是最简便、最经济的干燥方法。该方法适用于被干燥固体物质在空气中是稳定的，不易分解，不吸潮的。干燥时，把待干燥的物质放在干燥洁净的表面皿上或滤纸上，将其薄薄摊开，上面再用滤纸覆盖起来，放在空气中晾干。

（2）烘干　适用于熔点高且遇热不易分解的固体。把待干燥的固体置于表面皿或蒸发皿中，放在热源上烘干，也可用红外灯或恒温箱烘干。但必须注意加热温度一定要低于固体物质熔点。

（3）普通干燥器干燥　如图2－36所示，盖与缸身之间的平面经过磨砂，在磨砂处涂以润滑脂，使之密闭。缸中有多孔瓷板，瓷板下面放置干燥剂，上面放置盛有待干燥样品的表面皿等。

（4）真空干燥器干燥　如图2－37所示，它的干燥效率较普遍通干燥器好。通过干燥器上的玻璃活塞接真空泵抽真空，以增加干燥效率。

（5）真空恒温干燥器干燥　如图2－38所示，真空恒温干燥器仅适用于少量物质的干燥（若干燥数量较多的物质时，可用真空恒温干燥箱）。使用时，将样品置于放样品小船1中，曲颈瓶2中放干燥剂（一般用五氧化二磷），烧瓶3中放有机溶剂，其沸点需与欲干燥的温度接近。通过活塞4将仪器抽真空，加热回流烧瓶3中的有机溶剂，利用蒸汽加热夹层5，从而使样品在恒定温度下得到干燥。

图2－36　普通干燥器

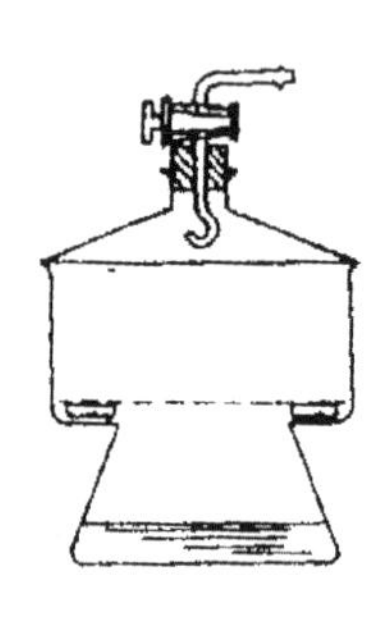

图2－37　真空干燥器

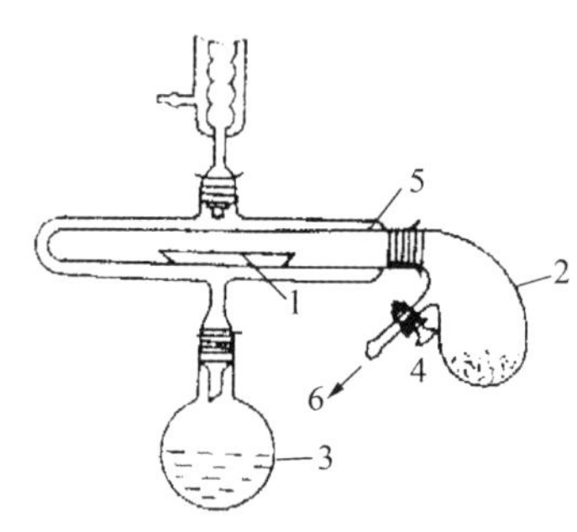

图2－38　真空恒温干燥器

八、重量分析基本操作及有关仪器的使用

重量分析的基本操作包括：样品的溶解，沉淀的过滤和洗涤，烘干或灼烧，称重等。为使沉淀完全纯净，应根据沉淀的类型选择适宜的操作条件，对于每步操作都要细心地进行。以得到准确的分析结果。

（一）样品的溶解

准备好洁净的烧杯，配好合适的玻璃棒和表面皿。玻璃棒的长度应比烧杯高5～7 cm，但不要太长。表面皿的直径应略大于烧杯口直径。放取样品于烧杯后，选择适当的溶剂和适当的溶解条件将样品溶解，在溶解过程中要避免样品和溶液散落和溅出。

（二）沉淀

对处理好的试样溶液进行沉淀时，应根据沉淀的晶体或非晶体沉淀的性质，选择不同的沉淀条件。对于晶形沉淀要遵循“稀、热、慢、搅、陈”的沉淀操作条件，即沉淀的溶解要冲稀一些；沉淀溶液应加热；沉淀速度要慢；同时应边搅动，边逐滴加入沉淀剂。滴加时滴管口应接近液面，避免溶液溅出　。搅拌时需注意不要将玻璃棒碰到烧杯壁和杯底。沉淀后应检查沉淀是否完全，检验的方法是待沉淀下沉后，滴加少量沉淀剂于上层清液中，观察是否出现混浊。沉淀完全后，盖上表面皿，放置过夜或在水浴锅上加热 1 h 左右，使沉淀陈化。对于非晶体沉淀，应当在热的较浓的溶液中进行，较快地加入沉淀剂，搅拌方法同上。待沉淀完全后，迅速用热的蒸馏水冲稀，不必陈化。有时需加入电解质，待沉淀沉降后，应立即趁热过滤和洗涤。

(三)沉淀的过滤和洗涤

1. 用滤纸过滤

滤纸的选择、漏斗的选择、滤纸的折叠与安放、沉淀的过滤与洗涤等步骤参照前述的过滤法进行。

2. 玻璃坩埚的过滤

对于烘干即可称重或热稳定性差的沉淀可用玻璃滤器过滤。分析化学实验中常用的两种玻璃滤器如图 2－39 所示。

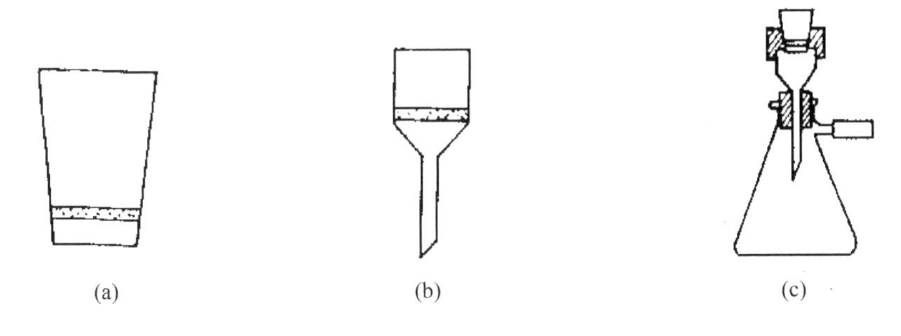

图 2－39　玻璃滤器和抽滤装置

(a)坩埚式　(b)漏斗式　(c)抽滤装置

玻璃滤器在使用前要经酸洗、抽滤、水洗、烘干。先用盐酸(或硝酸)处理，然后用水洗净，洗时应将微孔玻璃漏斗装入吸滤瓶的橡皮垫圈中，吸滤瓶再用橡皮管接于抽水泵上。当用盐酸洗涤时，先注入酸液，然后抽滤。当结束抽滤时，应先拔出抽滤瓶上的橡皮管，再关抽水泵，如图 2－39 所示。洗涤的原则是用能除去玻璃滤器上的残留物，又不至于腐蚀滤板的洗液进行处理，然后抽滤、水洗、再抽滤，最后在烘箱中缓慢地升温到所需温度烘至恒重。

玻璃滤器不宜过滤较浓的碱性溶液、热浓磷酸及氢氟酸溶液，也不宜过滤残渣堵孔无法洗涤的溶液。

将已洗净、烘干且恒重的坩埚，装入抽滤瓶的橡皮垫圈中，接橡皮管于抽水泵上，在抽滤下，用倾泻法过滤，其余操作也与用滤纸过滤时相同，不同之处是在抽滤下进行。

(四)沉淀的干燥与灼烧

1. 干燥器的准备

首先将干燥器擦干净，烘干多孔瓷板后，将干燥剂通过一纸筒装入干燥器的底部，应避免干燥剂沾污内壁的上部，然后盖上瓷板。

干燥剂一般常用变色硅胶。此外还可用无水氯化钙。由于各种干燥剂吸收水分的能力都是有一定限度的，因此干燥器中的空气并不是绝对干燥，而只是湿度相对降低而已。所以，灼烧和干燥后的坩埚和沉淀，如在干燥器中放置过久，可能会吸收少量水分而使重量增加，这点需要注意。

开启干燥器时，左手按住干燥器的下部，右手按住盖子上的圆顶，向左前方推开器盖，如图 2－40 所示。盖子取下后应拿在右手中，用左手放入(或取出)坩埚(或称量瓶)，及时盖上干燥器盖。盖子取下后，也可放在桌上安全的地方(注意要磨口向上，圆顶朝下)。加盖时，也应当拿住盖上圆顶，推着盖好。

当坩埚或称量瓶等放入干燥器时，应放在瓷板圆孔内。但称量瓶若比圆孔小时则应放在瓷板上。若坩埚等热的容器放入干燥器后，应连续推开干燥器 1～2 次。搬动或挪动干燥器时，应该用两手的拇指同时按住盖，防止滑落打破，如图 2－41 所示。

图 2－40 开启干燥器的操作

图 2－41 挪动干燥器的操作

2. 坩埚的准备

灼烧沉淀常用瓷坩埚，使用前需用稀盐酸等溶剂洗干净，烘干，再用钴盐或铁盐溶液在坩埚及盖上写明编号，以资识别。然后于高温炉中，在灼烧沉淀的温度条件下预先将空坩埚灼烧至恒重，灼烧时间 15～30 min，将灼烧后的坩埚自然冷却将其夹入干燥器中，暂不要立即盖紧干燥器盖，留约 2 mm 缝隙，等热空气逸出后再盖严。移至天平室冷却 30～40 min 至室温后即可称量。然后再灼烧 15～20 min，冷却，称重，至连续两次称得质量之差不超过 0.2 mg，即可认为坩埚已恒重。

3. 沉淀的包裹

包裹沉淀为胶体蓬松的沉淀，用洁净的药匙或扁头玻璃棒将滤纸边挑起，向中间折叠，使其盖住沉淀，如图 2－42 所示。再用玻璃棒轻轻转动滤纸包，以便擦净漏斗内壁可能黏有的沉淀。然后将滤纸包用干净的手转移至已恒重的坩埚中，使它倾斜放置，滤纸包的尖端朝上。包裹少量晶状沉淀时，用洁净的药铲或顶端扁圆的玻璃棒，将滤纸三层部分掀起两处，再用洁净的手指从翘起的滤纸下面将其取出，打开成半圆形，自右端 1/3 半径处向左折叠一次，再自上而下折一次，然后从右向左卷成小卷，如图 2－43 所示，最后将其放入已恒重的坩埚中，包裹层数较多的一面朝上，以便于碳化和灰化。

图 2－42 胶状沉淀的包裹

  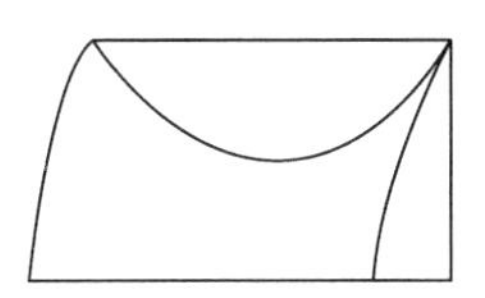 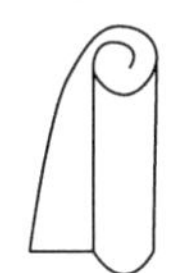 

图 2－43 晶状沉淀的包裹

4. 沉淀的烘干、灼烧及称量

将包裹好的沉淀和滤纸进行烘干，烘干时应在煤气灯(或电炉)上进行。在煤气灯上烘干时，将放有沉淀的坩埚斜放在泥三角上，坩埚底部枕在泥三角的一边上，坩埚口朝泥三角的顶角(图 2－44)，调好煤气灯，使滤纸和沉淀迅速干燥。滤纸和沉淀干燥后(这时滤纸只是被干燥，而不变黑)，将煤气灯逐渐移至坩埚底部，使火焰逐渐加大，碳化滤纸，滤纸变黑。注意滤纸碳化时只能冒烟，不能冒火，以免沉淀颗粒随水飞散而损失。

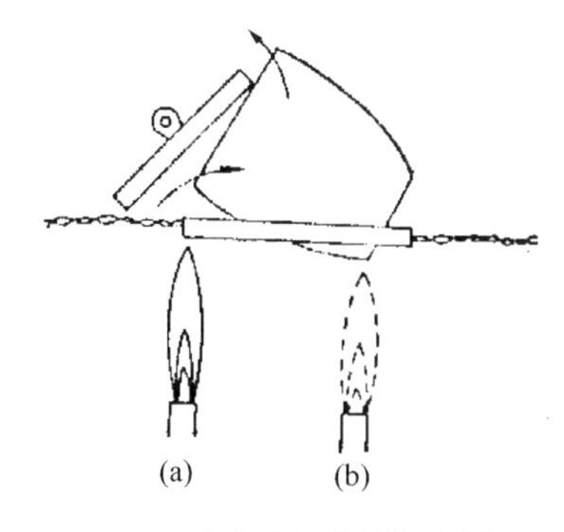

图 2－44 沉淀和滤纸在坩埚中烘干、碳化和灰化的火焰位置
(a)烘干火焰 (b)碳化、灰化火焰

碳化后加大火焰，使滤纸灰化。滤纸灰化后，应呈灰白色而不是黑色。为使灰化较快地进行，应该随时用坩埚钳夹住坩埚使之转动，但不要使坩埚中的沉淀翻动，以免沉淀飞扬损失。

沉淀和滤纸灰化后，将坩埚移入高温炉中，盖上坩埚盖，但留有空隙。于灼烧空坩埚时相同温度下，灼烧 40～45 min，与空坩埚灼烧操作相同，取出，冷至室温，称重。然后进行第二次、第三次灼烧，直至坩埚和沉淀恒重为止。

一般第二次以后的灼烧，20 min 即可。

玻璃坩埚放入烘箱中烘干时，应将它放在表面皿上进行。根据沉淀性质确定干燥温度。一般第一次烘干 2 h，第二次 45～60 min。如此重复烘干，称重，直至恒重为止。

第3章　物质的物理量及化学常数的测定

实验1　摩尔气体常数的测定

一、实验目的

1. 了解测定摩尔气体常数的方法。
2. 掌握理想气体状态方程和道尔顿分压定律的应用。
3. 学习量气管和压力计的使用方法。

二、实验原理

在理想气体状态方程 $pV=nRT$ 中，若能通过实验测定出 p、V、n、T 的值，摩尔气体常数 R 的值就可以计算得出。

本实验通过金属镁置换出硫酸中的氢气，通过测定氢气的 p、V、n、T 的值，来计算 R 的值。其反应式为：

$$Mg + H_2SO_4 \xlongequal{\quad} MgSO_4 + H_2\uparrow$$

在一定温度和压力下，取一定质量的镁条与过量的稀硫酸在密闭容器中反应，通过排水法收集氢气，通过量气管刻度可以测出反应所放出氢气的体积。实验时的温度 T 和压力 p 可以分别由温度计和压力计测得。氢气的物质的量等于镁的摩尔数，可以通过镁条的质量除以镁的摩尔质量来求得。由于氢气是在水面上收集的，故量气管内的总压 p(大气的压力)等于氢气的分压 $p(H_2)$ 与实验温度时饱和水蒸气的分压 $p(H_2O)$ 的总和，即 $p=p(H_2)+p(H_2O)$。不同温度下水的饱和蒸气压可以查本实验教材附录Ⅱ－1。

将以上所得各项数据代入 $R=\frac{pV}{nT}$ 式中，即可求出 R 值。

本实验也可通过铝或锌与盐酸反应来测定 R 值。

三、仪器与试剂

仪器：分析天平、压力计、温度计、长颈漏斗、量气管、水准瓶(漏斗)。

试剂：H_2SO_4($3\ mol\cdot dm^{-3}$)、镁条。

四、实验内容

1. 镁条的处理和称量

用砂纸将镁条表面打磨光亮，再用干净纸片将镁条表面擦净。在分析天平上准确称取0.0300~0.0350 g的镁条。

2. 量气装置的安装和检查

(1) 量气装置的安装　按图3-1把仪器安装好。取下量气管的橡皮管，从水准瓶(漏斗)注入自来水，使量气管内液面略低于刻度“0”。上下移动水准瓶以赶尽附着在胶管和量气管内壁的气泡，最后塞紧装置中各连接处的橡皮塞。

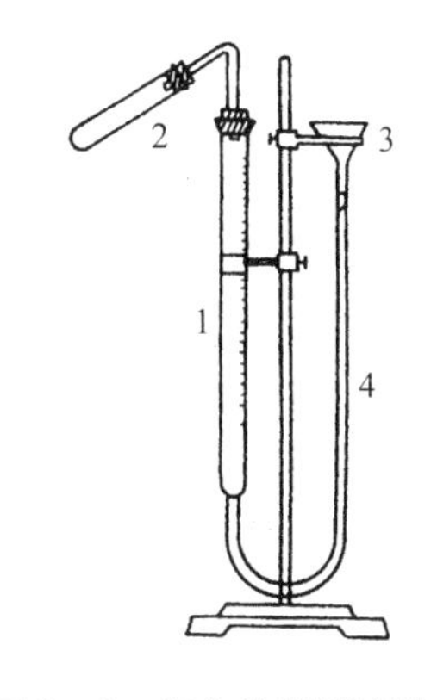

图3-1　气体体积测定装置

1. 量气管　2. 反应试管
3. 漏斗(水准瓶)　4. 橡胶管

(2) 检查装置的气密性　为了准确量出生成氢气的体积，整个装置不能有漏气的地方。检查装置是否漏气的方法如下：将水准瓶(漏斗)向上或向下移动一段距离，并固定在某一位置上，如果量气管中水面开始时稍有上升(或下降)，就说明装置不漏气。如果水准瓶(漏斗)固定后，量气管中水面不断上升或下降，则表明装置漏气。这就要检查各接口处是否严密，经检查和调整后，再重复上述检验，直至确保装置不漏气为止。

3. 量气操作步骤

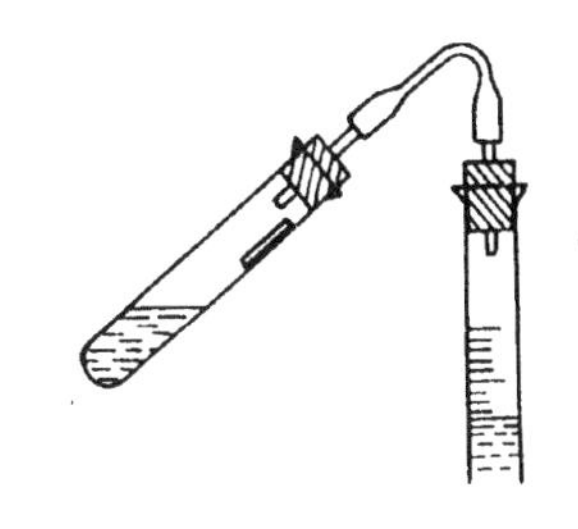

图3-2　反应装置示意

(1) 取下试管，调整水准瓶的位置，使量气管中的水面略低于刻度“0”，用10 cm^3量筒量取3 cm^3 3 $mol \cdot dm^{-3}$ H_2SO_4，通过长颈漏斗(或滴管)加入到试管底部(切勿使H_2SO_4沾在试管壁的上半部)，稍微倾斜试管，将已知质量的镁条沾少许水，贴在试管壁上部，如图3-2所示。确保镁条不与硫酸接触，然后小心地装好试管，并塞紧橡皮塞，注意不要振动试管，以防镁条与硫酸接触或落入酸中。

(2) 用前面所述方法，再检查一次装置是否漏气，确保不漏气后，进行如下操作。

(3) 调整水准瓶(漏斗)位置，使量气管的液面与水准瓶的液面在同一水平上。然后准确读出量气管内液面的弯月面底部所在的位置(要求读出小数点后两位数字)。

(4) 轻轻振动试管，使镁条落入稀硫酸中，这时反应产生的氢气进入量气管，并使量气管中的水面迅速下降，水准瓶(漏斗)也同时慢慢向下移动，使量气管内液面大体相平，反应完毕后，再将水准瓶(漏斗)固定，并仍使两者液面大致保持在同一水平面上。

(5) 待试管冷却到室温后，移动水准瓶(漏斗)，使量气管和水准瓶(漏斗)内两液面相平，记下量气管内液面所在位置，然后隔1~2 min，再读数一次，直至读数不变为止，将最后读数记下。

（6）记下当时的室温及大气压力，并从附录Ⅱ-1中查出该温度下水的饱和蒸汽压。换用另一根镁条重复上述操作。

五、数据处理

表3-1 数据记录

项目	数据	
	1	2
镁条的质量/g		
反应前量气管中水面读数/cm^3		
反应后量气管中水面读数/cm^3		
置换出氢气的体积 $V(H_2)/dm^3$		
室温/℃		
大气压力/kPa		
室温时水的饱和蒸汽压/Pa		
氢气的分压 $p(H_2)$/kPa		
氢气的物质的量 $n(H_2)$/mol		
摩尔气体常数 $R/kPa \cdot dm^3 \cdot mol^{-1} \cdot K^{-1}$		
相对误差/%		

六、讨论分析

$$相对误差 = \frac{|R_{实验值} - R_{通用值}|}{R_{通用值}} \times 100\%$$

根据所得实验值与通用值（$R = 8.314\ kPa \cdot dm^3 \cdot mol^{-1} \cdot K^{-1}$）进行比较，讨论造成误差的主要原因。

思考题

1. 为什么要检查装置是否漏气？如果装置漏气将造成怎样的误差？
2. 本实验中氢气的体积怎样测量的？为什么读数时必须使漏斗内液面与量气管内的液面保持在同一水平上？
3. 量气管内气体的压力是否等于氢气压力，为什么？产生的氢气压力应如何计算？
4. 稀硫酸的浓度和用量是否严格控制和准确量取？为什么？
5. 在镁条和稀硫酸反应完毕后，为什么要等试管冷却至室温时，方可读取量气管液面所在的位置？
6. 镁条用量过多或过少对实验有什么影响？

实验2　平衡常数的测定

一、实验目的

1. 学习测定 $I_2+I^- \rightleftharpoons I_3^-$ 的平衡常数。
2. 了解温度对平衡常数及分配系数的影响。

二、实验原理

碘溶于碘化物(如 KI)溶液中，主要生成 I_3^-，存在下列平衡：

$$I_2 + I^- \rightleftharpoons I_3^- \tag{1}$$

在稀溶液中，其平衡常数为：

$$K_a^\ominus = \frac{c(I_3^-)/c^\ominus}{c(I_2)/c^\ominus c(I^-)/c^\ominus} \tag{2}$$

式中，c 为溶液的平衡浓度($mol \cdot dm^{-3}$)；$c^\ominus$ 为标准浓度($1\ mol \cdot dm^{-3}$)。式(2)可简写为：

$$K_a^\ominus = \frac{c(I_3^-)}{c(I_2)c(I^-)} \tag{3}$$

如果我们能测得水溶液中 $c(I_2)$、$c(I_3^-)$和$c(I^-)$的平衡浓度，即可算出平衡常数 $K_a^\ominus$。但是，要在 KI 溶液中用碘量法直接测出平衡时各物质的浓度是不可能的。因为用 $Na_2S_2O_3$溶液滴定 I_2时，式(1) 平衡向左移动，直至 I_3^- 消耗完毕，这样测得的 I_2量实际上是 I_2和 I_3^- 量之和。为了解决这个问题，本实验利用 I_2在 CCl_4及 H_2O 层中的分配平衡来确定反应平衡时 I_2的浓度。将 I_2的 H_2O 溶液和 I_2的 CCl_4溶液混合，达到平衡时，用 $Na_2S_2O_3$标准溶液分别测出 CCl_4层及 H_2O 层中 I_2的浓度，可求出实验温度下 I_2在两液相中的分配系数 K_d。

$$K_d = \frac{c(I_2, CCl_4中)}{c(I_2, KI溶液中)} \tag{4}$$

再将 I_2的 CCl_4溶液与已知浓度的 KI 水溶液混合，则 I_2会进入水层与 KI 起配位反应，经过充分振荡，建立如图 3－3 所示的复相平衡。

若将平衡混合物的 CCl_4和水层分开，分别用 $Na_2S_2O_3$溶液滴定，则由滴定 CCl_4层的结果和已知的分配系数 K_d就可求出水层中 I_2的浓度(设为 a)，则

$$a = \frac{c(I_2, CCl_4中)}{K_d} \tag{5}$$

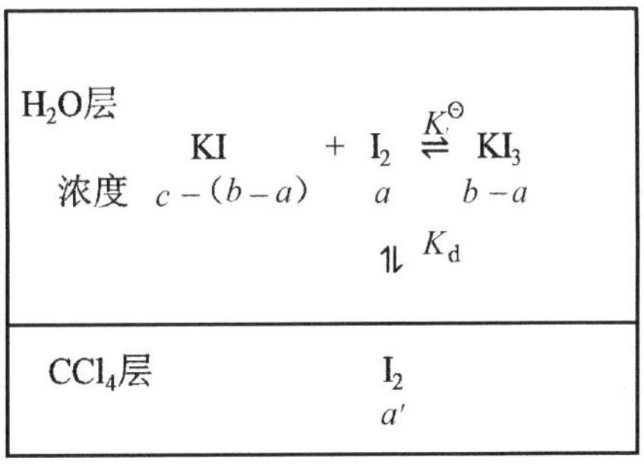

H_2O层	KI	+ I_2	$\overset{K_a^\ominus}{\rightleftharpoons}$	KI_3
浓度	$c-(b-a)$	a		$b-a$
		$\upharpoonleft\downharpoonright K_d$		
CCl_4层		I_2		
		a'		

图 3－3　I_2 在 H_2O 和 CCl_4 中的平衡

再由滴定水层的结果，可知$c(I_3^-)$和$c(I_2)$的总浓度(设为b)，则$c(I_3^-)$的浓度即$(b-a)$。

设水层KI的起始浓度为c，则平衡时$c(I^-)$的浓度为$[c-(b-a)]$。代入式(3)得

$$K_a^\Theta = \frac{c(I_3^-)}{c(I_2)c(I^-)} = \frac{b-a}{[c-(b-a)]\cdot a} \tag{6}$$

三、仪器与试剂

仪器：恒温槽1套、碘量瓶(250 cm^3 2个)、锥形瓶(250 cm^{3}4个)、移液管(100、25、10、5 cm^{3}各2支)、滴定管(25、10 cm^{3}各1支)、洗耳球1个。

试剂：$Na_2S_2O_3$标准溶液(0.02 mol·dm^{-3})、I_2的水溶液(0.02%)、$I_2(CCl_4)$溶液(0.02 mol·dm^{-3})、KI溶液(0.100 mol·dm^{-3})、淀粉(0.5%)。

四、实验内容

(1) 取洗净并干燥的2个250 cm^{3}碘量瓶，分别编号，按表3-2进行配制溶液。配好即塞紧瓶盖。

表3-2 溶液配制 cm^3

编号	I_2的水溶液	0.10 mol·dm^{-3}KI	0.02 mol·dm^{-3} $I_2(CCl_4)$
1	200	—	25
2	—	100	25

(2) 将配好的溶液均匀振荡，置于已调好(25.0 ± 0.1)℃的恒温槽中恒温40 ~ 50 min，使它们达到平衡。为加速实现平衡，每隔约10 min取出碘量瓶摇动振荡。如要取出恒温槽外振荡，每次不要超过0.5 min，以免温度改变影响结果。最后一次振荡后，须将附在水层表面的CCl_4振荡下去，待两液层充分分离后，方可吸取样品进行分析。

(3) 取水层和KI层样品 用洗净并干燥的25 cm^{3}移液管在1号样品瓶中，准确吸取25 cm^{3}水溶液层3份[1]，分别于250 cm^{3}锥形瓶中，用0.01 mol·dm^{-3} $Na_2S_2O_3$标准溶液滴定(用微量滴定管)，滴定至淡黄色时，加数滴淀粉指示剂后溶液呈浅蓝色，继续用$Na_2S_2O_3$溶液滴定至蓝色刚好消失为终点[2]。

用洗净并干燥的10 cm^{3}移液管在2号样品瓶中准确吸取10 cm^{3}KI层溶液3份，分别置于50 cm^{3}锥形瓶中，用0.01 mol·dm^{-3} $Na_2S_2O_3$标准溶液滴定(用50 cm^{3}滴定管)，滴定至淡黄色时，加数滴淀粉指示剂后溶液呈浅蓝色，继续用$Na_2S_2O_3$溶液滴定至蓝色刚好消失为终点。

(4) 取CCl_4层样品 在各号样品瓶中，用洗净并干燥的5 cm^{3}移液管准确吸取5 cm^3 CCl_4层样品3份[3]，分别放入盛有10 cm^{3}0.1 mol·dm^{-3}KI溶液的锥形瓶中，以保证CCl_4层中的I_2完全提取到水层中。用$Na_2S_2O_3$标准溶液滴定(1号CCl_4层样品用50 cm^{3}滴定管，2号用微量滴定管)，滴定至淡黄色时，加数滴淀粉指示剂后溶液呈浅蓝色，

继续用 $Na_2S_2O_3$溶液滴定至蓝色刚好消失为终点。

(5) 清洗工具　洗净所用锥形瓶，移液管并干燥，洗净滴定管倒置架上。

五、数据处理

(1) 按表3-3记录。

(2) 由1号样品数据按式(4)计算25℃时，I_2在 H_2O-CCl_4中的分配系数 K_d。

(3) 由2号样品数据计算，按式(6)计算25℃时的平衡常数 K_a^Θ。

表3-3　数据记录

<table>
<tr><td colspan="2">实验编号</td><td colspan="2">1</td><td colspan="2">2</td></tr>
<tr><td rowspan="3">混合溶液配制</td><td>0.02% I_2的水溶液体积/cm^3</td><td colspan="2">100</td><td colspan="2">—</td></tr>
<tr><td>0.02 mol·dm^{-3} $I_2(CCl_4)$溶液体积/cm^3</td><td colspan="2">25.00</td><td colspan="2">25.00</td></tr>
<tr><td>0.10 mol·dm^{-3} KI水溶液体积/cm^3</td><td colspan="2">—</td><td colspan="2">100</td></tr>
<tr><td colspan="2">分析取样体积 V/cm^3</td><td>H_2O层：
25.00</td><td>CCl_4层：
25.00</td><td>H_2O层：
25.00</td><td>CCl_4层：
25.00</td></tr>
<tr><td rowspan="4">滴定消耗 $Na_2S_2O_3$体积 V/cm^3</td><td>1</td><td colspan="2" rowspan="4"></td><td colspan="2" rowspan="4"></td></tr>
<tr><td>2</td></tr>
<tr><td>3</td></tr>
<tr><td>平均</td></tr>
<tr><td colspan="2">分配系数 K_d及平衡常数 K_a^Θ</td><td colspan="2">K_d =</td><td colspan="2">K_a^Θ =</td></tr>
</table>

六、注意事项

[1]如果两次滴定结果符合误差要求，第三份可以不滴定。一般认真操作两次即可。

[2]滴定终点的掌握是分析准确的关键之一，在分析 H_2O层时，用 $Na_2S_2O_3$滴定至溶液呈淡黄色，再加入淀粉指示剂，至浅蓝色刚好消失为终点。在分析 CCl_4层时，由于 I_2在 CCl_4层中不易进入 H_2O层，须充分摇动且不能过早加入淀粉指示剂，终点必须以 CCl_4层不再有浅蓝色为准。

[3]取 CCl_4样品时切忌使水层进入移液管中，可用洗耳球边向移液管内压入空气，边迅速插入瓶底。

思考题

1. 测定平衡常数及分配系数为什么要在同一温度下恒温？

2. 配制1、2号溶液的目的是什么？怎样判断反应达到平衡？如何由滴定数据计算平衡时 KI、I_2、KI_3的浓度(mol·dm^{-3})？

3. 取 CCl_4层滴定时，加入KI溶液是否影响滴定结果？

4. 由 1 号样品计算分配系数，为什么可按下式计算？

$$K_d = \frac{25V(CCl_4)}{5V(水溶液)}$$

式中，$V(CCl_4)$、V(水溶液)分别为滴定 5 cm^3 CCl_4层样品及 25 cm^3水层样品所消耗 $Na_2S_2O_3$溶液体积。

实验 3　化学反应热效应的测定

一、实验目的

1. 掌握反应热效应的测定原理和方法。
2. 熟练掌握差减法称量及配制标准溶液的操作。
3. 学习温度计、秒表的使用和作图方法。

二、实验原理

化学反应中常伴随有能量的变化。一个恒温化学反应所吸收或放出的热量称为该反应的热效应。一般又把恒温恒压下的热效应称为焓变($\Delta_r H_m$)。同一个化学反应，若反应温度或压力不同，则热效应也不一样。

热效应通常可由实验测得。先使反应物在量热器中绝热变化，根据量热计温度的改变和体系的热容，便可算出热效应。现以锌粉和硫酸铜溶液反应为例，说明热效应的测定过程：

$$Zn + CuSO_4 \rightarrow ZnSO_4 + Cu$$

该反应是一个放热反应。测定时，先在一个绝热良好的量热器中放入稍微过量的锌粉及已知浓度和体积的硫酸铜溶液。随着反应进行，不断地记录溶液温度的变化。当温度不再升高，并且开始下降时，说明反应完毕。根据下列计算公式，求出该反应的热效应：

$$\Delta_r H_m(T) = -\Delta T \cdot c \cdot V \cdot \rho / n$$

式中，$\Delta_r H_m(T)$为反应在温度 T 时的摩尔焓变；ΔT 为溶液的温升(K)；c 为溶液的比热容($kJ \cdot kg^{-1} \cdot K^{-1}$)；$V$ 为 $CuSO_4$溶液的体积(dm^3)；ρ 为溶液的密度($kg \cdot dm^{-3}$)；n 为溶液中 $CuSO_4$的物质的量(mol)。

设反应前后溶液的体积不变，则

$$n = c(CuSO_4) \cdot V$$

式中，$c(CuSO_4)$为反应前溶液中 $CuSO_4$的浓度($mol \cdot dm^{-3}$)。由此可得

$$\Delta_r H_m(T) = -\Delta T \cdot c \cdot \rho / c(CuSO_4)$$

三、仪器与试剂

仪器：分析天平、托盘天平、移液管(100 cm^3)、保温杯、温度计(0～50℃，分刻度0.1℃)、秒表。

试剂：锌粉、$CuSO_4$(0.2 $mol \cdot dm^{-3}$)。

四、实验内容

(1) 用托盘天平称取3 g锌粉。

(2) 用差减法在天平上称取12.5 g $CuSO_4 \cdot 5H_2O$（准确至0.001 g)，放入烧杯中，加入适量的蒸馏水使其全部溶解，然后转移至250 cm^3容量瓶中。用少量(每次约10 cm^3)的蒸馏水将烧杯淋洗3次，将淋洗液全部倒入容量瓶中，最后加蒸馏水稀释至刻度。塞紧容量瓶瓶塞，将其反复倒转10次以上，使其中溶液充分混匀。

(3) 用移液管准确移取100 cm^3所配制的$CuSO_4$溶液于干燥的保温杯中，盖好盖，并插入温度计和搅棒(图3－4)。

(4) 不断搅动溶液(搅拌方式可采用磁力搅拌器或手握保温杯振荡)，每隔30 s记录一次温度。2 min后，迅速添加已称好的锌粉，并不断搅动溶液，继续每隔30 s记录一次温度。当温度升到最高点后，再延续测定2 min。

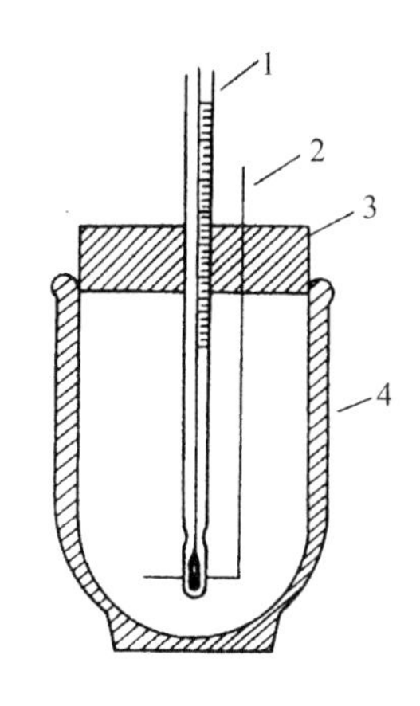

图3－4　量热计

1. 温度计　2. 环形搅棒　3. 塞子　4. 保温杯

五、数据处理

(1) 按图3－5所示[1]，以温度T对时间t作图，求溶液温度ΔT。

(2) 根据实验数据，计算$\Delta_r H_m$。计算时保温杯的热容量忽略不计。假设溶液的比热容与水的相同，为4.18 $kJ \cdot kg^{-1} \cdot K^{-1}$；反应后溶液的密度可取为1.03 $kg \cdot dm^{-3}$。

(3) 计算实验的相对误差，并分析产生误差的原因。

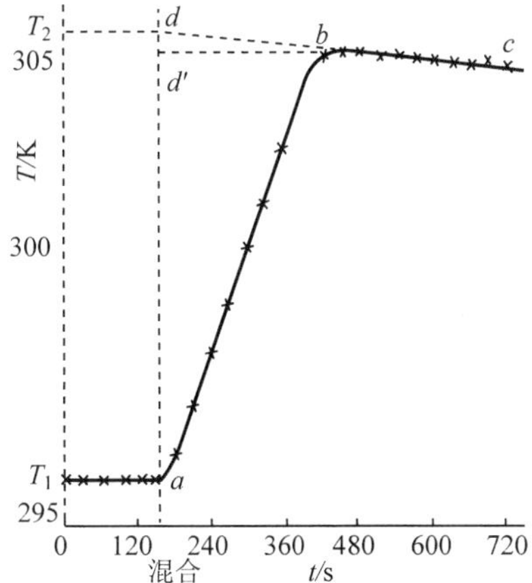

图3－5　反应时间与温度变化的关系

六、注意事项

[1]实验中温度到达最高读数后，往往有逐渐下降的趋势，这是由于本实验所用的简易量热计不是严格的绝热装置，它不可避免地要与环境发生少量热交换。考虑到散热从反应一开始就发生，因此应将该线段延长，使与反应开始时的温度纵坐标相交于d点。图3－5中dd'

所表示的纵坐标值，就是用外推法补偿由于热量散失于环境的温度差。

思考题

1. 本实验所用的锌粉为什么不必用分析天平称量?
2. 为什么要不断搅拌溶液及注意温度变化?
3. 若称量或移液操作不准确，对热效应测定有何影响?

实验 4　HAc 电离度和电离常数的测定

一、实验目的

1. 加深对电离度和电离常数的理解。
2. 掌握用酸度计测定 HAc 电离度和电离常数的原理和方法。
3. 学会酸度计的使用方法。
4. 理解用标准缓冲溶液校正的意义和温度补偿装置的作用。

二、实验原理

乙酸(也叫醋酸，化学式 CH_3COOH，简写为 HAc)是一种弱电解质，在水溶液中存在下列电离平衡:

$$HAc \rightleftharpoons H^+(aq) + Ac^-(aq)$$

$$K_a^\Theta = \frac{[c(H^+)/c^\Theta][c(Ac^-)/c^\Theta]}{c(HAc)/c^\Theta} \tag{1}$$

式中，$c(H^+)$、$c(Ac^-)$、$c(HAc)$分别表示平衡时 H^+、Ac^- 和 HAc 的浓度；c^Θ 为标准浓度($1\ mol \cdot dm^{-3}$)。

若 HAc 的起始浓度为 c，忽略水解离所产生的 H^+，则达到平衡时溶液中:

$$c(H^+) = c(Ac^-) = c\alpha \quad c(HAc) = c - c(H^+) = c(1-\alpha)$$

代入式(1)，并将 c^Θ 省略，得

$$K_a^\Theta = = \frac{(c\alpha)^2}{c(1-\alpha)} = \frac{c\alpha^2}{1-\alpha} \tag{2}$$

电离度

$$\alpha = \frac{c(H^+)}{c} \times 100\%$$

配制一系列已知浓度的 HAc 溶液，在一定温度下，用酸度计测定其 pH 值，便可计算出它的电离度和电离常数。

三、仪器与试剂

仪器：酸度计、玻璃电极及饱和甘汞电极[1](或玻璃复合电极)、酸式滴定管、容

量瓶(50 cm^3)、烧杯(50 cm^3)、温度计。

试剂：HAc 标准溶液(约 0.2 $mol \cdot dm^{-3}$)、标准缓冲溶液(pH = 6.86，0.025 $mol \cdot dm^{-3}$ 混合磷酸盐；pH = 4.00，0.05 $mol \cdot dm^{-3}$ 邻苯二甲酸氢钾)。

四、实验内容

(1) 配制不同浓度的 HAc 溶液　用滴定管(或吸量管)分别滴出或移取 5.00、10.00、15.00、20.00、25.00 cm^3 0.2 $mol \cdot dm^{-3}$ HAc 标准溶液于 5 个干净的 50 cm^3 容量瓶中，用蒸馏水稀释至刻度，摇匀，并计算各自 HAc 溶液的准确浓度。

(2) 测定 HAc 溶液的 pH 值

① 按酸度计的使用说明，接通酸度计电源，将开关打到 pH 档，预热 15 min。

② 用温度计测出标准缓冲溶液(或待测溶液)的温度，使用温度补偿旋钮调至此温度。

③ 将电极放入 pH 6.86 的缓冲溶液中，调节“定位”键，使仪器显示 6.86，按“确认”键。

④ 清洗干净电极，然后将电极再放入 pH 4.00 的缓冲溶液中，调节“斜率”键，使仪器显示 4.00，按“确认”键。

⑤ 清洗干净电极，将电极再放入待测溶液中，轻摇烧杯 1 ~ 2 min 达到平衡后，待数字显示较稳定时读出该溶液的 pH 值。

⑥ 用 6 只干燥洁净的 50 cm^3 烧杯[2]，分别取 20 cm^3 左右上述 6 种不同浓度的 HAc 溶液及一份未稀释的 HAc 标准溶液，按由稀到浓的次序在 pH 计上分别测出它们的 pH 值，记录实验温度，并将 pH 值换算成 $c(H^+)$。

五、数据处理

将实验数据填入表 3 - 4，并计算出 HAc 的 α 和 K_a^Θ。

表 3 - 4　HAc 溶液电离度和电离常数的测定

溶液编号	$c_{HAc}/mol \cdot dm^{-3}$	pH 值	$c_{H^+}/mol \cdot dm^{-3}$	K_a^Θ	α
测定时溶液的温度________℃			$K_{平均}^\Theta$ =		

六、注意事项

[1] 使用玻璃电极前，应在蒸馏水中浸泡 24 h 以上。也可使用 231 型玻璃电极及 232 型饱和甘汞电极，或者使用一支复合电极。使用饱和甘汞电极前，应将电极管上下

端橡皮塞及橡皮套取下。饱和KCl溶液面不能低于内参比电极的甘汞糊状物下端，同时溶液应有少许KCl晶体存在，但不得有气泡存在。安装玻璃电极时，其下端比甘汞电极高2～3 mm，以防触及杯底被损坏。

[2]若烧杯不干燥，可用所盛HAc溶液润洗2～3次，然后再倒入溶液。

思考题

1. 若改变HAc溶液的浓度和温度，其电离度和电离常数有无变化？
2. 测定HAc溶液的pH值时，为什么按由稀到浓的次序进行？
3. 怎样正确使用酸度计？应注意什么？

实验5　化学反应速率及反应活化能的测定

一、实验目的

1. 测定过二硫酸铵与碘化钾的反应速率，并计算在一定温度下的反应速率常数、反应级数和反应活化能。
2. 了解浓度、温度、催化剂对化学反应速率的影响。
3. 加深对活化能的理解，并练习根据实验数据作图的方法。

二、实验原理

在水溶液中，过二硫酸铵与碘化钾发生如下反应：

$$(NH_4)_2S_2O_8 + 3KI \xlongequal{} (NH_4)_2SO_4 + K_2SO_4 + KI_3$$

其离子方程式：

$$S_2O_8^{2-} + 3I^- \xlongequal{} 2SO_4^{2-} + I_3^- \tag{1}$$

此反应的速率方程式可表示如下：

$$v = k \cdot c^m(S_2O_8^{2-})c^n(I^-)$$

式中，$c^m(S_2O_8^{2-})$为反应物$S_2O_8^{2-}$的起始浓度；$c^n(I^-)$为反应物I^-的起始浓度；k为速率常数；m为$S_2O_8^{2-}$的反应级数；n为I^-的反应级数。

此反应在Δt时间内平均速率可表示为：

$$\bar{v} = \frac{-\Delta c(S_2O_8^{2-})}{\Delta t}$$

近似地利用平均速率代替瞬时速率v：

$$v = k \cdot c^m(S_2O_8^{2-})c^n(I^-) \approx \bar{v} = \frac{-\Delta c(S_2O_8^{2-})}{\Delta t}$$

为了测定 Δt 时间内 $S_2O_8^{2-}$ 的浓度变化，在将 KI 与 $(NH_4)_2S_2O_8$ 溶液混合的同时，加入一定量已知浓度的 $Na_2S_2O_3$ 溶液和指示剂淀粉溶液，这样在反应(1)进行的同时，还发生如下反应：

$$2S_2O_3^{2-} + I_3^- \xlongequal{\quad} S_4O_6^{2-} + 3I^- \tag{2}$$

反应(2)进行的速率非常快，几乎瞬间完成，而反应(1)却慢得多，反应(1)生成的 I_3^- 立即与 $S_2O_3^{2-}$ 作用，生成无色的 $S_4O_6^{2-}$ 和 I^-，当 $Na_2S_2O_3$ 耗尽的瞬间，反应(1)生成的 I_3^- 立即与淀粉作用，使溶液显蓝色，记录溶液变蓝所用的时间 Δt。

Δt 即为 $Na_2S_2O_3$ 反应完全所用时间，由于本实验中所用 $Na_2S_2O_3$ 的起始浓度都相等，因而每份反应在所记录时间内 $\Delta c(S_2O_8^{2-})$ 都相等，从反应(1)和反应(2)中的关系可知，$S_2O_3^{2-}$ 所减少的物质的量是 $S_2O_8^{2-}$ 的 2 倍，每份反应的 $\Delta c(S_2O_8^{2-})$ 都相同，即有如下关系：

$$\bar{v} = \frac{-\Delta c(S_2O_8^{2-})}{\Delta t} = \frac{-\Delta c(S_2O_3^{2-})}{2\Delta t}$$

在相同温度下，固定 I^- 起始浓度，而只改变 $S_2O_8^{2-}$ 的浓度，可分别测出反应所用时间 Δt_1 和 Δt_2，然后分别代入速率方程得：

$$v_1 = \frac{\Delta c(S_2O_8^{2-})}{\Delta t_1} = k \cdot c_1^m(S_2O_8^{2-})c_1^n(I^-)$$

$$v_2 = \frac{\Delta c(S_2O_8^{2-})}{\Delta t_2} = k \cdot c_2^m(S_2O_8^{2-})c_2^n(I^-)$$

而 $c_1(I^-) = c_2(I^-)$，则通过 $\dfrac{\Delta t_2}{\Delta t_1} = \dfrac{c_1^m \cdot (S_2O_8^{2-})}{c_2^m \cdot (S_2O_8^{2-})} = \left[\dfrac{c_1 \cdot (S_2O_8^{2-})}{c_2 \cdot (S_2O_8^{2-})}\right]^m$，求出 m。

同理，保持 $c(S_2O_8^{2-})$ 不变，只改变 I^- 的浓度则可求出 n，m 、n 即为该反应级数。

由 $k = \dfrac{v}{c^m(S_2O_8^{2-})c^n(I^-)}$ 也可求出速率常数 k。

温度对化学反应速率有明显的影响，若保持其他条件不变，只改变反应温度，由反应所用时间 Δt_1 和 Δt_2，通过如下关系：

$$\frac{\Delta t_2}{\Delta t_1} = \frac{k_1c_1^m \cdot (S_2O_8^{2-})c_1^n \cdot (I^-)}{k_2c_2^m \cdot (S_2O_8^{2-})c_2^n \cdot (I^-)}$$

由此得出：$\dfrac{k_1}{k_2} = \dfrac{\Delta t_2}{\Delta t_1}$，从而得出不同温度下的速率常数 k。

根据阿仑尼乌斯(Arrhenius)公式，反应速率常数 k 与温度 T 有如下关系：

$$\lg k = \lg A - \frac{Ea}{2.303RT}$$

式中，Ea 为反应的活化能；R 为摩尔气体常数；T 为热力学温度。以不同温度时的 $\lg k$ 对 $1/T$ 作图，得到一条直线，由直线的斜率即可求出反应的活化能。

催化剂能改变反应的活化能，对反应速率有较大的影响，$(NH_4)_2S_2O_8$ 与 KI 的反应可用可溶性铜盐如 $Cu(NO_3)_2$ 作催化剂。

三、仪器与试剂

仪器：吸量管（1 cm^3 1 支，2 cm^3 1 支，5 cm^3 4 支）、大试管 10 支（17 mm×18 mm）、烧杯（250 cm^3）、试管架、秒表、温度计、恒温水浴锅。

试剂：KI（0.20 $mol \cdot dm^{-3}$）、$(NH_4)_2S_2O_8$（0.20 $mol \cdot dm^{-3}$）、$(NH_4)_2SO_4$（0.20 $mol \cdot dm^{-3}$）、$Cu(NO_3)_2$（0.20 $mol \cdot dm^{-3}$）、$Na_2S_2O_3$（0.010 $mol \cdot dm^{-3}$）、KNO_3（0.20 $mol \cdot dm^{-3}$）、淀粉（0.2%）。

四、实验内容

1. 浓度对化学反应速率的影响

在室温下，用吸量管分别移取 5.00 cm^3 0.20 $mol \cdot dm^{-3}$ KI 溶液、2.00 cm^3 0.010 $mol \cdot dm^{-3}$ $Na_2S_2O_3$溶液和 1.00 cm^3 0.2% 淀粉溶液，均加到大试管中，混合均匀。再移取 5.00 cm^3 0.20 $mol \cdot dm^{-3}$ $(NH_4)_2S_2O_8$溶液，快速加到大试管中，同时开动秒表，并不断摇匀。当溶液刚出现蓝色时，立即停秒表，记下反应时间及室温。

用同样的方法按照表 3-5 中的用量进行另外 4 次实验。为了使每次实验中的溶液的离子强度和总体积保持不变，不足的量分别用 0.20 $mol \cdot dm^{-3}$ KNO_3溶液和 0.20 $mol \cdot dm^{-3}$ $(NH_4)_2SO_4$溶液补足。

2. 温度对化学反应速率的影响

按表 3-5 中实验序号 IV 各试剂的用量，把 2.50 cm^3 0.20 $mol \cdot dm^{-3}$ KI，2.00 cm^3 0.010 $mol \cdot dm^{-3}$ $Na_2S_2O_3$，1.00 cm^3 0.2% 淀粉溶液和 2.50 cm^3 0.20 $mol \cdot dm^{-3}$ KNO_3的混合溶液（1 号试管）加到大试管中，把 5.00 cm^3 0.20 $mol \cdot dm^{-3}$ $(NH_4)_2S_2O_8$溶液加到另一个大试管中（2 号试管），并将两根大试管放入水浴中恒温约 10 min，等大试管中的溶液和水浴温度相同时，把 $(NH_4)_2S_2O_8$ 溶液（2 号试管）倒入混合溶液（1 号试管）中，同时开启秒表，并不断摇匀，当溶液刚出现蓝色时，记下反应时间。

在室温加 20℃ 和室温加 30℃ 的条件下，重复上述实验。将结果填于表 3-6 中。用表 3-6 的数据，以 $\lg k$ 对 $1/T$ 作图，求出反应（1）的活化能。

3. 催化剂对反应速率的影响

按表 3-5 中实验序号 IV 各试剂的用量，把 2.50 cm^3 0.20 $mol \cdot dm^{-3}$ KI，2.00 cm^3 0.010 $mol \cdot dm^{-3}$ $Na_2S_2O_3$，1.00 cm^3 0.2% 淀粉溶液和 2.50 cm^3 0.20 $mol \cdot dm^{-3}$ KNO_3的混合溶液加到大试管中，再加入 1 滴 0.02 $mol \cdot dm^{-3}$ $Cu(NO_3)_2$溶液摇匀，然后迅速加入 5.00 cm^3 0.20 $mol \cdot dm^{-3}$ $(NH_4)_2S_2O_8$溶液，同时开启秒表，并不断摇匀，当溶液刚出现蓝色时，记下反应时间。并与前面不加催化剂的实验进行比较。实验结果填到表 3-6 和表 3-7 中。

五、数据处理

表3-5 浓度对化学反应速率的影响

实验序号		Ⅰ	Ⅱ	Ⅲ	Ⅳ	Ⅴ
反应温度/℃						
溶液的体积 V/cm^3	0.20 $mol \cdot dm^{-3}$ KI	5.00	5.00	5.00	2.50	1.25
	0.010 $mol \cdot dm^{-3}$ $Na_2S_2O_3$	2.00	2.00	2.00	2.00	2.00
	0.2% 淀粉溶液	1.00	1.00	1.00	1.00	1.00
	0.20 $mol \cdot dm^{-3}$ KNO_3	0.00	0.00	0.00	2.50	3.75
	0.20 $mol \cdot dm^{-3}$ $(NH_4)_2SO_4$	0.00	2.50	3.75	0.00	0.00
	0.20 $mol \cdot dm^{-3}$ $(NH_4)_2S_2O_8$	5.00	2.50	1.25	5.00	5.00
反应物的起始浓度 $c/mol \cdot dm^{-3}$	$(NH_4)_2S_2O_8$					
	KI					
	$Na_2S_2O_3$					
反应时间 $\Delta t/s$						
反应速率 $v/\ mol \cdot dm^{-3} \cdot s^{-1}$						
反应速率常数 k(?)						
反应级数		$m=$______ $n=$______ 反应总级数$(m+n)$ =______				

注：(?)在实验结果计算出后，补全反应速率常数 k 的单位。

表3-6 不同温度下的化学反应速率

实验序号	1(Ⅳ室温)	2(Ⅳ室温加20℃)	3(Ⅳ室温加30℃)
反应温度/℃			
反应时间/s			
反应速率 $v/mol \cdot dm^{-3} \cdot s^{-1}$			
$\lg k$			
$1/T\ /K^{-1}$			
直线的斜率			
反应活化能$/kJ \cdot mol^{-1}$			

注：本实验活化能测定值的相对误差不超过10%(文献值：51.8 $kJ \cdot mol^{-1}$)为合格。

表3-7 催化剂对反应速率的影响

实验序号	1(Ⅳ不加催化剂)	2(Ⅳ加1滴催化剂)	3(Ⅳ加2滴催化剂)
反应温度/℃			
反应时间/s			
反应速率 $v/mol \cdot dm^{-3} \cdot s^{-1}$			

思考题

1. 通过上述实验总结温度、浓度、催化剂对反应速率的影响。

2. 若不用 $S_2O_8^{2-}$ 而用 I^-（或 I_3^-）的浓度变化来表示反应速率，则反应速率常数 k 是否一样？

3. 实验中，为什么可以由反应溶液出现蓝色的时间来计算反应速率？当溶液出现蓝色后，反应是否终止？

4. 实验中，为什么迅速把过二硫酸铵加入到其他几种物质的混合溶液中？

实验6　二氯化铅溶度积的测定

一、实验目的

1. 加深理解溶度积的概念，学会用离子交换法测定难溶电解质溶度积的原理和方法。

2. 学习离子交换树脂的使用方法。

二、实验原理

在一定温度下，难溶电解质 $PbCl_2$ 的饱和溶液中，有着如下沉淀溶解平衡：

$$PbCl_2(s) \rightleftharpoons Pb^{2+}(aq) + 2Cl^-(aq)$$

其溶度积为

$$K_{sp}^{\ominus}(PbCl_2) = [c(Pb^{2+})/c^{\ominus}] \cdot [c(Cl^-)/c^{\ominus}]^2$$

设 $PbCl_2$ 的溶解度为 s（$mol \cdot dm^{-3}$），则平衡时：

$$c(Pb^{2+}) = s \quad c(Cl^-) = 2s$$

所以　　$K_{sp}^{\ominus}(PbCl_2) = [c(Pb^{2+})/c^{\ominus}] \cdot [c(Cl^-)/c^{\ominus}]^2 = 4s^3(c^{\ominus})^{-3}$

本实验采用离子交换树脂与 $PbCl_2$ 饱和溶液进行离子交换，测定室温下 $PbCl_2$ 溶液中 Pb^{2+} 的浓度 $c(Pb^{2+})$，从而求出 $PbCl_2$ 的溶度积。

离子交换树脂是人工合成的球状、固态、不溶性的高分子聚合物，具有网状结构，含有与溶液中某些离子起交换作用的活性基团。凡能与阳离子起交换作用的树脂称为阳离子交换树脂，如含有磺酸基团的强酸型离子交换树脂 $R—SO_3H$；与阴离子起交换作用的树脂称为阴离子交换树脂，如含有季铵盐基团的强碱型离子交换树脂 $R\equiv NOH$。

强酸型阳离子交换树脂（用 RH 表示）与 $PbCl_2$ 饱和溶液中的 Pb^{2+} 在离子交换柱中进行交换，其反应为：

$$2RH(s) + Pb^{2+}(aq) = R_2Pb(s) + 2H^+(aq)$$

可用已知浓度的 NaOH 溶液滴定流出液中的 H^+ 至终点。

$$OH^-(aq) + H^+(aq) = H_2O(l)$$

1 mol(Pb^{2+})可从离子交换树脂中交换出 1 mol($2H^+$)，需用 1 mol($2OH^-$)进行中和，即

$$Pb^{2+} \sim 2H^+ \sim 2OH^-$$

$$n(Pb^{2+}) = \frac{1}{2}n(OH^-)$$

所以 $$c(Pb^{2+}) \cdot V(Pb^{2+}) = \frac{1}{2}c(NaOH) \cdot V(NaOH)$$

式中，$V(Pb^{2+})$为所取 $PbCl_2$饱和溶液的体积(cm^3)；$c(NaOH)$为标准 NaOH 溶液的浓度($mol \cdot dm^{-3}$)；$V(NaOH)$为滴定时所消耗标准 NaOH 溶液的体积(cm^3)。从而可求出被交换的 Pb^{2+}浓度 $c(Pb^{2+})$。

市售的阳离子交换树脂通常是钠型(RSO_3Na)，在使用时需用稀酸将钠型转化为酸型(RSO_3H)，这一过程称为转型。而已被 Pb^{2+}交换过的树脂，可用稀酸进行处理，使树脂重新转化为酸型，这一过程称为再生。再生后的树脂可继续使用。

三、仪器与试剂

仪器：离子交换柱[1]、碱式滴定管、移液管、锥形瓶、烧杯、量筒、温度计、洗瓶。

试剂：001 ×7 型阳离子交换树脂、$PbCl_2$(AR)、HCl($1\ mol \cdot dm^{-3}$)、NaOH 标准溶液($0.05\ mol \cdot dm^{-3}$，实验前标定)、pH 试纸、酚酞指示剂。

四、实验内容

1. 饱和 $PbCl_2$溶液的配制

根据室温时 $PbCl_2$的溶解度[2]，称取过量的 $PbCl_2$晶体，加一定体积已经煮沸除去 CO_2的去离子水，加热充分溶解。放置冷却至室温后，过滤至干燥烧杯中，滤液即为饱和 $PbCl_2$溶液。

2. 阳离子交换树脂的转型

称取约 20 g 001 ×7 型阳离子交换树脂于小烧杯中，用清水漂洗，不断搅拌，直到水澄清为止。将水倒净后，加 $1\ mol \cdot dm^{-3}$ HCl 浸没树脂，不断搅拌约 20 min 后，将溶液倒掉，用去离子水漂洗接近中性为止(用 pH 试纸检验)。

3. 装柱

将已转型的树脂与去离子水混合后与水一起缓流状倒入柱中(图 3－6)，装柱要求树脂堆积紧密，不留气泡。

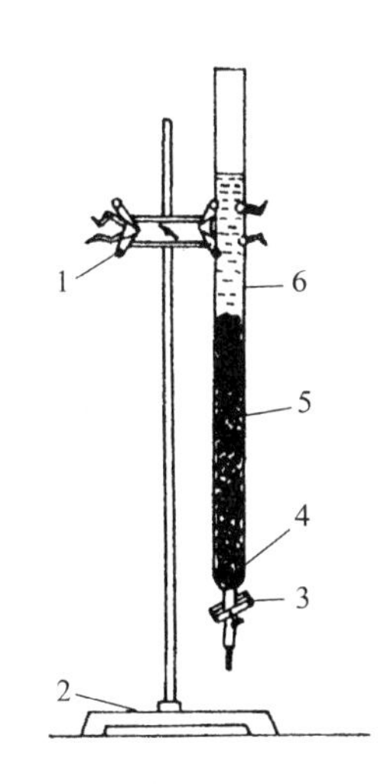

图 3－6 离子交换柱装置示意

1. 滴定管夹 2. 铁架台 3. 螺丝夹 4. 玻璃纤维 5. 离子交换树脂 6. 碱式滴定管(不带玻璃珠)

若水过满，可拧松螺丝夹，使水流出，但注意水面不能低于树脂层，否则树脂层出现气泡，应重新装柱。保持去离子水液面高于树脂上部2～3 cm。

4. 交换

取20.00 cm^3 $PbCl_2$饱和溶液于一洁净的小烧杯中，转入离子交换柱内，控制流速约每分钟20滴，用一洁净的锥形瓶承接流出液。用少量去离子水洗涤烧杯3次，每次洗涤液均注入离子交换柱，直至流出液用pH试纸检验呈中性。

在整个交换和洗涤操作过程中，应注意水面不能低于树脂层上部，所有流出液不应有流失。

5. 滴定

向锥形瓶中加入2～3滴酚酞指示剂，用NaOH标准溶液滴定至溶液由无色变成微红色。记下消耗NaOH标准溶液的体积。

倒出并回收已交换的离子交换树脂，再生后还可以继续使用。

五、数据处理

表3-8 数据记录

$PbCl_2$饱和溶液温度/℃	$PbCl_2$饱和溶液体积/cm^3	NaOH溶液浓度/$mol \cdot dm^{-3}$	消耗NaOH溶液体积/cm^3	$PbCl_2$饱和溶液溶解度/$mol \cdot dm^{-3}$	$K_{sp}^{\ominus}$($PbCl_2$)

六、注意事项

[1] 离子交换柱可以用碱性滴定管代替。将碱性滴定管取出玻璃珠，换上螺丝夹，在滴定管底部塞入少量玻璃纤维，作为离子交换柱，固定在滴定管夹和铁架台上。

[2] $PbCl_2$在水中的溶解度见表3-9。某温度下$PbCl_2$的溶解度可用内插法近似计算求得。

表3-9 $PbCl_2$在水中的溶解度

温度/℃	0	15	25	35
溶解度 $s/mol \cdot dm^{-3}$	2.42×10^{-2}	3.26×10^{-2}	3.74×10^{-2}	4.73×10^{-2}

思考题

1. 用去离子交换法测定$PbCl_2$溶度积的原理是什么？

2. 在离子交换过程中，为什么要控制一定的流速？

3. 为什么离子交换前和交换洗涤后的流出液需呈中性？如果两者pH值为酸性，对实验结果有无影响？在交换和洗涤过程中，如果流出液有一少部分损失掉，会对实验结果造成什么影响？

4. 实验中为什么要测 $PbCl_2$ 饱和溶液的温度？

实验7　土壤 pH 值测定

一、实验目的

1. 掌握用酸度计测定土壤溶液 pH 值的原理和方法。
2. 学会使用标准缓冲溶液校正酸度计以及理解温度补偿装置的作用。

二、实验原理

电位法测定土壤 pH 值，常以玻璃电极作指示电极，饱和甘汞电极作参比电极，与土壤浸提液组成原电池：

(－)Ag，AgCl｜HCl(0.1 $mol \cdot dm^{-3}$)｜玻璃膜｜试液｜KCl(饱和)｜Hg_2Cl_2(s)，Hg(＋)

在一定条件下，电池的电动势 E 与试液的 pH 值有线性关系：

$$E = K + 0.059\ \mathrm{pH}(25℃)$$

式中的 K 值是由内外参比电极的电位、玻璃膜的不对称电位及液接电位所决定的常数，其值不易求得。在实际工作中，首先用已知 pH 值的标准缓冲溶液校正酸度计(即定位)，然后测量溶液的 pH 值。校正时应选用与待测液的 pH 值相接近的标准缓冲溶液，以减少测定过程可能由于液接电位、不对称电位及温度等变化而引起的误差。

测量 pH 值时，为适应不同温度下的测量，需进行温度补偿。先将温度补偿调至溶液的温度，然后将电极插入已知 pH 值的标准缓冲溶液中进行定位，进行温度补偿和定位后，电极插入待测溶液中，仪器直接显示待测溶液的 pH 值。

测定土壤 pH 值常采用室内测定法，即从野外采集土壤样品，在实验室经风干、研磨和过筛后，按一定的土水比用水浸提土壤，然后测定浸提液 pH 值。也可在野外将电极插入欲测定的土壤中进行测定，此法称原位测定法。

三、仪器与试剂

仪器：pHS－3C 型(或 pHS－2)型酸度计、211 型玻璃电极及 212 型饱和甘汞电极[1]、塑料烧杯(100 cm^3)。

试剂：0.025 $mol \cdot dm^{-3}$ KH_2PO_4 和 Na_2HPO_4 混合磷酸盐(25℃，pH = 6.86)、0.01 $mol \cdot dm^{-3}$ 硼砂($Na_2B_4O_7 \cdot 10H_2O$)(25℃，pH = 9.18)、土壤试样(通过 2 mm 筛孔)。

四、实验内容

1. 土壤悬浊液的制备

称取10 g已处理好的土壤试样，放入10 cm^3塑料烧杯中，加入50 cm^3蒸馏水，间歇搅拌15 min再放置15 min后即得土壤悬浊液。

2. 土壤pH值的测定

（1）按酸度计的使用说明，接通酸度计电源，将开关打到pH档，预热15 min。

（2）用温度计测出标准缓冲溶液（或待测溶液）的温度，使用温度补偿旋钮调至此温度。

（3）清洗干净电极，并用吸水纸将水吸干，将电极放入pH 6.86的缓冲溶液中，调节“定位”键，使仪器显示6.86，按“确认”键。

（4）清洗干净电极，并用吸水纸将水吸干，然后将电极再放入pH 9.18的缓冲溶液中，调节“斜率”键，使仪器显示9.18，按“确认”键。

（5）清洗干净电极，并用吸水纸将水吸干，将电极再放入上述制备好的土壤悬浊液中，轻摇烧杯1 ~2 min达到平衡后，待数字显示较稳定时读出该土壤溶液的pH值。

测量完毕，关闭电源冲洗电极和烧杯，妥善保存电极。

五、数据处理

表3-10 数据记录

<table>
<tr><td>温度/℃</td><td colspan="3"></td></tr>
<tr><td rowspan="3">土壤pH值</td><td>1</td><td>2</td><td>3</td></tr>
<tr><td></td><td></td><td></td></tr>
<tr><td>平均值</td><td colspan="2"></td></tr>
</table>

六、注意事项

[1]使用玻璃电极前，应在蒸馏水中浸泡24 h以上。也可使用231型玻璃电极及232型饱和甘汞电极，或者使用一支复合电极。使用饱和甘汞电极前，应将电极管上下端橡皮塞及橡皮套取下。饱和KCl溶液面不能低于内参比电极的甘汞糊状物下端，同时溶液应有少许KCl晶体存在，但不得有气泡存在。安装玻璃电极时，其下端比甘汞电极高2 ~3 mm，以防触及杯底被损坏。

思考题

1. 测量溶液pH值，为什么要用与待测液pH值接近的标准缓冲溶液校正？校正时应注意什么问题？

2. 使用玻璃电极时，应注意哪些问题？
3. 能否将土壤悬浊液过滤后，取其滤液来测定溶液的 pH 值？

实验 8　碱式碳酸铜中氧化铜含量的测定

一、实验目的

1. 学习定组成定律。
2. 掌握坩埚的灼烧操作技术。

二、实验原理

根据定组成定律，当碱式碳酸铜[分子式为 $Cu_2(OH)_2CO_3$]受热分解成 CuO、CO_2 和 H_2O 时，其各个成分的量应该是一定的。

$$Cu_2(OH)_2CO_3 = 2CuO + CO_2\uparrow + H_2O$$

可以由实验求出 $Cu_2(OH)_2CO_3$ 中含 CuO 的百分率，考察实验值是否与理论百分率相符合。

理论上，$Cu_2(OH)_2CO_3$ 中含 CuO 的百分率为：

$$\frac{2M(CuO)}{M[Cu_2(OH)_2CO_3]} \times 100\%$$

式中，$M(CuO)$、$M[Cu_2(OH)_2CO_3]$ 分别为 CuO、$Cu_2(OH)_2CO_3$ 的相对分子质量。

实验测定 $Cu_2(OH)_2CO_3$ 中含 CuO 的百分率为：

$$\frac{m(CuO)}{m[Cu_2(OH)_2CO_3]} \times 100\%$$

式中，$m(CuO)$、$m[Cu_2(OH)_2CO_3]$ 分别为灼烧后的 CuO 的质量、灼烧前 $Cu_2(OH)_2CO_3$ 的质量。

三、仪器与试剂

仪器：坩埚(30 cm^3)、坩埚钳、酒精灯、铁架台、铁环、泥三角、分析天平。

试剂：固体 $Cu_2(OH)_2CO_3$。

四、实验内容

取一个事先洗干净并烘干的瓷坩埚，在分析天平上准确称量其质量(准确到 0.001 g)，记录坩埚的质量。取约 0.5 g(准确到 0.001 g)的 $Cu_2(OH)_2CO_3$ 放入坩埚内，再准确称量。称后把坩埚放在泥三角上，用酒精灯外焰直接加热，开始加热时应该用小火，并且用坩埚钳不断转动坩埚，待 $Cu_2(OH)_2CO_3$ 刚变黑时，改用强火灼烧，等 $Cu_2(OH)_2CO_3$ 全变黑时，再继续强火灼烧 3 min(坩埚烧到恒重)。停火后，使红烧的坩埚在泥三角上冷却至室温，准确称量坩埚加氧化铜的质量。

根据前后称量的重量[1]，可以计算出 $Cu_2(OH)_2CO_3$ 中 CuO 的百分率。

五、数据处理

表 3－11　数据记录

坩埚重/g	
坩埚＋碱式碳酸铜重/g	
碱式碳酸铜重/g	
灼烧后坩埚＋CuO 重/g	
CuO 重/g	
$Cu_2(OH)_2CO_3$ 中含 CuO 的百分率/%(测量值)	
$Cu_2(OH)_2CO_3$ 中含 CuO 的百分率/%(理论值)	
实验误差百分率/%	

六、讨论分析

计算实验误差百分率，并分析产生误差的原因。

$$\frac{\text{实验测定 CuO 含量}-\text{理论 CuO 含量}}{\text{理论 CuO 含量}}\times 100\%$$

七、注意事项

[1]本实验忽略坩埚灼烧前后质量的变化，进行近似计算。

思考题

1. 什么是定组成定律？
2. 为什么开始要小火加热，$Cu_2(OH)_2CO_3$ 变黑时用强火灼烧？
3. 灼烧时坩埚熏黑对实验结果有何影响？应该怎么处理？

实验9　凝固点降低法测定物质的相对分子质量

一、实验目的

1. 掌握凝固点降低法测定物质的相对分子质量的原理和方法。
2. 进一步学习贝克曼(Beckmann)温度计的使用方法。

二、实验原理

难挥发非电解质的稀溶液具有依数性，对于二组分稀溶液，其凝固点低于纯溶剂的凝固点，凝固点下降值与溶质粒子的数目成正比，而与溶质的本性无关。如果溶质在溶液中不发生缔合、分解、溶剂化和生成配合物等情况，则稀溶液的凝固点降低值 ΔT_f 与溶质 B 的质量摩尔浓度 b_B 成正比，可表示为：

$$\Delta T_f = T_f - T = k_f \cdot b_B \qquad (1)$$

式中，T_f 为纯溶剂的凝固点；T 为稀溶液的凝固点；k_f 为溶剂的摩尔凝固点降低常数($K \cdot kg \cdot mol^{-1}$)。

若称取一定质量的溶质(B)和溶剂(A)配成一个稀溶液，则溶液的质量摩尔浓度 b_B 可用下式表示：

$$b_B = \frac{m_B}{M_B m_A} \times 1000 \qquad (2)$$

式中，M_B 为溶质的相对分子量。

将式(2)代入式(1)，得：

$$M_B = \frac{k_f}{\Delta T_f} \cdot \frac{m_B}{m_A} \qquad (3)$$

凝固点降法的测定方法有多种，本实验采用 Beckmann 法(即过冷法)。

纯溶剂的凝固点为其液相和固相共存的平衡温度。在一定压力下，若将纯溶剂逐渐冷却，在未凝固前，温度随时间均匀下降，开始凝固后因放出凝固热而补偿热损失，平衡温度保持不变，直至全部凝固后温度才会下降，其冷却曲线见图 3 - 7(a)。但实际过程中，将液体温度逐渐冷却至温度达到或稍低于其凝固点时，由于新相形成需一定的能量，故晶体并不析出，这就是过冷现象。此时，进行搅拌或加入晶种，促使晶核产生，则会迅速形成晶体，并放出凝固热，使系统温度迅速回升到稳定的平衡温度，待液体全部凝固后，温度再逐渐下降。其冷却曲线如图 3 - 7(b)所示。

溶液的凝固点是该溶液与溶剂的固相共存的平衡温度。其冷却曲线与溶剂不同。当有部分溶剂凝固析出，剩余溶液的浓度逐渐增大，且结晶时有热量放出，因而溶液的凝固点随之逐渐下降，见图 3 - 7(c)。本实验所要测定的是浓度为已知的溶液的凝固点。所析出的固体量不能太多，否则要影响到原始溶液的浓度。因此，测量溶液的凝固点时不能过冷很多。如过冷很多，溶液的凝固点可按图 3 - 7(d)所示的方法加以校正，即将

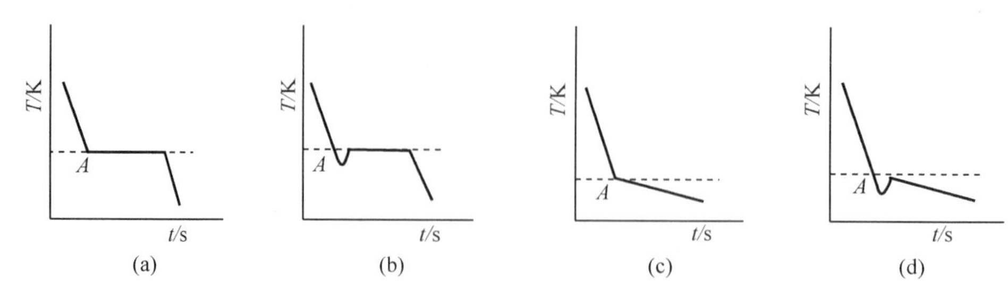

图 3－7　纯溶剂和溶液的冷却曲线

结晶析出后冷却曲线下斜直线线段向上延长，使其与过冷前的冷却曲线线段相交，此交点 A 的温度即为溶液的凝固点。

三、仪器与试剂

仪器：凝固点测定仪、贝克曼温度计、移液管（25 cm^3）、温度计（－10～100℃，具有 0.1℃分度）、放大镜、烧杯。

试剂：环己烷（AR）、萘（AR）、冰。

四、实验内容

1. 调节贝克曼温度计

调节方法见附录 Ⅰ－1"Beckmann 温度计"，使其在环己烷的凝固点（6℃）时，水银柱高度在刻度上部 4～5℃[1]。

2. 调节冷冻剂的温度

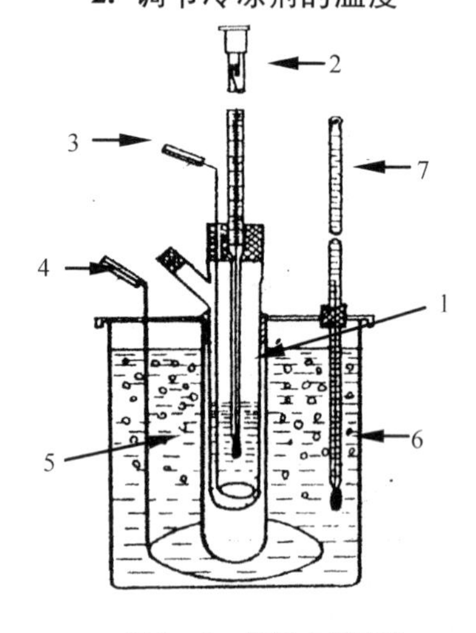

图 3－8　凝固点测定仪

1. 凝固点管　2. Beckmann 温度计
3、4. 搅拌棒　5. 空气套管
6. 冰槽　7. 冰槽内温度计

实验装置如图 3－8 所示。冷冻剂水槽中装碎冰和水，温度控制为 4～5℃。在实验过程中用搅拌棒 4 经常搅拌并不断补充碎冰，以保持在此温度[2]。

3. 环己烷凝固点的测定

（1）环己烷近似凝固点的测定　吸取 25.00 cm^3 环己烷注入已洗净干燥的凝固点管 1 中，塞上塞子，将贝克曼温度计擦干后插入凝固点管 1，将凝固点管 1 插入冷冻剂中，用搅拌棒 3 和 4 上下搅拌（切勿碰到温度计），使环己烷逐步冷却，同时观察贝克曼温度计上温度降低情况。当开始有晶体析出时，将凝固点管 1 取出，将管外冰水擦干，放入空气管 5 中继续缓慢搅拌，最后的稳定温度即是环己烷的近似凝固点。

（2）环己烷凝固点的测定　取出凝固点管 1，不断搅拌，用手握管微热，使结晶完全熔化。再将凝固点管 1 直接插入冷冻剂中，并均匀搅拌，使环己烷较快地冷却。当温度降到比近似凝固点高0.3℃时，迅速取出凝固点管1，擦干后再放入空气管5中，并缓慢搅拌，使环己烷温度均匀地下降，当温度低于近似凝固点0.2℃时，用搅拌棒3迅速搅拌，搅拌棒4停止搅拌，促使固体析出。当固体析出时，温度开始上升，立即改为缓慢搅拌，用放大镜观察读出温度升高后的最高温度，即为环己烷凝固点 T_f。使结晶熔化，重复测定，直到取得3个偏差不超过±0.01℃的数值为止，取其平均值作为环己烷的凝固点。

（3）溶液凝固点的测定　取出凝固点管1，自管1的支管加入事先压成片状、在蜡光纸上已精确称量的萘0.2～0.3 g（准确至0.0001 g），搅拌使其完全溶解[3]。同上法先测定溶液的近似凝固点，再精确测定凝固点。重复测定，直到取得3个偏差不超过±0.01℃的数值为止，取其平均值。

环己烷溶液用毕倒入回收瓶。

五、数据处理

（1）根据环己烷的密度，计算所取溶剂环己烷的质量 m_A。

（2）根据环己烷的凝固点降低常数 k_f，计算萘的相对分子质量，并与文献值比较，求其相对误差，要求误差小于±3%。

表3－12　数据记录

室温/℃				
环己烷的体积/cm^3				
环己烷的质量 m_A/g				
萘的质量 m_B/g				
环己烷的 k_f/K·kg·mol^{-1}				
环己烷的凝固点 T_A/℃	3次测定值			
	平均值			
溶液的凝固点 T/℃	3次测定值			
	平均值			
ΔT_f/℃				
萘的相对分子质量 M_B/ g·mol^{-1}（实测值）				
萘的相对分子质量 M_B/ g·mol^{-1}（理论值）				
相对误差/%				

六、注意事项

[1]贝克曼温度计调好后，温度计水银贮槽中水银量在整个测定过程中要保持不变。

[2]测定过程中应不断地搅拌，并注意观察冷冻剂温度，随时补充冰块以调节所需

温度。

[3]加入固体样品时要小心，切勿沾在凝固点管壁上，以保证质量 m 的准确。

思考题

1. 应用凝固点降低法测定物质的相对分子质量在选择溶剂时应考虑哪些问题？
2. 什么是过冷现象？为什么纯溶剂和溶液的冷却曲线会有所不同？
3. 为什么凝固点测定仪的盛溶液内管、贝克曼温度计和搅拌棒 3 不能带有水分？

实验 10　液体密度的测定

一、实验目的

1. 了解密度的概念和测量原理。
2. 学习液体物质相对密度的测量方法。

二、实验原理

在生产和科研工作中，常需要测物质的密度，作为纯度鉴定的重要参数。

密度又称质量密度，用符号 ρ 表示，定义式为 $\rho = m/V$，即单位体积的质量。密度的单位常用 $g \cdot cm^{-3}$ 或 $kg \cdot m^{-3}$。在实际工作中，更多的使用相对密度[1][2]，它是指在给定条件下被测物密度 ρ_1 与参比物密度 ρ_2 之比，即 $d = \rho_1/\rho_2$。相对密度是无量纲的物理量。常用的参比物是水，用符号 d_4^t 表示相对水的相对密度，符号“t”是指被测液体的测量温度，“4”表示水的温度为 4℃。手册中查到的数据大多是 d_4^{20} 或 d_{20}^{20}。

物质密度的大小与其所处的环境（温度、压力等）有关，液体和固体物质的密度受压力影响较小，可忽略不计。由于气体和固体物质的密度难以精确测量，故本实验只介绍液体物质的相对密度的常用测量方法。

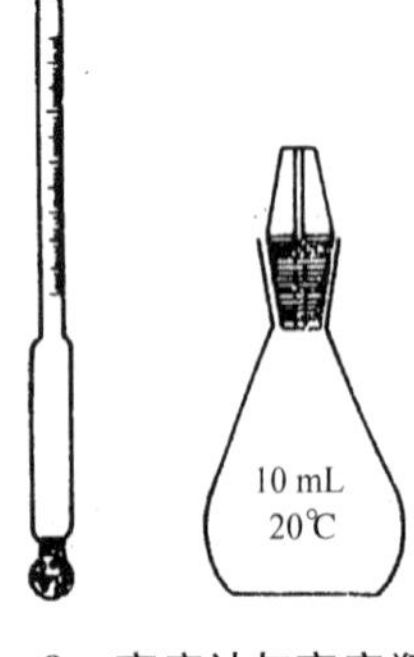

图 3－9　密度计与密度瓶

三、仪器与试剂

仪器：分析天平、恒温槽、密度计、密度瓶、温度计。

试剂：浓硫酸、乙醇、甘油。

四、实验内容

1. 密度计法

密度计是基于浮力原理，其上部细管内有刻度标签表示相对密度，下端球体内装有水银或铅粒，如图 3－9 左图。将密度计放入液体样品中即可直接读出其相对密度，该法操作简单迅速，适用于样品量大且准确度要求不高的测量。

测量时，先将密度计洗净擦干，使其慢慢沉入待测样品中，轻轻按下少许，然后任其自然上升，直到静止。从水平位置观察，密度计与液面相交处的刻度值即为该样品的相对密度。同时测量样品的温度。

按上述方法测量浓硫酸和不同浓度乙醇水溶液的相对密度，并与标准数据对照。

2. 密度瓶法[3]

密度瓶是由带磨口的小锥形瓶和与之配套的磨口毛细管塞组成(如图3－9右图)，当测量精度要求高或样品量少时可用此法。

取洁净、干燥的密度瓶准确称其质量 m_0(精确至 ±0.001 g)，装满待测液体，塞紧毛细管塞，将由毛细管中溢出的液体用滤纸擦干，注意瓶中不能留有气泡。然后放入恒温槽中，在测量温度下恒温 30 min(温度精确至 ±0.03℃)，用滤纸吸去因膨胀而从毛细管塞中排出的液体，并将密度瓶外壁擦干，准确称其质量 m_2。将样品倒出，洗净密度瓶，再用同一密度瓶称量20℃时蒸馏水的质量 m_1。按下式计算样品的相对密度：

$$d_{20}^{t} = \frac{m_2 - m_0}{m_1 - m_0}$$

测量时应注意：密度瓶要洁净；注入样品或水后不能有气泡；测量温度应高于天平室内的温度，以免液体从瓶中溢出。

按上述方法测量甘油的相对密度，并与标准数据对照。

五、数据处理

表3－13　数据记录

浓硫酸的相对密度	3次测定值			
	平均值			
20%乙醇水溶液的相对密度	3次测定值			
	平均值			
甘油的相对密度	3次测定值			
	平均值			

六、注意事项

[1]在工作中我们常用比重这一概念，如物质的比重、比重计、比重瓶等，实际上，比重就是本实验中的相对密度。由于比重这一名称的含义不确切，实行国家计量标准后，废除“比重”，改用“相对密度”。

[2]密度计过去称比重计或比轻计。测量相对密度大于1的为比重计，小于1的为比轻计。使用时要注意密度计上注明的温度。

[3]密度瓶过去称比重瓶，有5、10、25、50 cm^3等多种规格，可根据样品量选用。

思考题

1. 如何用密度瓶测量液体样品的密度?
2. 用密度瓶测量时为何瓶内不能有气泡?

实验 11 氟离子选择电极测氢氟酸电离常数

一、实验目的

用氟电极及玻璃电极测氢氟酸电离常数。

二、实验原理

氟电极是近年来发展起来的有效的离子选择电极之一。它的结构如图 3-10 所示。

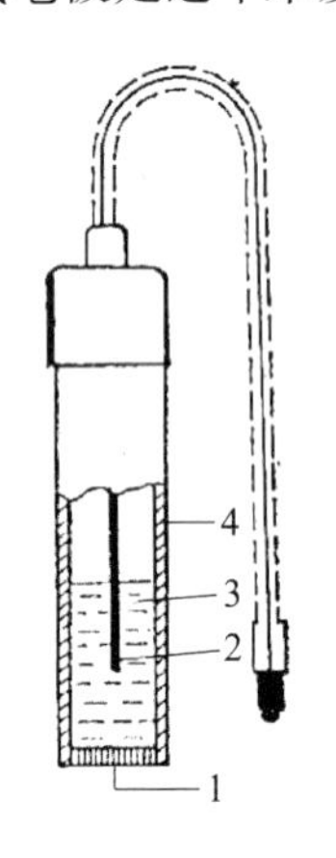

图 3-10 氟离子选择电极

1. LaF_3单晶膜 2. 氯化银电极 3. 内充液 4. 聚四氟乙烯管

由氟化镧晶体做成的离子交换膜，对氟离子具有很高的选择性。但当溶液 pH 值过高时，则 OH^-会产生干扰；pH 值过低又会形成 HF 和HF_2^- 而降低氟离子活度，因此，在做氟含量分析时都保持溶液 pH =5 ~6。

由于氟电极不受氢离子干扰，对 HF 和HF_2^- 不产生响应，因而可在酸性溶液中测定游离的氟离子浓度，这就为电化学法测定氢氟酸电离常数创造了条件。

现用氟电极及甘汞电极组成下列两电池:

(1) (-)氟电极 | F_T^- 溶液 | 饱和甘汞电极(+)

(2) (-)氟电极 | F^-，H^+溶液 | 饱和甘汞电极(+)

在电池(1)的溶液中，氟化钠的浓度约 2×10^{-3} mol · dm^{-3}，可认为在这样稀的中性溶液里离解完全，这时可测得，对应于总氟浓度 $[F_T]$ 等于总氟离子浓度 $[F_T^-]$ 时的电池电势 E_1。如在相同总氟浓度的溶液中加酸，则由于 HF 和HF_2^- 的生成而降低游离氟离子浓度，这时测得对应于降低了的游离氟浓度 $[F^-]$ 的电池电势 E_2。

当温度一定时，两电池电动势的计算式如下:

$$E_1 = \varphi_{甘汞} - \{\varphi^\Theta - \frac{RT}{F}\ln[F_T]\} = 常数 + S\lg[F_T] \tag{1}$$

$$E_2 = \varphi_{甘汞} - \{\varphi^\Theta - \frac{RT}{F}\ln[F^-]\} = 常数 + S\lg[F^-] \tag{2}$$

式中，$S = \frac{2.303RT}{F}$，称作氟电极的斜率，通常实测值与理论值相符合。

式(1)减式(2)得

$$\frac{E_1 - E_2}{S} = \lg \frac{[F_T]}{[F^-]} \tag{3}$$

在加酸后的含氟溶液中存在下列平衡：

$$HF \rightleftharpoons H^+ + F^- \qquad K_c^\Theta = \frac{[c(H^+)/c^\Theta] \times [c(F^-)/c^\Theta]}{[c(HF)/c^\Theta]} \tag{4}$$

$$HF + F^- \rightleftharpoons HF_{2-} \qquad K_f^\Theta = \frac{[c(HF_2^-)/c^\Theta]}{[c(HF)/c^\Theta] \times [c(F^-)/c^\Theta]} \tag{5}$$

溶液中的总氟浓度是：

$$c(F_T)/c^\Theta = c(F^-)/c^\Theta + c(HF)/c^\Theta + 2c(HF_2^-)/c^\Theta \tag{6}$$

略去 $2c(HF_2^-)/c^\Theta$ 项，式(6)可写成：

$$c(F_T)/c^\Theta - c(F^-)/c^\Theta = \frac{[c(H^+)/c^\Theta] \times [c(F^-)/c^\Theta]}{K_c^\Theta} \tag{7}$$

式(7)取对数

$$\lg[c(F_T)/c^\Theta - c(F^-)/c^\Theta] = \lg[c(F^-)/c^\Theta] + \lg[c(H^+)/c^\Theta] - \lg K_c^\Theta \tag{8}$$

在酸性溶液中$[F^-]$很小，与$[F_T]$相比可被忽略，这时式(8)可写成：

$$\lg \frac{c(F_T)/c^\Theta}{c(F^-)/c^\Theta} = pH - \lg K_c^\Theta \tag{9}$$

式(9)代入式(3)，得：

$$-\left(\frac{E_1 - E_2}{S}\right) = pH - \lg K_c^\Theta \tag{10}$$

式中，E_1 为溶液未加酸时电池(1)的电动势；E_2 为加酸后电池(2)的电动势。

因此，在不加酸时测得 E_1，然后测得加酸后不同酸度下的 E_2 及 pH 值，以 $-\left(\frac{E_1 - E_2}{S}\right)$为纵坐标，pH 为横坐标作图，所得直线在纵轴上的截距即为 $\lg K_c^\Theta$。

三、仪器与试剂

仪器：pHS－2 型酸度计 1 台、氟离子选择电极 1 支、玻璃电极 1 支、217 型饱和甘汞电极、电磁搅拌器、硬质烧杯或塑料杯(100 cm^3，10 个)、量筒(10、50 cm^3)、吸量管(2、10 cm^3)。

试剂：0.01 $mol \cdot dm^{-3}$ NaF、0.5 $mol \cdot dm^{-3}$ KCl、2 $mol \cdot dm^{-3}$ HCl、0.2 $mol \cdot dm^{-3}$ HCl、pH＝4.00 标准缓冲溶液、去离子水。

四、实验内容

1. 氟化钠贮备液的配制

称取已烘干的分析纯氟化钠0.420 g，加去离子水定容至1 dm^3，即得浓度0.01 $mol \cdot dm^{-3}$的溶液，将其贮于塑料瓶中。

2. 配制酸溶液

洗净100 cm^3硬质玻璃烧杯或塑料杯7个，按记录表格规定配制各种溶液约50 cm^3。必须注意调pH值的盐酸溶液体积是粗略值，应按步骤3规定的方式加入。

3. 调整pH计

用pH=4.00的标准缓冲液作定位液。pH计调好后，用10 cm^3量筒装好所需盐酸溶液，从6号溶液开始，按编号由大到小逐个依次在电磁搅拌下用小滴管逐滴向烧杯中滴加盐酸溶液，同时观察其pH值，直到设定pH值为止。调好后记下实测pH值(7号溶液的pH值也可测定作参考)[1]。

4. 测定电池的电动势

用氟电极取代玻璃电极，从7号溶液开始，按编号由大到小逐个测定各电池的电动势。用pHS-2型酸度计时不必更换电极位置即可测得降低的电动势(mV)。

5. 确定 *S* 值

用氟化钠溶液、氯化钾溶液和去离子水配制含氟从$10^{-4} mol \cdot dm^{-3}$到$10^{-3} mol \cdot dm^{-3}$的数种浓度的溶液，测得各电池的电动势，用来确定 *S* 值。

五、数据处理

(1) 列出记录表格。

(2) 作图求斜率 *S*[2]。当要实际测定 *S* 值时，用步骤5测得的电动势(mV)对$\lg[F^-]$作图，从所得直线的斜率求 *S*。

(3) 求截距　以$-\left(\frac{E_1-E_2}{S}\right)$对pH值作图，从所得直线的截距求$\lg K_c^\Theta$。

表3-14　数据记录

溶液编号	1	2	3	4	5	6	7
设定pH	1.0	1.4	1.8	2.2	2.6	3.0	—
0.01 $mol \cdot dm^{-3}$ NaF体积/cm^3	10	10	10	10	10	10	10
0.5 $mol \cdot dm^{-3}$ KCl体积/cm^3	10	10	10	10	10	10	10
水体积/cm^3	约25	约28	约29	约29	约29	约29	30
调pH用2 $mol \cdot dm^{-3}$ HCl体积/cm^3	约4	约1.5	约0.5	约0.2	—	—	—
调pH用0.2 $mol \cdot dm^{-3}$ HCl体积/cm^3	—	—	—	—			—
调整后测得pH值							
调整后测得mV							
$-\left(\frac{E_1-E_2}{S}\right)$[2]							

六、注意事项

[1] 当溶液中[HF] < 5×10^{-3} mol·dm^{-3}时，在常温下用玻璃电极做短时期的测定，对玻璃电极无损害。

[2] S 值可按室温下的理论值算得，也可实际测定。

思考题

1. 本实验的数据处理做了哪些假定？这些假定在什么条件下才合理？

2. 为什么在不加酸的中性稀溶液中可假定总氟浓度与氟离子浓度相等？试从测得的氢氟酸的电离常数、7 号溶液的 pH 值及[F^-]估计这时[HF]的浓度是否可忽略？

第4章　物质的制备、分离与提纯

无论是以化学反应制备的，还是从天然产物中提取的物质，往往是一些混合物或不纯的物质，必须通过分离和提纯才能得到纯净的化合物。

物质的分离和提纯最常用的方法有：重结晶、升华、萃取、蒸馏和分馏、层析法等。

重结晶是提纯固体化合物的常用方法之一，它是利用待提纯物质从饱和溶液中析出，而未达到饱和的杂质则留在母液中，从而达到分离提纯的目的。重结晶法提纯物质的过程包括溶解、过滤、蒸发（浓缩）、结晶、减压过滤分离等步骤。蒸馏和分馏是分离和提纯液体有机物的常用方法之一，它是利用有机物的沸点不同，通过汽化、液化等基本过程达到将不同沸点的有机物分离的目的。天然产物的提取一般是将植物粉碎后，利用水蒸气蒸馏或用溶剂萃取，再进一步分离纯化。目前常用的分离纯化方法主要有层析法，它是利用混合物中各组分在某一物质中的吸附或溶解性能（分配）的不同，或亲和性能的差异，使混合物的溶液流经该物质进行反复的吸附或分配作用，从而使各组分得以分离。

分离提纯化合物时，必须根据对象的不同特性选择不同的分离提纯方法。本章结合实验主要介绍几种常用的分离提纯方法。

另外，本章内容还涉及了综合实验。综合实验是把物质的制备、分离、提纯以及有关的物理常数及杂质含量的测定、物质的化学性质、物质组成的确定等单一实验内容归纳在一起的实验。这些实验将教学大纲所要求的基本技能融合于同一个实验中，把过去单一进行的操作训练有机地组合起来，贯穿于解决实际问题中，具有较强的连续性和综合性。这部分实验要求在教师指导下，由学生独立完成。通过综合实验的实践，在获得全面训练的学习过程中，除了继续巩固基本操作、基本技术外，还让学生的思维形成连续过程。这样，一方面有助于对实验化学课程的教学内容、教学手段有一个全面的了解和掌握；另一方面加强对学生进行各种基本操作技能的综合性训练与动手能力的培养。

实验12　硫酸铜的提纯及铜含量的测定

一、实验目的

1. 了解重结晶法提纯硫酸铜的原理和方法。
2. 掌握加热、溶解、过滤、蒸发、结晶等基本操作。

3. 了解碘量法测定 Cu 的原理和方法。

二、实验原理

粗硫酸铜中含有不溶性杂质和可溶性杂质，如 $FeSO_4$、$Fe_2(SO_4)_3$、泥沙等。不溶性杂质可用过滤方法除去。Fe^{2+}则可用氧化剂(如 H_2O_2)将其氧化成 Fe^{3+}，调节溶液的 pH≈4 并加热，使 Fe^{3+}水解成 $Fe(OH)_3$沉淀而被过滤除去。然后经蒸发、结晶，让其他少量可溶性杂质留在母液中，抽滤(即减压过滤)后，可得纯度较高 $CuSO_4 \cdot 5H_2O$ 的晶体。

$$H_2O_2 + 2Fe^{2+} + 2H^+ = 2Fe^{3+} + 2H_2O$$

$CuSO_4 \cdot 5H_2O$ 在弱酸性溶液中，Cu^{2+}与过量的 KI 作用生成 CuI 沉淀，同时析出 I_2，析出的 I_2用 $Na_2S_2O_3$标准溶液滴定，根据所消耗 $Na_2S_2O_3$溶液的浓度和体积计算铜的含量。

由于 CuI 沉淀强烈吸附 I_3^-，使测定结果偏低，故加入 SCN^-使 CuI($K_{sp}^{\Theta} = 1.1 \times 10^{-12}$)转化为不吸附 I_3^- 且溶解度更小的 CuSCN($K_{sp}^{\Theta} = 4.8 \times 10^{-15}$)，但 SCN^-只能在接近终点时加入，否则有可能直接还原 Cu^{2+}，使结果偏低。同时，溶液的 pH 值一般控制在 3~4 之间，如果酸度过低，Cu^{2+}会水解，使反应不完全，结果偏低，而且反应速率慢，终点拖后；如果酸度过高，则 I^-被空气中的 O_2氧化为 I_2，使结果偏高。如果试样中存在 Fe^{3+}，Fe^{3+}会氧化 I^-，使结果偏高，可加入 NaF 掩蔽 Fe^{3+}。

三、仪器和试剂

仪器：托盘天平、烧杯、量筒、漏斗、蒸发皿、酒精灯、减压过滤装置(布氏漏斗、吸滤瓶、真空泵)、研钵、酸式滴定管、锥形瓶、滤纸、石棉网、pH 精密试纸。

试剂：粗硫酸铜、H_2SO_4(1 mol·dm^{-3})、NaOH(0.5 mol·dm^{-3})、H_2O_2(3%)、HAc(1 mol·dm^{-3})、KI(10%)、淀粉(0.5%)、KSCN(10%)、$Na_2S_2O_3$标准溶液、NaF(饱和)。

四、实验内容

1. 粗硫酸铜的提纯

用托盘天平称取已研磨成细粉的粗硫酸铜固体 5g[1]，放入 100 cm^{3}洁净的烧杯中，加 20 cm^{3}蒸馏水，垫石棉网在酒精灯上加热，同时搅拌，当加热至粗硫酸铜刚好完全溶解后，立即停止。往溶液中加入 1 cm^3 3% H_2O_2和 3 滴 1 mol·dm^{-3}H_2SO_4溶液，继续在酒精灯上加热，逐滴滴加 0.5 mol·dm^{-3}NaOH 溶液至 pH≈4(用 pH 精密试纸检验)，继续加热片刻，将烧杯中的溶液静置 15 min，使 $Fe(OH)_3$沉淀完全。

过滤上述溶液(用干净的蒸发皿接受滤液)，然后在滤液中加入 3 滴 1 mol·dm^{-3} H_2SO_4使溶液酸化，将装有滤液的蒸发皿置于酒精灯上加热、蒸发、浓缩(勿加热过猛，

以免液体溅出)，至溶液表面刚出现薄层结晶时，立即停止加热，让其自然冷却，使 $CuSO_4 \cdot 5H_2O$ 结晶析出。将 $CuSO_4 \cdot 5H_2O$ 晶体全部转移到布氏漏斗中抽滤，尽量抽干，小心取出晶体，摊在两张滤纸之间并轻轻挤压以吸干其中的母液。称量，计算产率。

2. 铜含量的测定

准确称取已提纯的硫酸铜晶体 0.5 ~ 0.6 g(准确至 0.0001 g)3 份，分别放入 250 cm^3锥形瓶中，加 5 cm^3 1 $mol \cdot dm^{-3}$的 HAc 溶液及 50 cm^3蒸馏水，试样溶解后加入 10 cm^3饱和 NaF 溶液及 10 $cm^3$10% KI 溶液[2]，轻轻摇匀后置于暗处反应 5 min，然后用 $Na_2S_2O_3$标准溶液滴定至浅黄色，再加入 2 $cm^3$0.5% 淀粉溶液[3]，继续滴定至浅蓝色，然后加入 10 $cm^3$10% KSCN 溶液，再继续滴定至蓝色刚好消失即为终点。记录消耗 $Na_2S_2O_3$溶液的体积，计算 Cu 的含量。

$$w(Cu) = \frac{c(Na_2S_2O_3) \cdot V(Na_2S_2O_3) \cdot M(Cu)}{m_s} \times 100\%$$

式中，$w(Cu)$为铜的百分含量；m_s为硫酸铜晶体的质量；$M(Cu)$为铜的摩尔原子质量。

五、数据处理

表 4-1 数据记录

粗硫酸铜/g	
提纯后的硫酸铜/g	
提纯率/%	
铜含量/%	
产品的物理性质	

六、注意事项

[1]大块硫酸铜晶体应先用研钵研碎，使晶体成细粉。

[2]NaF 和 KI 溶液加入顺序不可颠倒，否则 NaF 起不到掩蔽 Fe^{3+} 的作用。

[3]淀粉溶液不宜加入过早，否则会吸附大量的 I_2，形成稳定的蓝色复合物，使终点颜色变化滞后。

思考题

1. 除 Fe^{3+}时，为什么要调节溶液的 pH ≈ 4？pH 太高或太低对实验结果有什么影响？

2. 用重结晶法提纯硫酸铜，蒸发滤液时为什么加热不能过猛？为什么不能将滤液蒸干？

3. 减压过滤和普通过滤有什么相同点和不同点？

4. 测定铜含量时，加 KSCN、NaF 溶液的作用是什么？

实验13　粗食盐的提纯

一、实验目的

1. 掌握提纯粗食盐的原理和方法。

2. 掌握称量、溶解、沉淀、蒸发、结晶、过滤等基本操作。

3. 了解有关离子的鉴定原理和方法。

二、实验原理

粗盐中常见的杂质有泥沙、氯化镁、氯化钙、硫酸盐等。我们可以将粗盐中常见的杂质分为两类，一是难溶性杂质（泥沙），二是可溶性杂质（Mg^{2+}、Ca^{2+}、Ba^{2+}、Fe^{3+}、Na^{+}、K^{+}、SO_4^{2-}、CO_3^{2-}等）。采用过滤法，除去粗盐中的难溶性杂质。可溶性杂质采用化学方法处理，使杂质离子转化成难溶物然后过滤除去。

在粗食盐溶液中滴加氯化钡，除去硫酸盐杂质，使SO_4^{2-}生成$BaSO_4$沉淀，过滤除去：

$$Ba^{2+} + SO_4^{2-} = BaSO_4 \downarrow$$

在滤液中滴加氢氧化钠、碳酸钠，使Mg^{2+}、Ca^{2+}、Ba^{2+}、Fe^{3+}等离子生成沉淀，过滤除去：

$$2Mg^{2+} + 2OH^- + CO_3^{2-} = Mg_2(OH)_2CO \downarrow$$

$$Ba^{2+} + CO_3^{2-} = BaCO_3 \downarrow$$

$$Ca^{2+} + CO_3^{2-} = CaCO_3 \downarrow$$

$$Fe^{3+} + 3OH^- = Fe(OH)_3 \downarrow$$

在滤液中加入盐酸[1]，中和过量的OH^-、CO_3^{2-}，加热使生成的碳酸分解为CO_2逸出[2]：

$$CO_3^{2-} + 2H^+ = H_2O + CO_2 \uparrow$$

粗食盐溶液中少量的K^+在蒸发、浓缩、结晶过程中，由于KCl和NaCl在相同温度条件下的溶解度不同，KCl的溶解度比NaCl的溶解度大，因此，过滤时KCl仍留在母液中，不会与NaCl一同结晶出来[3]。少量多余的盐酸在干燥NaCl时以氯化氢气体形式逸出，从而达到提纯NaCl的目的。

三、仪器与试剂

仪器：托盘天平、烧杯（100、250 cm^3）、量筒、石棉网、玻璃棒、研钵、酒精灯，蒸发皿、漏斗、洗瓶、试管及试管架、点滴板、表面皿、减压过滤装置（布氏漏斗、吸滤瓶、真空泵）。

试剂：粗食盐、$BaCl_2$ 溶液（1 mol · dm^{-3}）、Na_2CO_3 溶液（1 mol · dm^{-3}）、NaOH（2 mol · dm^{-3}）、HAc（6 mol · dm^{-3}）、HCl（2 mol · dm^{-3}）、$(NH_4)_2C_2O_4$（0.5 mol · dm^{-3}）、镁试剂、亚硝酸钴钠、广泛 pH 试纸。

四、实验内容

1. 定性鉴定

称取 1 g 粗食盐于一支试管中，加 5 cm^{3}蒸馏水使之溶解，检验是否有 K^+、Mg^{2+}、SO_4^{2-}、Ca^{2+}离子存在。

2. 粗食盐提纯

（1）将一定量的粗食盐置于研钵中，将其研碎后，称取 10 g 粗食盐于 250 cm^{3}烧杯，加 50 cm^{3}蒸馏水，搅拌使其溶解，如果粗食盐不溶解，可采用加热促进溶解。完全溶解后，加入 1 mol · dm^{-3}的 $BaCl_2$ 溶液 3 cm^3，加热 5 min，静止，检验沉淀是否完全（上层清液中滴加 1 mol · dm^{-3}的 $BaCl_2$ 溶液，不再产生沉淀为止）。如沉淀不完全，再滴加 1 mol · dm^{-3}的 $BaCl_2$ 溶液，使沉淀完全。再加热 5 min，过滤，用少量水洗涤烧杯，将 $BaSO_4$沉淀和粗食盐中的不溶性杂质一起除去。

（2）在滤液中加入 1 mol · dm^{-3}的 Na_2CO_3溶液 4 cm^3，2 mol · dm^{-3}的 NaOH 溶液 1.5 cm^3，使沉淀完全（检验沉淀是否完全的方法同上）；同上常规过滤，滤液用蒸发皿承接。

（3）滤液中滴加 2 mol · dm^{-3}的 HCl 溶液，使溶液的 pH = 6。加热浓缩至 10 cm^{3}左右，使成粥状（注意：不可蒸干！），减压过滤，尽量抽干。固体转至蒸发皿中，在石棉网上加热小心炒干，冷却称重，计算产率。

3. 产品检验

称取精制食盐 1 g 于试管中，加 5 cm^{3}蒸馏水溶解，检验是否有 K^+、Mg^{2+}、SO_4^{2-}、Ca^{2+}离子存在。

（1）SO_4^{2-}的检验：取 1 cm^{3}上述溶液于另一支试管中，滴加 1 mol · dm^{-3} $BaCl_2$溶液，观察是否有 $BaSO_4$沉淀生成。

（2）Ca^{2+}的检验：取 1 cm^{3}上述溶液于另一支试管中，滴加 2 ~ 3 滴 0.5 mol · dm^{-3} $(NH_4)_2C_2O_4$溶液，观察是否有 CaC_2O_4沉淀生成。

（3）Mg^{2+}的检验：取 1 cm^{3}上述溶液于另一支试管中，滴加 2 ~ 3 滴 2 mol · dm^{-3} NaOH 溶液，使溶液成碱性（可用 pH 试纸检验），再加入 2 ~ 3 滴镁试剂，观察现象。

（4）K^+的检验：取上述溶液 2 ~ 3 滴于点滴板中，滴加 6 mol · dm^{-3}的 HAc 溶液 2 ~ 3滴酸化，加入新配制的亚硝酸钴钠，观察是否有沉淀生成（若现象不明显，可用玻璃棒摩擦点滴板）。

五、数据处理

表4-2 数据记录

粗食盐质量/g	
提纯后的食盐质量/g	
提纯率/%	
产品的物理性质	

六、注意事项

[1]一般除杂添加试剂多为过量，此处由于添加 HCl 时，与 Na_2CO_3 反应有气泡冒出，因此可以控制 HCl 的量，从而做到适量。但是，这里无论添加适量 HCl 或是过量 HCl 都没太多影响。因为，HCl 具有挥发性，所以下一步加热蒸发过程中 HCl 会挥发，从而除去剩余的 HCl。

[2] $BaCl_2$ 必须比 Na_2CO_3 先加，才能除掉多余的 Ba^{2+}。

[3] NaCl 的溶解度随温度变化很小，不能用重结晶的方法进行纯化。

思考题

1. 本实验中，采用 Na_2CO_3 除去 Ca^{2+}、Mg^{2+} 等离子，为什么？是否可以用其他可溶性的碳酸盐？

2. 在加热之前，为什么一定要先加酸使溶液的 $pH<7$？为什么使用的一定是盐酸，而不是其他酸？

3. 除去 SO_4^{2-}、Ca^{2+}、Mg^{2+}、K^+ 离子的顺序是否可以颠倒过来？如先除去 Ca^{2+}、Mg^{2+} 离子再除去 SO_4^{2-}，两者有何不同？

4. 实验中采用的是什么方法提纯粗食盐？为什么最后在干燥时不可以将溶液蒸干？

实验14 硫酸亚铁铵的制备及纯度检验

一、实验目的

1. 了解复盐的一般特性，学习复盐硫酸亚铁铵的制备方法。
2. 熟练掌握水浴加热、热过滤、蒸发、结晶等基本实验制备操作。
3. 学习硫酸亚铁铵产品纯度的检验方法——比色法。

二、实验原理

硫酸亚铁铵，分子式为 $(NH_4)_2SO_4 \cdot FeSO_4 \cdot 6H_2O$，商品名为莫尔盐，为浅蓝绿色单斜晶体。一般亚铁盐在空气中易被氧化，而硫酸亚铁铵在空气中比一般亚铁盐要稳定，不易被氧化，并且价格低，制造工艺简单，容易得到较纯净的晶体，因此应用广泛。在定量分析中常用来配制亚铁离子的标准溶液。

和其他复盐一样，$(NH_4)_2SO_4 \cdot FeSO_4 \cdot 6H_2O$ 在水中的溶解度比组成它的每一组分 $FeSO_4$ 或 $(NH_4)_2SO_4$ 的溶解度都要小。利用这一特点，可通过蒸发浓缩 $FeSO_4$ 与 $(NH_4)_2SO_4$ 溶于水所制得的浓混合溶液制取硫酸亚铁铵晶体。3 种盐的溶解度数据列于表 4－3 中。

表 4－3　3 种盐的溶解度　　$g/100g\ H_2O$

温度/℃	$FeSO_4$	$(NH_4)_2SO_4$	$(NH_4)_2SO_4 \cdot FeSO_4 \cdot 6H_2O$
10	20.0	73	17.2
20	26.5	75.4	21.6
30	32.9	78	28.1

本实验先将铁粉溶于稀硫酸生成硫酸亚铁溶液：

$$Fe + H_2SO_4 = FeSO_4 + H_2 \uparrow$$

再往硫酸亚铁溶液中加入硫酸铵并使其全部溶解，加热浓缩制得的混合溶液冷却后即可得到溶解度较小的硫酸亚铁铵晶体。

$$FeSO_4 + (NH_4)_2SO_4 + 6H_2O = (NH_4)_2SO_4 \cdot FeSO_4 \cdot 6H_2O$$

用目视比色法可估计产品中所含杂质 Fe^{3+} 的量。Fe^{3+} 与 SCN^- 能生成红色物质 $[Fe(SCN)]^{2+}$，溶液的红色深浅与 Fe^{3+} 相关。将所制备的硫酸亚铁铵晶体与 KSCN 溶液在比色管中配制成待测溶液，将它所呈现的红色与含一定 Fe^{3+} 量所配制成的标准 $[Fe(SCN)]^{2+}$ 溶液的红色进行比较，确定待测溶液中杂质 Fe^{3+} 的含量范围，确定产品等级。

硫酸亚铁铵的产品中，含 Fe^{3+} 为 0.05 $mg \cdot g^{-1}$ 的为一级产品；含 Fe^{3+} 为 0.10 $mg \cdot g^{-1}$ 的为二级产品；含 Fe^{3+} 为 0.20 $mg \cdot g^{-1}$ 的为三级产品。

三、仪器与试剂

仪器：分析天平、锥形瓶（150 cm^3）、烧杯（100、400 cm^3）、量筒（10、100 cm^3）、恒温水浴锅、玻璃棒、热过滤漏斗、蒸发皿、减压过滤装置（布氏漏斗、吸滤瓶、真空泵）、容量瓶（1000 cm^3）、比色管（25 cm^3）、比色架。

试剂：铁粉（AR）、$(NH_4)_2SO_4$ 固体、浓 H_2SO_4、硫酸亚铁铵固体、C_2H_5OH（95%）、KSCN（25%）、HCl（3 $mol \cdot dm^{-3}$）、H_2SO_4（3 $mol \cdot dm^{-3}$）。

四、实验内容

1. $FeSO_4$的制备

用分析天平准确称取2.0 g铁粉(准确读数0.000 1 g)，放入锥形瓶中，往盛有铁粉的锥形瓶中加入15 cm^3 3 $mol \cdot dm^{-3}$ H_2SO_4，水浴加热至不再有气泡放出，趁热过滤[1]，将滤液收集到洁净的蒸发皿中，并用少量热水洗涤锥形瓶及滤纸上的残渣。将留在锥形瓶内和滤纸上的残渣收集在一起用滤纸片吸干后称重，计算得出实际发生反应的铁粉质量，进一步算出溶液中生成的$FeSO_4$的量。

2. $(NH_4)_2SO_4 \cdot FeSO_4 \cdot 6H_2O$的制备

根据溶液中$FeSO_4$的量，按反应方程式计算的需要的$(NH_4)_2SO_4$固体的质量，称取相应质量的$(NH_4)_2SO_4$固体，加入上述过滤后得到的$FeSO_4$溶液中。并在水浴上加热，搅拌使$(NH_4)_2SO_4$全部溶解，并用3 $mol \cdot dm^{-3}$ H_2SO_4调节溶液至pH 1~2，继续在水浴上蒸发、浓缩至表面出现结晶薄膜为止(蒸发过程不宜搅动溶液)。静置，使之缓慢冷却，$(NH_4)_2SO_4 \cdot FeSO_4 \cdot 6H_2O$晶体析出，减压过滤除去母液，并用少量95%乙醇洗涤晶体，抽干。将晶体取出，摊在两张吸水纸之间，轻压吸干。观察晶体的颜色和形状。称重，计算产率。

3. 产品检验[Fe(III)的限量分析]

(1) Fe(III)标准溶液的配制　称取0.8634 g $(NH_4)_2SO_4 \cdot Fe(SO_4)_2 \cdot 12H_2O$，溶于少量水中，加2.5 cm^3浓H_2SO_4，移入1000 cm^3容量瓶中，用水稀释至刻度。此溶液为0.1000 $g \cdot dm^{-3}$ Fe(III)标准溶液。

(2) 标准色阶的配制　取0.50 cm^3 Fe(III)标准溶液于25 cm^3比色管中，加2 cm^3 3 $mol \cdot dm^{-3}$ HCl和1 cm^3 25%的KSCN溶液，用蒸馏水稀释至刻度，摇匀，配制成Fe(III)标准液(含Fe^{3+}为0.05 $mg \cdot g^{-1}$，一级产品)。

同样，分别取0.05 cm^3 Fe(III)和2.00 cm^3 Fe(III)标准溶液，配制成Fe(III)标准溶液(含Fe^{3+}，分别为0.10 $mg \cdot g^{-1}$二级产品、0.20 $mg \cdot g^{-1}$三级产品)。

(3) 产品级别的确定　称取1.0 g产品于25 cm^3比色管中，用15 cm^3去离子水溶解，再加入2 cm^3 3 $mol \cdot dm^{-3}$ HCl和1 cm^3 25% KSCN溶液，加水稀释至25 cm^3，摇匀。与标准色阶进行目视比色，确定产品级别。

此产品分析方法是将成品配制成溶液与各标准溶液进行比色，以确定杂质含量范围。如果成品溶液的颜色不深于标准溶液，则认为杂质含量低于某一规定限度，这种分析方法称为限量分析。

五、数据处理

表 4-4 数据记录

硫酸亚铁铵的质量/g(实际值)	
硫酸亚铁铵的质量/g(理论值)	
产率/%	
产品的物理性质	
制备的硫酸亚铁铵的产品级别	

六、注意事项

[1] $FeSO_4$常温下溶解度较小，需要采用热过滤方法，操作方法详见第 2 章“六、普通化学实验中的分离与提纯技术”中的固液分离的方法 - 过滤法 - 热过滤。

思考题

1. 在制备 $FeSO_4$时，是 Fe 过量还是 H_2SO_4过量？为什么？

2. 本实验计算 $(NH_4)_2SO_4 \cdot FeSO_4 \cdot 6H_2O$ 的产率时，以 $FeSO_4$的量为准是否正确？为什么？

3. 浓缩 $(NH_4)_2SO_4 \cdot FeSO_4 \cdot 6H_2O$ 时能否浓缩至干？为什么？

4. 制备过程中为什么要保持硫酸亚铁和硫酸亚铁铵溶液有较强的酸性？

实验 15　三草酸合铁(Ⅲ)酸钾的制备、组成分析及性质

一、实验目的

1. 学习制备三草酸合铁(Ⅲ)酸钾的方法。
2. 学习用氧化还原滴定法测定 $C_2O_4^{2-}$ 和 Fe^{2+} 的原理和方法。
3. 了解三草酸合铁(Ⅲ)酸钾的性质。
4. 掌握确定化合物组成和化学式的基本原理和方法。
5. 综合训练无机合成及重量分析、滴定分析的基本操作。

二、实验原理

三草酸合铁(Ⅲ)酸钾，分子式为 $K_3[Fe(C_2O_4)_3] \cdot 3H_2O$，是一种亮绿色单斜晶体，易溶于水，难溶于有机溶剂。110℃时可失去全部结晶水，230℃时分解。该配合物

对光敏感，在日光照射或强光下进行下列光化学反应，分解变为黄色：

$$2[Fe(C_2O_4)_3]^{3-} = 2FeC_2O_4 + 3C_2O_4^{2-} + 2CO_2$$

分解生成的草酸亚铁遇六氰合铁(III)酸钾生成滕氏蓝，反应为：

$$3FeC_2O_4 + 2K_3[Fe(CN)_6] = Fe_3[Fe(CN)_6]_2 + 3K_2C_2O_4$$

因此，在实验室中可做成感光纸，进行感光实验。另外，由于它的光化学活性，能定量进行光化学反应，常用作化学光量计。同时，三草酸合铁(III)酸钾还是制备负载型活性铁催化剂的主要原料，也是一些有机反应很好的催化剂，因此在工业上具有一定的应用价值。

目前，制备三草酸合铁(III)酸钾的工艺路线有多种。本实验所采用的制备路线为：首先利用硫酸亚铁铵与草酸反应制备出草酸亚铁，然后在过量草酸根存在下，用过氧化氢氧化草酸亚铁即可制得三草酸合铁(III)酸钾配合物。加入乙醇后，从溶液中析出 $K_3[Fe(C_2O_4)_3]\cdot 3H_2O$ 晶体。反应式如下：

$$(NH_4)_2SO_4 \cdot FeSO_4 \cdot 6H_2O + H_2CO_4 = FeC_2O_4 \cdot 2H_2O\downarrow + (NH_4)_2SO_4 + H_2SO_4 + 4H_2O$$

$$2FeC_2O_4 \cdot 2H_2O + H_2O_2 + 3K_2C_2O_4 + H_2C_2O_4 = 2K_3[Fe(C_2O_4)_3]\cdot 3H_2O$$

该配合物的组成可用重量分析和滴定分析方法确定。

结晶水的含量采用重量分析法测定。将一定质量的 $K_3[Fe(C_2O_4)_3]\cdot 3H_2O$ 晶体，在110℃下干燥脱水，待脱水完全后称量，便可计算结晶水的质量分数。

草酸根含量采用氧化还原滴定法测定。草酸根在酸性介质中可被高锰酸钾定量氧化，反应式为：

$$5C_2O_4^{2-} + 2MnO_4^- + 16H^+ = 2Mn^{2+} + 10CO_2 + 8H_2O$$

用已知准确浓度的 $KMnO_4$ 标准溶液滴定 $C_2O_4^{2-}$。由消耗的高锰酸钾的量，便可以计算出 $C_2O_4^{2-}$ 的质量分数。

铁含量的测定也采用氧化还原滴定法。在上述测定草酸根后剩余的溶液中，用过量的还原剂锌粉将 Fe^{3+} 还原成 Fe^{2+}，将剩余锌粉过滤掉，然后用 $KMnO_4$ 标准溶液滴定 Fe^{2+}，反应式为：

$$Zn + 2Fe^{3+} = 2Fe^{2+} + Zn^{2+}$$

$$5Fe^{2+} + MnO_4^- + 8H^+ = 5Fe^{3+} + Mn^{2+} + 4H_2O$$

由消耗 $KMnO_4$ 溶液的体积计算出铁的质量分数。

钾的含量可根据配合物中铁、草酸根、结晶水的含量计算出，由总量100%减去铁、草酸根、结晶水的质量分数即为钾的质量分数。

由上述测定结果推断三草酸合铁(III)酸钾的化学式：

$$K^+ : C_2O_4^{2-} : H_2O : Fe^{3+} = \frac{K^+\%}{39.1} : \frac{C_2O_4^{2-}\%}{88.0} : \frac{H_2O\%}{18.0} : \frac{Fe^{3+}\%}{55.8}$$

三、仪器与试剂

仪器：分析天平、移液管、容量瓶、烧杯、锥形瓶、量筒、托盘天平、称量瓶、表面皿、滤纸、酸式滴定管、烘箱、减压过滤装置(布氏漏斗、吸滤瓶、真空泵)。

试剂：$KMnO_4$(AR)、$(NH_4)_2SO_4 \cdot FeSO_4 \cdot 6H_2O$ 固体、锌粉、H_2SO_4(3 mol·dm^{-3})、饱和 $K_2C_2O_4$ 溶液、$H_2C_2O_4$(1 mol·dm^{-3})、H_2O_2(3%)、乙醇(95%)、$Na_2C_2O_4$(AR)、铁氰化钾(AR)、六氰合铁酸钾(3.5%)。

四、实验内容

1. 三草酸合铁(III)酸钾的制备

用托盘天平称取5.0 g自制的硫酸亚铁铵固体，放入200 cm^3烧杯中，加入15 cm^3去离子水和1 cm^3 3 mol·dm^{-3} H_2SO_4溶液，加热溶解后，再加入25 cm^3 1 mol·dm^{-3} $H_2C_2O_4$溶液，搅拌加热至沸，维持微沸5 min。静置，得到黄色的 $FeC_2O_4 \cdot 2H_2O$ 晶体，待晶体沉降后倾析弃去上层清液。在沉淀上加入20 cm^3去离子水，搅拌并温热，静置后倾出上层清液。再洗涤一次以除去可溶性杂质。

往上述已洗涤过的沉淀中加入10 cm^3饱和 $K_2C_2O_4$溶液，水浴加热至40℃，用滴管缓慢滴加20 cm^3 3% H_2O_2，不断搅拌并保持温度40℃左右，使 Fe^{2+} 充分被氧化为 Fe^{3+}，加完后，将溶液加热至沸以除去过量的 H_2O_2(煮沸时间不宜过长，H_2O_2分解基本完全即停止加热)。再逐滴加入8 cm^3 1 mol·dm^{-3} $H_2C_2O_4$，使沉淀溶解，此时应快速搅拌(或用电磁搅拌器)。然后，将溶液过滤，在滤液中加入10 $cm^3$95%的乙醇。若滤液中已出现晶体可温热使生成的晶体溶解。冷却，结晶，抽滤至干。称量，计算产率，晶体置于干燥器内避光保存。

2. 三草酸合铁(III)酸钾的组成分析

将所得产品用研钵研成粉状，贮存备用。

(1) 结晶水含量的测定　将两个称量瓶洗净并编号，放入烘箱中，在110℃下干燥1 h，然后置于干燥器中冷却至室温，在分析天平上称量。然后再放到烘箱中110℃下干燥0.5 h，取出冷却、称重。重复上述干燥、冷却、称量操作，直至恒重(两次称量相差不超过0.3 mg)为止。

在分析天平上准确称取0.5~0.6 g产物各两份，分别放入上述两个已恒重的称量瓶中。置于烘箱中，在110℃下干燥1 h，取出后置于干燥器中冷至室温，称量。重复上述干燥(0.5 h)、冷却、称量等操作，直至恒重。

根据称量结果，计算结晶水含量(以质量分数表示)。

(2) 草酸根含量的测定　准确称取0.18~0.22 g干燥过的 $K_3[Fe(C_2O_4)_3]$ 样品3份，分别放入3个已编号的锥形瓶中，各加入约30 cm^3去离子水和10 cm^3 3 mol·dm^{-3} H_2SO_4。将溶液加热至75~85℃(不高于85℃，温度再高草酸易分解)，用0.02 mol·dm^{-3} $KMnO_4$标准溶液趁热滴定，开始反应速度很慢，第一滴滴入后，待紫红色褪去，再滴第二滴，溶液中产生 Mn^{2+} 后，由于 Mn^{2+} 的催化作用使反应速度加快，但滴定仍需逐滴加入，直到溶液呈粉红色且30 s内不褪色，即为终点。根据消耗的 $KMnO_4$标准溶液的体积，计算出 $C_2O_4^{2-}$ 的质量分数。滴定完的溶液保留待用。

(3) 铁含量的测定　将上述保留溶液中加入过量的还原剂锌粉，加热溶液近沸，直到黄色消失，使 Fe^{3+} 还原为 Fe^{2+}。用短颈漏斗趁热过滤以除去多余的锌粉，滤液用另一干净的锥形瓶盛接，再用5 cm^3蒸馏水洗涤漏斗内残渣锌粉2~3次，洗涤液一并收集在上述锥形瓶中。再用0.02 mol·dm^{-3} $KMnO_4$溶液滴定至溶液呈粉红色且30 s内不褪色。根据消耗的$KMnO_4$标准溶液的体积，计算出铁的质量分数。

由测得的 $C_2O_4^{2-}$、H_2O、Fe^{3+} 的质量分数可计算出 K^+ 的质量分数，从而确定配合物的组成及化学式。

3. 三草酸合铁(Ⅲ)酸钾的性质

(1) 将少量产品放在表面皿上，在日光下观察晶体颜色变化。与放在暗处的晶体比较。

(2) 制感光纸　按三草酸合铁(Ⅲ)酸钾0.3 g，铁氰化钾0.4 g，水5 cm^3的比例配成溶液，涂在纸上即成感光纸。附上图案，在日光直照下(或红外灯光下)数秒钟，曝光部分呈深蓝色，被遮盖的部分就显影出图案来。

(3) 配感光液　取0.3~0.5 g三草酸合铁(Ⅲ)酸钾，加5 cm^3去离子水配成溶液，用滤纸条做成感光纸。同上操作。曝光后去掉图案，用约3.5%六氰合铁(Ⅲ)酸钾溶液湿润或漂洗即显影映出图案来。

五、数据处理

表4-5　数据记录

三草酸合铁(Ⅲ)酸钾的质量/g(实际值)		
三草酸合铁(Ⅲ)酸钾的质量/g(理论值)		
产率/%		
产品的物理性质		
三草酸合铁(Ⅲ)酸钾的组成分析/%	结晶水的含量	
	草酸根的含量	
	铁的含量	

思考题

1. 制备该配合物时加入3% H_2O_2后为什么要煮沸溶液？煮沸时间过长对实验有何影响？
2. 在制备的最后一步能否用蒸干的办法来提高产率？为什么？
3. 最后在溶液中加入乙醇的作用是什么？
4. 影响三草酸合铁(Ⅲ)酸钾产率的主要因素有哪些？
5. 三草酸合铁(Ⅲ)酸钾见光易分解，应如何保存？

实验 16　硫代硫酸钠的制备和纯度检验

一、实验目的

1. 掌握硫代硫酸钠的制备原理和方法。
2. 熟练蒸发、浓缩、结晶、减压过滤等基本操作。
3. 掌握硫代硫酸钠纯度检验方法。

二、实验原理

用亚硫酸钠溶液和硫粉加热反应可制得硫代硫酸钠。反应如下：

$$Na_2S_2O_3 + S \xlongequal{\triangle} Na_2S_2O_3$$

反应结束后，过滤得到 $Na_2S_2O_3$ 溶液，然后将溶液蒸发浓缩、冷却，即可得 $Na_2S_2O_3 \cdot 5H_2O$ 晶体。硫代硫酸钠产品的纯度检验，采用 I_2 标准溶液滴定法。取一定量的硫代硫酸钠溶于水，加 HAc－NaAc 缓冲溶液(保持溶液的弱酸性)，以淀粉为指示剂，用 I_2 标准溶液滴定到溶液呈蓝色，计算硫代硫酸钠的含量。

三、仪器与试剂

仪器：托盘天平、烧杯、量筒、玻璃棒、洗瓶、酒精灯、研钵、铁架台、铁圈、减压过滤装置(布氏漏斗、吸滤瓶、真空泵)、试管、石棉网。

试剂：Na_2SO_3 固体、硫粉、乙醇(95%)、淀粉(0.2%)、酚酞、HAc－NaAc 缓冲溶液、I_2 标准溶液($0.1\ mol \cdot dm^{-3}$)。

四、实验内容

1. 硫代硫酸钠的制备

称取 2 g 硫粉，放入 100 cm^3 洁净烧杯中，加 1 cm^3 乙醇使其润湿，再称 6 g Na_2SO_3 固体置于烧杯中，加入 30 cm^3 蒸馏水，加热并不断搅拌，待溶液沸腾后改用小火加热，不断地用玻璃棒搅拌，保持沸腾状态 1 h 左右，直至仅剩少许硫粉悬浮于溶液中[1]。趁热过滤，将滤液转移到蒸发皿中进行浓缩，直至溶液中有一些晶体析出(或溶液呈微黄色浑浊)时，立即停止加热[2]，冷却，使 $Na_2S_2O_3 \cdot 5H_2O$ 结晶析出[3]。减压过滤，并用少量乙醇洗涤晶体，尽量抽干，将晶体放入烘箱中，在 40℃ 下干燥 40～60 min。称量，计算产率。

2. 纯度检验

称取 0.5 g(准确到 0.0001 g)硫代硫酸钠试样，用少量蒸馏水溶解，加入 10 cm^3 HAc－NaAc 缓冲溶液，以保持溶液的弱酸性。然后用 I_2 标准溶液滴定，以淀粉为指示剂，滴定到溶液呈蓝色且 1 min 内不褪即为终点。

$$w\,(Na_2S_2O_3 \cdot 5H_2O) = \frac{V\,(I_2) \times c\,(I_2) \times 0.2482 \times 2}{m_s} \times 100\%$$

式中，$w\,(Na_2S_2O_3 \cdot 5H_2O)$为$Na_2S_2O_3 \cdot 5H_2O$ 的百分含量；m_s为制备的硫代硫酸钠晶体的质量。

五、数据处理

表 4－6　数据记录

硫代硫酸钠晶体的质量/g(实际值)	
硫代硫酸钠晶体的质量/g(理论值)	
产率/%	
产品的物理性质	
制备的硫代硫酸钠晶体的百分含量/%	

六、注意事项

[1]反应过程中可适当补加蒸馏水，保持溶液体积不少于 20 cm^3。

[2]蒸发浓缩的溶液不能蒸干。

[3]若冷却较长时间后无晶体析出，可用玻璃棒轻轻摩擦蒸发皿内壁或投放一粒 $Na_2S_2O_3 \cdot 5H_2O$ 晶体以促使晶体析出。

思考题

1. 减压过滤后，为什么要用乙醇洗涤？
2. 蒸发浓缩时，为何不能蒸干溶液？
3. 纯度检验时，为什么要加入 HAc－NaAc 缓冲溶液保持溶液呈弱酸性？

实验 17　软锰矿制备高锰酸钾

一、实验目的

1. 了解碱熔法分解矿石及电解法制备高锰酸钾的基本原理和操作方法。
2. 掌握锰的各主要价态之间的转化关系。

二、实验原理

软锰矿(主要成分为 MnO_2)与碱和氧化剂混合后共熔，即可得到墨绿色的锰酸钾熔体：

$$3MnO_2 + 6KOH + KClO_3 = 3K_2MnO_4 + KCl + 3H_2O$$

锰酸钾溶于水并发生歧化反应，生成高锰酸钾：

$$3MnO_4^{2-} + 2H_2O = 2MnO_4^- + MnO_2 + 4OH^-$$

为使反应顺利进行，必须随时中和所生成的氢氧根，常用的方法是通入二氧化碳，但用此法锰酸钾的最高转化率也仅达 66.7%，为了提高锰酸钾的转化率，较好的办法是电解锰酸钾溶液：

阳极　$2MnO_4^{2-} = 2MnO_4^- + 2e$

阴极　$2H_2O + 2e = H_2 + 2OH^-$

总反应　$2MnO_4^{2-} + 2H_2O = 2MnO_4^- + 2OH^- + H_2\uparrow$

三、仪器与试剂

仪器：托盘天平、铁坩埚(60 cm^3)、烧杯(150 cm^3)、铁夹、铁搅拌棒、防护眼镜、温度计、镍片、减压过滤装置(布氏漏斗、吸滤瓶、真空泵)、粗铁丝、蒸发皿。

试剂：软锰矿(200 目)、KOH 固体、$KClO_3$固体、厚的确良布。

四、实验内容

1. 锰酸钾溶液的制备

将 8 g 固体 $KClO_3$、15 g 固体 KOH 与 15 g 软锰矿先混合均匀，再放入 60 cm^3的铁坩埚内，用铁夹将坩埚夹紧并固定在铁架上，戴上防护眼镜，然后小心加热并用铁棒搅拌，当熔融物的黏度逐渐增大时，要大力搅拌以防结块。待反应物干涸后，再强热 5 min 并适当翻动。

铁坩埚冷却后，取出熔块并置于烧杯中，用80 cm^3水浸取，微热、搅拌至熔块全部分散，用铺有厚的确良布的布氏漏斗减压过滤，即可得到墨绿色的锰酸钾溶液。

2. 锰酸钾转化为高锰酸钾

(1) 电解法　把制得的锰酸钾溶液倒入 150 cm^3的烧杯中，加热至 330 K，装上电极，阳极为两块光滑的镍片，浸入溶液的面积约为32 cm^2，阴极则由一条粗铁丝弯曲而成。浸入溶液的面积为阳极的 1/10，电极间距离约 0.5 ~ 1.0 cm，通电后阳极的电流密度为 30 ~ 60 $mA \cdot cm^{-2}$，阴极的电流密度为 300 ~ 600 $mA \cdot cm^{-2}$，槽电压约为 2.5 V，这时可看到阴极上有气体放出，溶液也由墨绿色转变为紫红色。当反应 0.5 ~ 1 h 后，即可看到烧杯底部沉积出的 $KMnO_4$ 晶体。停止通电，取出电极，用铺有厚的确良布的布氏漏斗将晶体抽干、称重、母液回收。

(2) 二氧化碳法　当熔块在水中完全分散后，过滤，在滤液中趁热通入 CO_2，直至锰酸钾完全转化为 $KMnO_4$ 和 MnO_2 为止(试用简便方法确定锰酸钾已转化完全)。然后用铺有厚的确良布的布氏漏斗减压过滤，弃去 MnO_2残渣，将滤液转入蒸发皿中，浓缩至表面析出 $KMnO_4$晶体为止，冷却，抽滤至干，依前法重结晶、烘干、称重、回收产品。

五、数据处理

表4－7 数据记录

高锰酸钾的质量/g（实际值）	
高锰酸钾的质量/g（理论值）	
产率/%	
产品的物理性质	

思考题

1. 在用氢氧化钾熔解软锰矿的过程中，应注意哪些安全问题？
2. 烘干高锰酸钾晶体时，应注意什么问题？为什么？

实验18 新鲜蔬菜中β-胡萝卜素的提取、分离和测定

一、实验目的

1. 学习从新鲜蔬菜中提取、分离和测定β－胡萝卜素的方法。
2. 熟练掌握柱层析和紫外－可见分光光度计的操作。

二、实验原理

胡萝卜素广泛存在于植物的茎、叶、花或果实中，如胡萝卜、红薯、菠菜等中都含有丰富的胡萝卜素。由于它首先是在胡萝卜中发现的，因此得名胡萝卜素。胡萝卜素是四萜类化合物中最重要的代表物，有α、β、γ 3种异构体，其中以β-胡萝卜素含量最高，生理活性最强，也最重要。β-胡萝卜素的结构式如下：

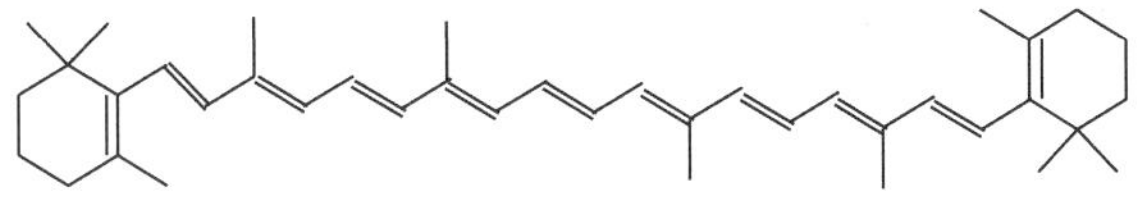

β-胡萝卜素是维生素A的前体，具有类似维生素A的活性，它的整个分子是对称的，分子中间的双键容易氧化断裂，如在动物体内即可断裂，形成两分子维生素A，因此β-胡萝卜素又称为维生素A元。从结构上看，β-胡萝卜素是含有11个共轭双键的长链多烯化合物，它的$\pi \to \pi^*$跃迁吸收带处于可见光区，因此纯的β-胡萝卜素是橘红色晶体。

胡萝卜素不溶于水，可溶于有机溶剂中，因此植物中胡萝卜素可以用有机溶剂提

取。但有机溶剂也能同时提取植物中叶黄素、叶绿素等成分，对测定会产生干扰，需要用适当的方法加以分离。本实验采用柱层析法将提取液中β-胡萝卜素分离出来，经分离提纯的β-胡萝卜素含量可以直接用紫外-可见分光光度法测定。

三、仪器与试剂

仪器：UV-1201(或其他型号)紫外-可见分光光度计、层析柱(10mm×20 mm)、玻璃漏斗、分液漏斗、容量瓶(100、50、10 cm^3)、研钵、水泵、吸量管(1 cm^3)。

试剂：活性 MgO、丙酮、正己烷、硅藻土助滤剂、无水 Na_2SO_4。

四、实验内容

1. 样品处理

将新鲜胡萝卜洗净后粉碎混匀，称取 2 g 于研钵中，加 10 cm^3 1∶1 丙酮-正己烷混合溶剂，研磨 5 min，将浸提液滤入预先盛有 50 cm^3 蒸馏水的分液漏斗中，残渣加 10 cm^3 1∶1 丙酮-正己烷混合溶剂研磨，过滤，重复此项操作直到浸提液无色为止，合并浸提液，每次用 20 cm^3 蒸馏水洗涤 2 次，将洗涤后的水溶液合并，用 10 cm^3 正己烷萃取水溶液，与前浸提液合并供柱层析分离。

2. 柱层析分离

将 2 g 活性 MgO 与 2 g 硅藻土助滤剂混合均匀，作为吸附剂，疏松地装入层析柱中，然后用水泵抽气使吸附剂逐渐密实，再在吸附剂顶面盖上一层约 5 mm 厚的无水 Na_2SO_4。将样品浸提液逐渐倾入层析柱中，在连续抽气条件下(或用洗耳球吹)使浸提液流过层析柱。用正己烷冲洗层析柱，使胡萝卜素谱带与其他色素谱带分开。当胡萝卜素谱带移过柱中部后，用 1∶9 丙酮-正己烷混合溶剂洗脱并收集流出液，β-胡萝卜素将首先从层析柱流出，而其他色素仍保留在层析柱中，将洗脱的β-胡萝卜素流出液收集在 50 cm^3 容量瓶中，用 1∶9 丙酮-正己烷混合溶剂定容。

3. 制作标准曲线

用逐级稀释法准确配制 25 $\mu g \cdot cm^{-3}$ β-胡萝卜素正己烷标准溶液。分别吸取该溶液 0.40、0.80、1.20、1.60、2.00 cm^3 于 5 个 10 cm^3 容量瓶中，用正己烷定容。

用 1 cm 石英比色皿，以正己烷为参比，测定其中一个标准溶液的紫外可见吸收光谱，分别测定 5 个β-胡萝卜素标准溶液的最大吸光度(测定的波长范围为 350～550 nm)。

4. 测定样品浸提液中β-胡萝卜素的含量

将经过柱层析分离后的β-胡萝卜素溶液以 1∶9 丙酮-正己烷溶剂为参比，在紫外-可见光分光光度计上测定其吸收光谱(350～550 nm)及最大吸光度。

五、数据处理

(1) 绘制β-胡萝卜素标准曲线。

（2）确定样品溶液 λ_{max} 处的吸光度，计算 β-胡萝卜素的含量。

$$w(\beta\text{-胡萝卜素}) = \frac{50\rho}{m} \times 10^6$$

式中，ρ 为标准曲线上查得的 β-胡萝卜素质量浓度（$\mu g \cdot cm^{-3}$）；m 为胡萝卜样品的质量。

思考题

胡萝卜素为什么采用柱层析分离？

第 5 章　物质的性质

实验 19　电离平衡与沉淀溶解平衡

一、实验目的

1. 掌握电离平衡和同离子效应等理论。
2. 了解盐的水解作用及其影响因素。
3. 学习缓冲溶液的性质与配制。
4. 根据溶度积规则，熟悉沉淀生成、溶解和转化等进行的条件。

二、实验原理

1. 测定溶液酸度的方法

溶液的酸度常用 pH 值表示，其含义是指溶液中 H^+ 离子浓度的负对数，即

$$pH = -\lg[c(H^+)/c^\ominus]$$

确定溶液 pH 值的方法包括 pH 试纸法、酸碱混合指示剂法和酸度计(pH 计)法等。酸碱混合指示剂(或称通用指示剂)是指由两种或更多的指示剂以一定比例混合所成的体系，由于颜色的互补作用，混合指示剂变色更敏锐，可在不同的 pH 值下显示出不同的颜色变化。

2. 弱电解质的电离平衡及移动

若 AB 为弱电解质(弱酸或弱碱)，则在水溶液中存在下列电离平衡：

$$AB \rightleftharpoons A^+ + B^-$$

根据化学平衡原理，弱电解质达到电离平衡时，已电离的各型体的浓度与未电离分子的浓度之间的关系为：

$$\frac{[c(A^+)/c^\ominus]\times[c(B^-)/c^\ominus]}{[c(AB)/c^\ominus]} = K_i^\ominus$$

式中，$K_i^\ominus$ 为标准电离常数；$c^\ominus$ 为标准浓度($1\ mol \cdot dm^{-3}$)。

在此平衡体系中，若加入含有与弱电解质相同离子的强电解质，即增加 A^+ 或 B^- 离子的浓度，则平衡向生成 AB 分子的方向移动，使弱电解质 AB 电离度显著降低，这种效应叫作同离子效应。当加入不含相同离子的强电解质时，弱电解质的电离度将稍增大，这种现象称为盐效应。

3. 盐的水解

盐的水解是盐的离子与水中 H^+ 离子或 OH^- 离子作用，生成相应弱酸或弱碱的反

应。水解后溶液的酸碱性取决于盐的类型。不同盐溶液水解后的酸度，可根据以下关系计算：

弱酸强碱盐 $c[H^+]/c^\ominus=\sqrt{\dfrac{K_w^\ominus\times K_a^\ominus}{c_s}}$ $\quad pH=7+\dfrac{1}{2}(pK_a^\ominus+\lg c_s)$

弱碱强酸盐 $c[H^+]/c^\ominus=\sqrt{\dfrac{K_w^\ominus\times c_s}{K_b^\ominus}}$ $\quad pH=7-\dfrac{1}{2}(pK_b^\ominus+\lg c_s)$

弱酸弱碱盐 $c[H^+]/c^\ominus=\sqrt{\dfrac{K_w^\ominus}{K_a^\ominus\times K_b^\ominus}}$ $\quad pH=7+\dfrac{1}{2}(pK_a^\ominus-pK_b^\ominus)$

式中，c_s表示盐的浓度；$K_a^\ominus$ 和 $K_b^\ominus$ 分别为相应弱酸和弱碱的标准电离常数；$K_w^\ominus$ 为水的离子积。

4. 缓冲溶液的性质与配制

弱酸及其盐(如 HAc 与 NaAc)或弱碱及其盐(如 $NH_3\cdot H_2O$ 与 NH_4Cl)所构成的溶液体系，能在一定程度上具有抗酸、抗碱和抗稀释的作用，即当另外加入少量酸、碱或进行稀释时，该混合体系的 pH 值基本不变。这种体系称为缓冲溶液。

缓冲溶液的酸度可根据下式进行计算：

(1) 弱酸及其盐组成的缓冲溶液

$$c[H^+]/c^\ominus=K_a^\ominus\times\frac{c_a}{c_s}\qquad pH=pK_a^\ominus-\lg\frac{c_a}{c_s}$$

(2) 弱碱及其盐组成的缓冲溶液

$$c[H^+]/c^\ominus=\frac{K_w^\ominus}{K_b^\ominus}\times\frac{c_s}{c_b}\qquad pH=14-(pK_b^\ominus-\lg\frac{c_a}{c_s})$$

式中，c_a和c_b分别为溶液中弱酸和弱碱的浓度；c_s为对应的弱酸盐或弱碱盐的浓度。

缓冲溶液一般由弱酸及其盐、弱碱及其盐组成，如 HAc – NaAc 体系、$NH_3\cdot H_2O$ – NH_4Cl 体系、$NaHCO_3$ – Na_2CO_3体系等都可作为缓冲溶液。常见的缓冲体系及使用范围参看表 5 – 1。

表 5 – 1 常见的缓冲溶液体系及使用范围

缓冲体系	$K_a^\ominus$ 或 $K_b^\ominus$	缓冲范围(pH 值)
$HF-NH_4F$	$6.7\times10^{-4}(K_a^\ominus)$	2 ~ 4
$HAc-NaAc$	$1.8\times10^{-5}(K_a^\ominus)$	4 ~ 6
$H_2CO_3-NaHCO_3$	$4.2\times10^{-7}(K_{a1}^\ominus)$	5 ~ 7
$NaH_2PO_4-Na_2HPO_4$	$6.2\times10^{-8}(K_{a2}^\ominus)$	6 ~ 8
$NH_3\cdot H_2O-NH_4Cl$	$1.8\times10^{-5}(K_b^\ominus)$	8 ~ 10
$NaHCO_3-Na_2CO_3$	$4.8\times10^{-11}(K_{a2}^\ominus)$	9 ~ 11

5. 沉淀溶解平衡

在难溶电解质的饱和溶液中，未溶解的难溶电解质和溶液中相应的离子之间可建立多相离子平衡。例如，在 PbI_2 的饱和溶液中，可建立如下的多相平衡：

$$PbI_2(s) \rightleftharpoons Pb^{2+} + 2I^-$$

难溶电解质达到沉淀溶解平衡时，其平衡常数表达式为：

$$K_{sp}^{\Theta} = [c_e(Pb^{2+})/c^{\Theta}] \times [c_e(I^-)/c^{\Theta}]^2$$

式中，K_{sp}^{Θ} 称为溶度积常数；$c_e(Pb^{2+})$ 和 $c_e(I^-)$ 表示平衡浓度。根据化学平衡原理，K_{sp}^{Θ} 是指在难溶电解质的饱和溶液中，其相应的平衡离子浓度以其计量系数为指数的幂的乘积。

根据溶度积常数，利用不同条件下相应的离子积可判断沉淀的生成和溶解。

例如，当将 $Pb(Ac)_2$ 和 KI 两种溶液混合时：

① $[c(Pb^{2+})/c^{\Theta}] \times [c(I^-)/c^{\Theta}]^2 > K_{sp}^{\Theta}$，溶液过饱和，有沉淀生成；

② $[c(Pb^{2+})/c^{\Theta}] \times [c(I^-)/c^{\Theta}]^2 = K_{sp}^{\Theta}$，饱和溶液；

③ $[c(Pb^{2+})/c^{\Theta}] \times [c(I^-)/c^{\Theta}]^2 < K_{sp}^{\Theta}$，溶液未饱和，无沉淀生成。

式中，$c(Pb^{2+})$、$c(I^-)$ 为任意浓度。

实际上，溶液往往是含有多种离子的混合液，当加入某种试剂时，可能与溶液中几种离子发生沉淀反应。某些离子首先沉淀，另一些离子后沉淀，这种现象称为分步沉淀。

沉淀的先后次序可根据溶度积规则加以判断；溶液中离子浓度的乘积先达到其自身沉淀的溶度积的先沉淀，后达到的后沉淀。

使一种难溶电解质转化为另一种难溶电解质，即把一种沉淀转化为另一种沉淀的过程称为沉淀的转化。一般来说，对相同类型的难溶电解质，溶度积大的难溶电解质容易转化为溶度积小的难溶电解质。

三、仪器与试剂

仪器：试管、试管架、试管夹、玻璃棒、量筒(10 cm^3)、洗瓶、点滴板。

试剂：HCl(2 $mol \cdot dm^{-3}$，0.1 $mol \cdot dm^{-3}$)、NaOH(0.1 $mol \cdot dm^{-3}$，6 $mol \cdot dm^{-3}$)、HAc(0.2 $mol \cdot dm^{-3}$，0.1 $mol \cdot dm^{-3}$)、$NH_3 \cdot H_2O$(2 $mol \cdot dm^{-3}$，0.1 $mol \cdot dm^{-3}$)、$AgNO_3$(0.1 $mol \cdot dm^{-3}$)、NaCl(0.2 $mol \cdot dm^{-3}$，0.1 $mol \cdot dm^{-3}$)、NH_4Cl(饱和，0.1 $mol \cdot dm^{-3}$)、Na_2CO_3(饱和，0.1$mol \cdot dm^{-3}$)、NaAc(0.2 $mol \cdot dm^{-3}$，0.1 $mol \cdot dm^{-3}$)、$NaNO_3$(固体)、NH_4Ac(0.1 $mol \cdot dm^{-3}$)、$BiCl_3$(1 $mol \cdot dm^{-3}$)、$Pb(Ac)_2$(0.01 $mol \cdot dm^{-3}$)、KI(0.02 $mol \cdot dm^{-3}$)、$Al_2(SO_4)_3$(饱和)、$Pb(NO_3)_2$(0.1 $mol \cdot dm^{-3}$)、K_2CrO_4(0.1 $mol \cdot dm^{-3}$)、$HgCl_2$(0.1 $mol \cdot dm^{-3}$)、酚酞、甲基橙、混合指示剂、锌片、H_2S(饱和溶液)、Na_2S(0.1 $mol \cdot dm^{-3}$)、pH 试纸(广泛，精密)。

四、实验内容

1. 强弱电解质溶液的比较

(1) 分别在 2 支试管中加入 1 cm^3 0.1 $mol \cdot dm^{-3}$ HCl 和 0.1 $mol \cdot dm^{-3}$ HAc，然后

再各加 1 cm^3 离子交换水，最后再各加 1 滴甲基橙，观察溶液的颜色。

（2）分别在两片 pH 试纸上滴上 1 滴 0.1 mol · dm^{-3} HCl 和 0.1 mol · dm^{-3} HAc 溶液，观察 pH 试纸的颜色并与计算值相比较。

2. 弱电解质溶液中的电离平衡及移动

（1）往试管中加入 2 mol · dm^{-3} $NH_3 \cdot H_2O$ 溶液，再滴加 1 滴酚酞指示剂，观察溶液显什么颜色。然后将此溶液分盛于 2 支试管中，往一支试管中加入 3 滴饱和 NH_4Cl 溶液并摇荡，观察溶液的颜色，并与另一支试管中的溶液相比较。

（2）在试管中加入 2 cm^3 0.1 mol · dm^{-3} HAc 溶液，再加入甲基橙 1 滴，观察溶液显什么颜色，然后将此溶液分盛于 2 支试管中，往一支试管中加入 10 滴 0.1 mol · dm^{-3} NaAc 溶液并摇荡，观察溶液颜色有何变化。

3. 盐类水解和影响水解的因素

（1）盐类水解的 pH 值测定

① pH 标准色阶制作方法：分别滴加 pH 值为 4、5、6、7、8、9、10 的缓冲溶液 2 滴于点滴板的凹穴中，各加入通用指示剂 1 滴，观察颜色变化。保留供下面实验测 pH 值用。

② 测定下列各类盐水解溶液的 pH 值：在点滴板凹穴中，分别加入浓度各为 0.1 mol · dm^{-3}的 NaCl、NH_4Cl、Na_2CO_3、NH_4Ac 和 NaAc 溶液各 2 滴，再各加通用指示剂 1 滴，与 pH 值标准色阶比较，判断各盐溶液的 pH 值，写出水解离子反应式。

③ 测定土壤的 pH 值：取一小勺土壤放在点滴板凹穴中，加通用指示剂 5 滴，从渗出液的颜色，判断土壤试样的 pH 值。

（2）温度对水解度的影响　在试管中加入 2 cm^3 0.2 mol · dm^{-3} NaAc 溶液和 1 滴酚酞指示剂，加热至沸腾，观察溶液的颜色变化，并解释观察到的现象。

（3）溶液酸度对水解平衡的影响　在试管中加入 2 cm^3 离子交换水，然后加入 1 滴 1 mol · dm^{-3} $BiCl_3$ 溶液，观察沉淀的产生。再加入 2 mol · dm^{-3} HCl 溶液，观察沉淀是否溶解。解释观察到的现象。

4. 缓冲溶液的性质与配制

（1）在 2 支试管中分别加入 1 cm^3 0.2 mol · dm^{-3} NaCl 溶液，用 pH 试纸测定它的 pH 值。然后向其中一支试管中加入 1 滴 0.1 mol · dm^{-3} HCl 溶液，向另一支试管中加 1 滴 0.1 mol · dm^{-3} NaOH 溶液，分别用 pH 试纸测定它们的 pH 值。

（2）往一支大试管中，加入 0.2 mol · dm^{-3} HAc 和 0.2 mol · dm^{-3} NaAc 溶液各 5.0 cm^3，用玻璃棒搅匀，配制成 HAc – NaAc 缓冲溶液。用 pH 试纸测定该溶液的 pH 值，并与计算值比较。将溶液分成 2 份，一份加入 2 滴 0.1 mol · dm^{-3} HCl 溶液，另一份加入 2 滴 0.1 mol · dm^{-3} NaOH 溶液，分别测定各溶液 pH 值。

与上一实验作比较，由此可得出什么结论？

（3）配制 pH = 4.0 的缓冲溶液 50 cm^3，应取 0.2 mol · dm^{-3} HAc 溶液和 0.1 mol · dm^{-3} NaAc 溶液各多少 cm^3？用精密 pH 试纸测试所配制好的缓冲溶液的 pH 值。

5. 沉淀溶解平衡

（1）沉淀的生成　取 5 滴 0.01 mol·dm^{-3} $Pb(Ac)_2$溶液，加入 5 滴 0.02 mol·dm^{-3} KI 溶液于一支大试管中，摇动试管，观察有无沉淀生成。

若有沉淀生成再加入 10 cm^3离子交换水，用玻璃棒搅动片刻，观察沉淀能否溶解。试用实验结果证明溶度积规则。

（2）分步沉淀　取 1 滴 0.1 mol·dm^{-3} $AgNO_3$溶液和 1 滴 0.1 mol·dm^{-3} $Pb(NO_3)_2$溶液于试管中，加 10～15 cm^3离子交换水稀释，摇匀后，加入 0.1 mol·dm^{-3} K_2CrO_4溶液 1 滴，并不断摇动试管，观察沉淀的颜色，继续滴加 K_2CrO_4溶液，沉淀颜色有何变化？

根据沉淀颜色的变化和溶度积规则，判断哪一种难溶物质先沉淀。

（3）沉淀的转化　取 5 滴 0.1 mol·dm^{-3} $AgNO_3$溶液注入试管中，加入 1 滴 0.1 mol·dm^{-3} K_2CrO_4溶液，振荡，观察沉淀的颜色。再在其中加入 0.2 mol·dm^{-3} NaCl 溶液，边加边振荡，直到砖红色沉淀消失、有白色沉淀生成为止。写出相关的反应方程式，并根据溶度积原理解释。

（4）沉淀的溶解

① 在 2 支试管中分别加入 5 滴 0.1 mol·dm^{-3} $MgCl_2$溶液，并逐滴加入 2 mol·dm^{-3} $NH_3 \cdot H_2O$ 至有白色 $Mg(OH)_2$沉淀生成。

往第一支试管中加入 2 mol·dm^{-3} HCl 溶液，沉淀是否溶解？往第二支试管中加入饱和 NH_4Cl 溶液，沉淀是否溶解？加入 HCl 或 NH_4Cl 对平衡各有何影响？

② 取 5 滴 0.01 mol·dm^{-3} $Pb(Ac)_2$溶液和 5 滴 0.02 mol·dm^{-3} KI 溶液于试管中，振荡试管，在该混合溶液中，再加入少量固体 $NaNO_3$，摇动试管，观察 PbI_2沉淀又溶解，为什么？

五、数据处理

表 5－2　数据记录

项目	实验现象/实验结果		
1. 强弱电解质溶液的比较	（1）		
	（2）		
2. 弱电解质溶液中的电离平衡及移动	（1）		
	（2）		
3. 盐类水解和影响水解的因素	（1）	0.1 mol·dm^{-3} NaCl 的 pH 值	
		0.1 mol·dm^{-3} NH_4Cl 的 pH 值	
		0.1 mol·dm^{-3} Na_2CO_3的 pH 值	
		0.1 mol·dm^{-3} NH_4Ac 的 pH 值	
		0.1 mol·dm^{-3} NaAc 的 pH 值	
	（2）		
	（3）		

（续）

<table>
<tr><th>项目</th><th colspan="4">实验现象/实验结果</th></tr>
<tr><td rowspan="8">4. 缓冲溶液的性质与配制</td><td rowspan="3">（1）</td><td colspan="2">0. 2 mol · dm^{-3} NaCl 的 pH 值</td><td></td></tr>
<tr><td colspan="2">0. 1 mol · dm^{-3} HCl 的 pH 值</td><td></td></tr>
<tr><td colspan="2">0. 1 mol · dm^{-3} NaOH 的 pH 值</td><td></td></tr>
<tr><td rowspan="3">（2）</td><td rowspan="2">HAc – NaAc 缓冲溶液的 pH 值</td><td>测定值</td><td></td></tr>
<tr><td>计算值</td><td></td></tr>
<tr><td colspan="3">结论：</td></tr>
<tr><td colspan="2" rowspan="2">（3）配制 pH = 4. 0 的缓冲溶液 50 cm^3</td><td>0. 2 mol · dm^{-3} HAc/cm^3</td><td></td></tr>
<tr><td>0. 1 mol · dm^{-3} NaAc/ cm^3</td><td></td></tr>
<tr><td rowspan="5">5. 沉淀溶解平衡</td><td colspan="4">（1）</td></tr>
<tr><td colspan="4">（2）</td></tr>
<tr><td colspan="4">（3）</td></tr>
<tr><td rowspan="2">（4）</td><td colspan="3">①</td></tr>
<tr><td colspan="3">②</td></tr>
</table>

思考题

1. 已知 H_3PO_4、NaH_2PO_4、Na_2HPO_4 和 Na_3PO_4 4 种溶液的物质的量浓度相同，它们依次分别显酸性、弱酸性、弱碱性和碱性。试解释之。

2. 同离子效应对弱电解质的电离度及难溶电解质的溶解度各有什么影响？

3. 将 10 cm^3 0. 2 mol · dm^{-3} NaAc 溶液和 10 cm^3 0. 2 mol · dm^{-3} HCl 溶液混合，所得溶液是否具有缓冲能力？

4. 沉淀生成的条件是什么？0. 01 mol · dm^{-3} $Pb(Ac)_2$ 溶液和 0. 02 mol · dm^{-3} KI 溶液等体积混合，根据溶度积规则，判断能否产生沉淀。

实验 20　氧化还原反应与电化学

一、实验目的

1. 了解常见氧化剂和还原剂的反应。
2. 掌握电极电位的影响因素，了解它与氧化还原反应的关系。
3. 熟悉浓度、介质的酸度和温度等因素对氧化还原反应的影响。
4. 了解原电池及电解池的组成与反应。

二、实验原理

氧化还原反应是指化学反应过程中，元素的氧化数发生变化的反应，其实质是氧化剂和还原剂之间发生了电子转移。任何一个氧化还原反应在原则上都可以组成一个化学原电池。根据化学热力学原理，在等温等压过程中，一个化学反应自由能的降低值等于该反应体系对外所能做的最大非膨胀功。因此，对于一个等温等压下对外做最大电功的氧化还原反应有如下关系式：

$$\Delta G = -nF\varepsilon$$

式中，n 为电池反应中的电子转移物质的量；F 为法拉第常数(96 485 C·mol^{-1})；ε 为原电池的电池电动势，等于电池正极的电极电势 E_+ 与负极电极电势 E_- 之差。

此式说明只有当 $\varepsilon>0$ 时，体系的自由焓变 ΔG 才是负值，反应体系的自由焓才是减少的，即 $E_+>E_-$ 是氧化还原反应自发进行的判据。

电极电势的大小是其相应的电对氧化态/还原态(如 Fe^{3+}/Fe^{2+}，Br_2/Br^-，I_2/I^-)氧化还原能力的衡量，电极电势越大，表明电对中氧化态氧化能力越强，而还原态还原能力越弱，电极电势大的氧化态能氧化电极电势比它小的还原态。

如在标准状态下，$E^\Theta(I_2/I^-)=+0.535$ V，$E^\Theta(Fe^{3+}/Fe^{2+})=+0.771$ V，$E^\Theta(Br_2/Br^-)=+1.080$ V，由此可知下列反应在标准状态下正向进行：

$2Fe^{3+}+2I^- = I_2+2Fe^{2+}$　　　$E^\Theta(Fe^{3+}/Fe^{2+})>E^\Theta(I_2/I^-)$

$Br_2+2Fe^{2+} = 2Fe^{3+}+2Br^-$　　　$E^\Theta(Br_2/Br^-)>E^\Theta(Fe^{3+}/Fe^{2+})$

说明 Fe^{3+} 能氧化 I^- 而不能氧化 Br^-，氧化态的氧化能力是：$Br_2>Fe^{3+}>I_2$，还原态的还原能力是：$I^->Fe^{2+}>Br^-$。

电极电势的大小与氧化态、还原态的浓度、溶液的温度以和介质酸度等有关。

对于电极反应：氧化态(Ox) $+ne^-$ ══ 还原态(Red)

根据能斯特公式，有：

$$E=E^\Theta+\frac{RT}{nF}\lg\frac{c(\mathrm{Ox})}{c(\mathrm{Red})}$$

式中，E 为电极电势；E^Θ 为标准电极电势；F 为法拉第常数(96 485 C·mol^{-1})；R 为气体常数(8.314 J·mol^{-1}·K^{-1})；T 为绝对温度；c(Ox)和 c(Red)分别代表氧化态和还原态的浓度(包括参与电极反应的其他物质如 H^+、OH^- 的浓度)。

如，对于　　　$Cr_2O_7^{2}+14H^++6e^-\longrightarrow 2Cr^{3+}+7H_2O$

298 K 时，有：

$$E=E^\Theta(Cr_2O_7^{2-}/Cr^{3+})+\frac{0.059\ 16}{6}\lg\frac{[c(Cr_2O_7^{2-})/c^\Theta]\cdot[c(H^+)/c^\Theta]^{14}}{[c(Cr^{3+})/c^\Theta]^2}$$

$c(H^+)$ 增大可使 $Cr_2O_7^{2}$ 的氧化性增强。

前已述及判断任意一个氧化还原反应进行的方向，用 E_+ 与 E_- 的差值 ε 是否大于零来判断。在实际应用中，若 E_+^Θ 与 E_-^Θ 的差值大于 0.5 V，可以忽略浓度、温度等因素的影响，直接用ε^{Θ}数值的大小来确定该反应进行的方向。

利用氧化还原反应装置原电池，一般较活泼的金属为负极，较不活泼的金属为正极。原电池在放电时，负极发生氧化反应所给出的电子，通过导线流入正极，正极发生还原反应接受由负极提供的电子。

电流通过电解质溶液，在电极上发生的化学变化叫作电解。电解时电极电势的高低、离子浓度的大小和电极材料等因素都可以影响两极上的电解产物。

本实验用铜锌原电池为电源，以铜作电极，电解Na_2SO_4水溶液。其电极反应如下：

阴极　$2H_2O + 2e^- = H_2(g) + 2OH^-$

阳极　$Cu - 2e^- = Cu^{2+}$

三、仪器与试剂

仪器：烧杯、试管、锌片、铜片、酒精灯、盐桥、点滴板。

试剂：KI(0.1 mol·dm^{-3})、KBr(0.1、0.3 mol·dm^{-3})、$FeCl_3$(0.1、1 mol·dm^{-3})、H_2O_2(3%)、$KMnO_4$(0.05 mol·dm^{-3})、$Na_2C_2O_4$(0.05 mol·dm^{-3})、$K_2Cr_2O_7$(0.1 mol·dm^{-3})、$Na_2S_2O_3$(2 mol·dm^{-3})、HCl(1 mol·dm^{-3})、NaOH(6 mol·dm^{-3})、H_2SO_4(3 mol·dm^{-3})、Na_2SO_3(0.3 mol·dm^{-3})、$SnCl_2$(0.5 mol·dm^{-3})、$NH_4Fe(SO_4)_2$(0.1 mol·dm^{-3})、$(NH_4)_2Fe(SO_4)_2$(0.1 mol·dm^{-3})、CCl_4、淀粉溶液。

四、实验内容

1. 常见氧化剂、还原剂的反应

(1) $FeCl_3$和$SnCl_2$的反应　在试管中加入1 mol·dm^{-3}的$FeCl_3$溶液5滴，然后逐滴加入0.5 mol·dm^{-3}的$SnCl_2$溶液，边加边摇直至黄色褪去，随后滴加3% H_2O_2溶液，观察溶液颜色的变化并解释之。

(2) $KMnO_4$和H_2O_2的反应　向一支试管中加入0.05 mol·dm^{-3}的$KMnO_4$溶液3滴，3 mol·dm^{-3}的H_2SO_4溶液10滴，然后逐滴加入3%的H_2O_2，直至紫色褪去。说明原因。

(3) $K_2Cr_2O_7$与KI及$Na_2S_2O_3$与I_2的反应　取2支试管各加入0.1 mol·dm^{-3} $K_2Cr_2O_7$溶液1滴和0.1 mol·dm^{-3}KI溶液2滴，观察试管中是否有反应发生；继续加入淀粉指示剂1~3滴，颜色是否发生变化？往其中一支试管滴加1 mol·dm^{-3}HCl溶液后，用5 cm^{3}离子交换水稀释后，观察溶液的颜色，再加入2 mol·dm^{-3}$Na_2S_2O_3$溶液数滴，仔细观察溶液的颜色变化，写出有关反应的方程式。

(4) $KMnO_4$与$Na_2C_2O_4$的反应　在一支试管中加入0.05 mol·dm^{-3}的$KMnO_4$溶液5滴，3 mol·dm^{-3} H_2SO_4溶液10滴，0.05 mol·dm^{-3} $Na_2C_2O_4$溶液20滴，混合均匀后，在酒精灯上微热，观察现象并写出有关反应方程式。

本反应属自催化氧化还原反应，开始反应较慢，但一旦有Mn^{2+}生成时，它作为催化剂加快了反应的进行。

2. 介质的酸度对氧化还原反应的影响

（1）介质的酸度对氧化还原产物的影响 取3支试管，各加入0.05 mol·dm^{-3} $KMnO_4$溶液1滴。在第一支试管中加入6 mol·dm^{-3} NaOH溶液2滴，第二支试管中加入3 mol·dm^{-3} H_2SO_4溶液2滴，第三支试管中加入蒸馏水2滴，然后在3支试管中各加入0.3 mol·dm^{-3} Na_2SO_3溶液3滴，观察各试管中溶液颜色的变化，并写出有关反应方程式。

（2）酸度对氧化还原反应速度的影响 在2支试管中各加入0.3 mol·dm^{-3} KBr溶液10滴，0.05 mol·dm^{-3} $KMnO_4$溶液2滴，其中一支试管中加入3 mol·dm^{-3} H_2SO_4溶液10滴，另一支加1滴，比较2支试管中紫色褪去的快慢。

3. 电极电势与氧化还原反应的方向

（1）将10滴0.1 mol·dm^{-3} KI溶液和2滴0.1 mol·dm^{-3} $FeCl_3$溶液在试管中混匀后，加入20滴CCl_4，充分振荡，观察CCl_4层的颜色有何变化。

（2）用0.1 mol·dm^{-3} KBr溶液代替0.1 mol·dm^{-3} KI溶液，进行同样的实验和观察，为避免水层颜色的干扰，可用吸管小心吸去水层，以便观察CCl_4层的颜色。

根据以上实验结果，定性地比较Br_2/Br^-，I_2/I^-，Fe^{3+}/Fe^{2+} 3个电对电极电势的相对高低，并指出哪个电对的氧化态是最强的氧化剂，哪个电对的还原态是最强的还原剂。

4. 浓度对氧化还原反应的影响

取2支试管，各加入20滴CCl_4和0.1 mol·dm^{-3} $NH_4Fe(SO_4)_2$[1]溶液10滴，在其中一支试管中加入0.1 mol·dm^{-3} $(NH_4)_2Fe(SO_4)_2$[2] 10滴，然后往2支试管分别加入0.1 mol·dm^{-3} KI溶液10滴，振荡后，观察2支试管中CCl_4层中颜色的深浅有何不同。说明原因。

五、数据处理

表5-3 数据记录

项目	实验现象/实验结果
1. 强弱电解质溶液的比较	（1）
	（2）
	（3）
	（4）
2. 介质的酸度对氧化还原反应的影响	（1）
	（2）
3. 电极电势与氧化还原反应的方向	（1）
	（2）
4. 浓度对氧化还原反应的影响	

六、注意事项

[1] 硫酸高铁铵复盐，常用于配制Fe(Ⅲ)溶液。

[2]硫酸亚铁铵复盐，因其稳定，常用于配制Fe(Ⅱ)溶液。

思考题

1. $KMnO_4$与$Na_2C_2O_4$反应时，为何不能用HCl作酸性介质？
2. 原电池的正负极与电解池的阴阳极，其电极反应的本质是否相同？

实验21　配位化合物的形成和性质

一、实验目的

1. 了解几种不同类型配离子的形成。
2. 比较配离子的稳定性。
3. 了解酸碱平衡、沉淀平衡、氧化－还原平衡与配位平衡的相互影响。
4. 了解螯合物的形成和特性。

二、实验原理

由中心离子(一般为简单正离子)和一定数目的并按一定几何位置排布在中心离子周围的配位体(一般含电负性比较大的原子)，通过配位键而形成的复杂体系称为配位单元(或称配离子)，含配位单元的化合物称为配合物。配位单元在晶体和溶液中都能稳定存在。

配离子和弱电解质一样，在溶液中会有一定的离解，相应可达到配位与离解平衡。

例如：$[Cu(NH_3)_4]^{2+}$配离子在溶液存在下列配位离解平衡：

$$[Cu(NH_3)_4]^{2+} \rightleftharpoons Cu^{2+} + 4NH_3$$

$$\frac{[c(Cu^{2+})/c^{\ominus}] \times [c(NH_3)/c^{\ominus}]^4}{c\{[Cu(NH_3)_4]^{2+}\}/c^{\ominus}} = K_f^{\ominus} \qquad \frac{c\{[Cu(NH_3)_4]^{2+}\}/c^{\ominus}}{[c(Cu^{2+})/c^{\ominus}] \times [c(NH_3)/c^{\ominus}]^4} = K_d^{\ominus}$$

平衡常数$K_f^{\ominus}$越小或$K_d^{\ominus}$越大，表示该配离子的稳定程度越小。

配离子的配位离解平衡也是一种离子平衡，因此改变溶液的酸度、外加能与中心离子或配位体发生反应的试剂等均可使平衡发生移动，也同样存在同离子效应。

当中心离子与配位体形成的配离子具有环状结构时，该配位单元称为螯合物。由于成环效应，螯合物与一般配合物相比要稳定得多，且具有一定的颜色，称为螯合效应。

三、仪器与试剂

仪器：试管、试管架、玻璃棒、试管、点滴板、洗瓶。

试剂：$FeCl_3$(0.2 mol·dm^{-3})、$CuSO_4$(0.2 mol·dm^{-3})、NH_2·H_2O(2 mol·

dm^{-3})、$HgCl_2$(0.1 mol·dm^{-3})、KI(0.1 mol·dm^{-3})、NH_4SCN(0.1 mol·dm^{-3})、饱和 NaF、饱和$(NH_4)_2C_2O_4$、NaOH(2.6 mol·dm^{-3})、H_2SO_4(1 mol·dm^{-3})、$AgNO_3$(0.1 mol·dm^{-3})、pH 试纸、NaCl(0.1 mol·dm^{-3})、$Na_2S_2O_3$(0.2 mol·dm^{-3})、CCl_4、KNO_3(0.2 mol·dm^{-3})、$Na_3[Co(NO_2)_6]$(6%)、$K_4[Fe(CN)_6]$(0.5 mol·dm^{-3})、$K_3[Fe(CN)_6]$(0.5 mol·dm^{-3})、HNO_3(6 mol·dm^{-3})、无水乙醇。

四、实验内容

1. 正负配离子的形成

(1) 在 5 滴 0.1 mol·dm^{-3} $AgNO_3$溶液中加入 1 滴 0.1 mol·dm^{-3} NaCl 溶液，观察有无沉淀生成，然后加入过量的 2 mol·dm^{-3} $NH_3·H_2O$ 溶液，观察有何变化，解释并写出反应方程式。

(2) 在 10 滴 0.2 mol·dm^{-3} $CuSO_4$溶液中加入 1 滴 2 mol·dm^{-3} $NH_3·H_2O$ 溶液，观察有无沉淀产生，然后继续滴加 2 mol·dm^{-3} $NH_3·H_2O$，观察有何变化。加入无水乙醇 10 滴，静置，有何现象发生，解释并写出反应式。

(3) 在 2 滴 0.1 mol·dm^{-3} $HgCl_2$溶液中加入 3 滴 0.1 mol·dm^{-3} KI 溶液，观察有何现象，再加入过量的 KI 溶液，有无变化，解释并写出反应方程式。

在 1 滴 0.1 mol·dm^{-3} $AgNO_3$溶液中，加入 3 滴 0.1 mol·dm^{-3} NaCl 溶液，观察沉淀的产生。然后逐滴加入 0.2 mol·dm^{-3} $Na_2S_2O_3$溶液，直到沉淀完全溶解，解释并写出反应方程式。

2. 简单离子与配离子的区别

(1) 取 5 滴 0.2 mol·dm^{-3} $FeCl_3$溶液，加入 2 滴 0.1 mol·dm^{-3} NH_4SCN 溶液，观察溶液的颜色，解释并写出反应方程式。

(2) 以 0.5 mol·dm^{-3} $K_3[Fe(CN)_6]$溶液代替 $FeCl_3$溶液，做同样试验，观察溶液中是否有血红色产生。根据两次实验结果，说明配离子与简单离子的区别。

3. 配离子的离解

在 2 支试管中，各加入 10 滴 0.1 mol·dm^{-3} $AgNO_3$溶液，再分别滴入 2 滴 2 mol·dm^{-3} NaOH 溶液和 0.1 mol·dm^{-3} KI 溶液，各有什么现象发生？

另取一支试管，加入 10 ~15 滴 0.1 mol·dm^{-3} $AgNO_3$溶液，沿管壁加入 1 滴 2 mol·dm^{-3} $NH_3·H_2O$ 溶液，观察沉淀的生成，然后继续滴入 2 mol·dm^{-3} $NH_3·H_2O$ 溶液，直到沉淀又溶解，再加数滴。

将制得的溶液分别装入 2 支试管中，分别加入数滴 2 mol·dm^{-3} NaOH 溶液和 0.1 mol·dm^{-3} KI 溶液，观察现象。解释并写出相关的配位离解反应式。

4. 配离子稳定性的比较

往试管中加入 0.2 mol·dm^{-3} $FeCl_3$溶液 5 滴，然后加入 HCl 溶液 3 滴，观察溶液颜色的变化。接着往溶液中加入 1 滴 0.1 mol·dm^{-3} NH_4SCN 溶液，观察溶液颜色有何变化？再继续往溶液中加入饱和 NaF 溶液 1 ~2 滴，颜色是否褪去？最后往溶液中加入几滴饱和$(NH_4)_2C_2O_4$溶液，溶液颜色又有何变化(冬天可用水浴加热)？

根据实验结果，比较4种Fe(Ⅲ)配离子的稳定性，说明配离子之间的转化条件。

5. 酸碱平衡与配位平衡

(1) pH值增加对配位平衡的影响　取5滴6%的$Na_3[Co(NO_2)_6]$溶液于试管中，逐滴加入6 $mol \cdot dm^{-3}$ NaOH溶液，振荡试管，观察$[Co(NO_2)_6]^{3-}$被破坏和$Co(OH)_3$沉淀的生成。

取0.2 $mol \cdot dm^{-3}$ $FeCl_3$溶液2滴于试管中，加入1滴NH_4SCN溶液，溶液将呈现血红色，逐滴加入6 $mol \cdot dm^{-3}$ NaOH溶液，观察颜色变化，写出反应式。

(2) pH值降低对配位平衡的影响　取0.2 $mol \cdot dm^{-3}$ $CuSO_4$溶液5滴于试管中，逐滴加入2 $mol \cdot dm^{-3}$ $NH_3 \cdot H_2O$溶液，振荡试管，直到最初生成的浅蓝色沉淀溶解为止。继续在此溶液中加入1 $mol \cdot dm^{-3}$ H_2SO_4溶液，溶液颜色有何变化？是否有沉淀产生？继续加入H_2SO_4至使溶液呈酸性，又有什么变化？写出铜氨配离子的配位离解反应式。

(3) pH值改变对较稳定的配位反应的影响　取试管2支，各加2滴0.5 $mol \cdot dm^{-3}$ $K_4[Fe(CN)_6]$溶液，往其中一支试管中加2 $mol \cdot dm^{-3}$ NaOH溶液2滴，往另一支试管中加6 $mol \cdot dm^{-3}$ HNO_3溶液2滴，观察有无显著变化，为什么？

五、数据处理

表5-4　数据记录

项目	实验现象/实验结果	
1. 正负配离子的形成与配合物的性质	(1)	
	(2)	
	(3)	
2. 简单离子与配离子的区别	(1)	
	(2)	
3. 配离子的离解	现象	
	方程式	
4. 配离子稳定性的比较		
5. 酸碱平衡与配位平衡	(1)	
	(2)	
	(3)	

思考题

1. 配离子与简单离子有什么差别？如何用实验证明？
2. 向$Ni(NO_3)_2$溶液滴加氨水，有何变化？加入丁二酮肟又有什么变化？为什么？

实验22　胶体与吸附

一、实验目的

1. 了解胶体的制备及破坏方法。
2. 了解固体在溶液中的吸附作用。

二、实验原理

胶体是由直径为1 ~100 nm的分散相粒子分散在分散剂中构成的多相体系。肉眼和普通显微镜看不见胶体中的粒子，整个体系是透明的。如分散相为难溶的固体，分散剂为液体，形成的胶体称为憎液溶胶。

溶胶可由两个途径获得：一是凝聚法，二是分散法。本实验所用的$Fe(OH)_3$溶胶即由前一途径，通过化学反应以凝聚法制得。

胶体粒子表面具有电荷及水膜，是动力学稳定体系。由于胶体的高度分散性，从热力学的角度看又是不稳定体系。胶粒带电和溶剂化作用是其稳定的主要原因，若将胶粒表面的电荷及水膜被除去，溶胶将发生聚沉。

例如，向溶液中加入电解质，反离子将中和胶粒电荷而使之聚沉；若将两种带相反电荷的溶胶相混合，电荷相互中和而彼此聚沉；加热会使粒子运动加剧，克服相互间的电荷斥力而聚沉。若在加入电解质之前于溶胶中加入适量的高分子溶液，胶粒会受到保护而免于沉聚，称为高分子溶液对溶胶的保护作用。

溶胶的聚沉溶解过程是不可逆的，而蛋白质的聚沉溶解却是可逆的。

胶体粒子与分散介质的表面与固体表面一样，具有吸附性。吸附是一种物质集中到另一种物质表面的过程。固体表面可以吸附分子，也可以吸附离子。

常见的吸附作用有固体在溶液中的分子吸附与离子交换吸附。分子吸附是吸附剂对非电解质或弱电解质分子的吸附，整个分子被吸附在吸附剂表面上；吸附剂自溶液中吸附某种离子的同时，有相等电量，相同电荷符号的另一种离子从吸附剂转移到溶液中，这类吸附称为离子交换吸附。

某些性质相似的成分，利用化学方法很难使它们彼此分离。如果使含有这些成分的溶液通过某种吸附剂(如Al_2O_3、硅胶、$CaCO_3$等)时，由于吸附剂对它们的吸附性能不同，这些成分就被吸附在吸附剂的不同部位，使这些成分彼此分离。

三、仪器与试剂

仪器：试管、烧杯(100 cm^3)、量筒(10 cm^3)、漏斗、酒精灯、小吸管、试管架、漏斗架、石棉网、5 cm细玻管1根、毛细管、脱脂棉。

试剂：NH_4Cl(0.001 mol·dm^{-3})、$(NH_4)_2C_2O_4$(饱和)、NaCl(0.002、4 mol·dm^{-3})、Na_2SO_4(0.01 mol·dm^{-3})、$FeCl_3$(20%)、白明胶溶液(1%)，品红溶液(0.01%)、乙醇(95%、50%)、奈斯勒试剂、活性炭、滤纸、土样、菜油、肥皂水、蛋白质的稀溶液、饱和硫酸铵溶液、染料混合液(含 Fe^{3+}、Cu^{2+}、Co^{2+}等离子)、Al_2O_3粉末。

四、实验内容

1. 水解反应制备 $Fe(OH)_3$溶胶

往 50 cm^3沸水中逐滴加入 20% $FeCl_3$溶液 2 cm^3，并搅拌之，继续煮沸 1～2 min，观察颜色变化，写出反应式(此溶液留作下面实验用)。

2. 电解质对溶胶的凝聚作用

取 2 支试管，各加入 $Fe(OH)_3$溶胶 2 cm^3，然后在一支试管中逐滴加入 0.01 mol·dm^{-3} Na_2SO_4溶液，边加边摇并注意观察，直到溶胶呈现浑浊，即有红棕色 $Fe(OH)_3$沉淀出现为止，记录所加滴数。在另一支试管中如上法滴加 4 mol·dm^{-3} NaCl 溶液(滴加过程中可用水浴微热)，记录所加滴数。试比较其结果有何不同，解释产生上述现象的原因。

3. 高分子溶液对胶体的保护作用

取 2 支试管，各加入制备好的 $Fe(OH)_3$溶胶 2 cm^3，然后在一试管中加水 10 滴，而另一支试管中加入 1% 白明胶 10 滴，摇匀后，各加入 0.01 mol· dm^{-3} Na_2SO_4溶液数滴，放置片刻，观察变化是否相同，试说明原因。

4. 蛋白质的盐析

取 2 cm^3蛋白质溶液于试管中，加等体积的饱和硫酸铵溶液，将混合物稍加振荡，将有蛋白质沉淀析出(体系呈浑浊或絮状)。将 1 cm^3浑浊的液体倾入另一支试管中，加入 1～3 cm^3蒸馏水后，振荡，蛋白质沉淀又重新溶解。

5. 分子吸附现象

取一支试管，加入 5 cm^3 0.01% 品红溶液，再加入少许活性炭，充分摇动后过滤，滤液接入一小试管中，观察其颜色。往活性炭中加入 3 cm^3 95% 乙醇冲洗，另换一支干净小试管接取滤液，观察乙醇滤液颜色有何变化，为什么？

6. 土壤保肥性能的实验

取 0.001 mol·dm^{-3} NH_4Cl 溶液 2 cm^3，加入奈斯勒试剂 2 滴，由于 NH_4^+离子与奈斯勒试剂反应将产生棕红色沉淀：

$$NH_4^+ + 2[HgI_4]^{2-} + 4OH^- = [(Hg)_2ONH_2]I\downarrow + 7I^- + 3H_2O$$

称取土壤 2 g 左右，置于 100 cm^3烧杯中，加入 0.001 mol·dm^{-3} NH_4Cl 溶液 4 cm^3，用力摇动片刻后用双层滤纸过滤。将滤液置于小试管中，加入奈斯勒试剂 2 滴，观察溶液中沉淀的生成情况。与上面实验结果进行比较，说明产生差别的原因。

7. 阳离子交换吸附能力的比较

称取土壤 2 份各 2 g，分别置于 2 个 100 cm^3 的烧杯中，将其中一份加入 0.002 $mol \cdot dm^{-3}$ NaCl 溶液 5 cm^3，另一份加入 0.001 $mol \cdot dm^{-3}$ $FeCl_3$ 溶液 5 cm^3，在同样情况下同时摇动 3 ~5 min，然后分别过滤 2 支小试管中，各加 2 ~4 滴饱和 $(NH_4)_2C_2O_4$ 溶液，观察哪支试管生成的沉淀较多。从实验结果判断土壤中被代换出来的 Ca^{2+} 离子多少，比较 Fe^{3+} 离子和 Na^+ 离子的代换能力。

8. 吸附分离

（1）滤纸法　取一条滤纸(长约 10 cm，宽约 1 cm)，在下端 3 cm 处用毛细管点上样品溶液(由品红、甲基蓝和甲基橙混合而成)，使之呈一直径为 1.5 cm 左右的色斑。将滤纸悬挂在盛有 20 cm^3 50% 乙醇的 50 cm^3 量筒中，使滤纸下端恰好浸在乙醇中(切勿将色斑浸于乙醇中)，数分钟后可发现，越易被吸附的成分，随乙醇的扩散越慢，存留在下方，较难被吸附的成分随乙醇扩散快，停留在上方。

（2）柱形法　取长约 5 cm 的玻璃管，一端用脱脂棉塞好装入 Al_2O_3 粉末，并用玻璃棒压紧使吸附柱内没有空隙，然后滴 Fe^{3+}、Cu^{2+}、Co^{2+} 混合液 3 ~4 滴，稍后，观察分层情况。

9. 乳状液的制备

在一个带塞的小试管中，加入 2 滴菜油，再加入 2 cm^3 水，塞好塞子用力摇荡，当摇动停止后，油与水立即分层；若加入 2 cm^3 肥皂水，再用力摇荡后，肥皂水(乳化剂)可将油珠包裹起来，使油乳化，形成乳状液。

五、数据处理

表 5 - 5　数据记录

项目	实验现象/实验结果
1. 水解反应制备 $Fe(OH)_3$ 溶胶	
2. 电解质对溶胶的凝聚作用	
3. 高分子溶液对胶体的保护作用	
4. 蛋白质的盐析	
5. 分子吸附现象	
6. 土壤保肥性能的实验	
7. 阳离子交换吸附能力的比较	

思考题

1. 若把 $FeCl_3$ 溶液加入到冷水中，能否制得 $Fe(OH)_3$ 胶体溶液？为什么？
2. 吸附和离子交换吸附有什么差别？说明土壤保肥与供肥的原理。

实验23　反应自由能与反应方向

一、实验目的

1. 研究某些化学反应的自由能与反应方向。
2. 加深对热力学基本原理的理解。

二、实验原理

根据热力学原理，一个化学反应能否在一定条件下自发地进行，要看它的自由能变化来决定，如果反应体系的自由能减少，这个反应就可以发生。如果反应体系的自由能增大，则这个反就不能进行。本实验是通过计算一系列化学反应自由能的变化来判断反应是否能发生，并由实验进一步加以验证。

三、仪器与试剂

仪器：烧杯、表面皿、圆底烧瓶(200 cm^3)、电热炉。

试剂：$Ba(NO_3)_2$、$Mg(NO_3)_2$、$Ca(NO_3)_2$、$Pb(NO_3)_2$、$Cu(NO_3)_2$、$Zn(NO_3)_2$、Na_2CO_3、NaCl、Na_2SO_4、$NH_3 \cdot H_2O$、$NaNO_2$、KBr、$FeCl_3$(以上试剂均为 0.2 mol · dm^{-3})、Br_2水、Na_2SO_3(s)、$CuSO_4 \cdot 5H_2O$(s)、浓硝酸、含碘废液。

四、实验内容

(1) 根据表5-6给出的数据和物质的状态，分别计算出各种阳离子与阴离子在水溶液中的ΔG_m^*，并通过实验观察有关反应现象。将实验结果与你所计算的ΔG_m^*值作一对照，以表格形式写出实验结论并作必要的解释。

表5-6　一些常见离子和相应的盐(s)在298 K时的标准生成吉布斯自由能 $\Delta G_f^\ominus$(kJ · mol^{-1})

阳离子 $\Delta_f G_m^*$		阴离子 $\Delta_f G_m^*$	
		Cl^-　-137.9	SO_4^{2-}　-748.2
Ba^{2+}	-564.3	-1295.8 w_2	-1351.8
Ca^{2+}	-555.9	-748.2	-1793.2w_2
Mg^{2+}	-459.8	-593.6	-1174.6
Cu^{2+}	58.52	-175.6	-1847.6 w_5
Pb^{2+}	-29.26	-313.5	-810.9
Zn^{2+}	-154.7	-367.8	-2558.2 w_7

注：表中列出的各种离子的生成自由能是在0.1 mol · dm^{-3}溶液中的数据，用$\Delta_f G_m^*$表示，它与标准状态的$\Delta_f G_m^\ominus$关系为：$\Delta_f G_m^* = \Delta_f G_m^\ominus - 2.303RT$。凡标有$w_2$、$w_5$、$w_7$者是指固体的结晶水数目，在计算反应的自由能变化时就要考虑到水的$\Delta_f G_m^\ominus$(其值为-237.0 kJ · mol^{-1})。

（2）查阅本书附录有关 $\Delta_f G_m^\Theta$ 数值，判断下列反应在标准状态下能否发生？然后进行实验，写出有关实验结论并作解释。

① $Cu(OH)_2(s) + NH_3 \cdot H_2O(aq) \longrightarrow [Cu(NH_3)_4]^{2+}(aq) + OH^-(aq) + H_2O(aq)$

② $[Cu(NH_3)_4]^{2+}(aq) + CO_3^{2+}(aq) \longrightarrow CuCO_3(s) + NH_3(g)$

③ $Br_2(aq) + NO^{2-}(aq) \longrightarrow Br^-(aq) + NO^{3-}(aq)$

④ $Br^-(aq) + Fe^{3+}(aq) \longrightarrow Br_2(aq) + Fe^{2+}(aq)$

（3）从含碘废液中提取单质碘　利用实验室中的含碘废液可以提取单质碘。现给出两种提取单质碘的工艺路线，试分别根据反应的自由能变化及有关知识选择其中一个方案，并进行实验。

方案一：含碘废液用 Na_2SO_3 还原为 I^- 后，用 $CuSO_4$ 和 Na_2SO_3 与之反应，使生成 CuI 沉淀，然后用浓 HNO_3 氧化，使 I_2 析出，再用升华方法将 I_2 提纯。其反应如下：

$$I_2 + SO_3^{2-} + H_2O = 2I^- + SO_4^{2-} + 2H^+$$

$$2I^- + 2Cu^{2+} + SO_3^{2-} + H_2O = 2CuI + SO_4^{2-} + 2H^+$$

$$2CuI + 8HNO_3 = 2Cu(NO_3)_2 + 4NO_2\uparrow + 4H_2O + I_2\downarrow$$

方案二：用 $Na_2S_2O_3$ 代替 Na_2SO_3 进行反应：

$$I_2 + 2S_2O_3^{2-} = 2I^- + S_4O_6^{2-}$$

$$2I^- + 2Cu^{2+} + 2S_2O_3^{2-} = 2CuI\downarrow + S_4O_6^{2-}$$

$$2CuI + 8HNO_3 = 2Cu(NO_3)_2 + 4NO_2\uparrow + 4H_2O + I_2\downarrow$$

提示：实验可按下列步骤进行。

①根据含碘废液中 I^- 含量（用 $Na_2S_2O_3$ 或 Na_2SO_3 还原后标定，也可由教师提供），计算出处理一定量废液（如 300 cm^3）使 I^- 沉淀为 CuI 所需的 $Na_2S_2O_3$ 或 Na_2SO_3 和 $CuSO_4 \cdot 5H_2O$ 理论量。

②将 Na_2SO_3 或 $Na_2S_2O_3$ 溶于上述废液中，并将 $CuSO_4$ 配成饱和溶液，在不断搅拌下滴加到废液中，加热至 343 K 左右，待沉淀完全后，静置，倾去清液，最后使沉淀体积保持在 20 cm^3 左右并将其转移到适当的烧杯中。

③在烧杯上盖上表面皿，逐滴加入计算量的浓 HNO_3（通风橱内进行），搅拌，当 I_2 析出后，静置，令 I_2 沉降，倾去清液，用少量水洗涤 I_2 晶体。

④I_2 的升华。将装有冷水的圆底烧瓶置于烧杯上，烧杯放在电热炉上缓慢加热至 373 K 左右，在烧瓶底部就会出现碘晶体。升华结束后，可收集 I_2 并称量。

五、数据处理

表 5－7　数据记录

项目	实验现象/实验结果
1. 阳离子与阴离子在水溶液中的 $\Delta G_m^* / kJ \cdot mol^{-1}$	

（续）

项目	实验现象/实验结果
2. 判断反应在标准状态下能否发生？写出有关实验结论并解释	(1)
	(2)
	(3)
	(4)
3. 提取 I_2 的质量/g	

思考题

1. 任何化学反应在常压条件下，如果低温时能自发进行，高温下是否也必然能自发进行？

2. 在进行化学反应实验过程中，如观察不到气体的生成、沉淀的产生或溶液颜色的变化，能否认为该反应就没有发生？

实验 24　镁和盐酸反应热的测定

一、实验目的

1. 测定镁和盐酸反应的热效应。
2. 了解用冰量热计测量反应热效应的原理和方法。

二、实验原理

镁和盐酸的反应是一个放热反应：

$$Mg + 2HCl \longrightarrow MgCl_2 + H_2\uparrow \qquad \Delta H < 0$$

这个反应的热效应可通过冰量热计来测量[1]。冰量热计的装置如图 5－1 所示，其操作条件是 273.16 K、常压。当镁和盐酸在量热计的试管内进行反应时，反应放出的热量被量热计吸收，从而使量热计内的冰融化，由于 273.16 K 时冰的密度比水的密度小，冰的融化就引起冰水混合物体积的减少，通过吸量管内液面高度的下降就可以观察到体积的减少值。量热计内冰水混合物体积的变化与对应的热量变化[2]，可以通过下面推导计算出来。

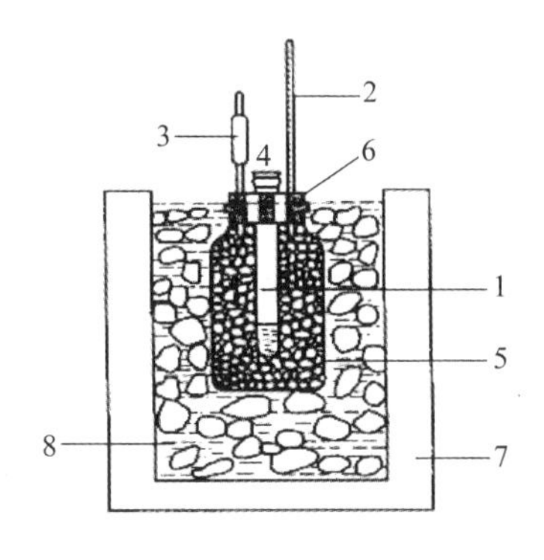

图 5－1　冰量热计

1. 试管　2. 吸量管　3. 液面调节器　4. 试管塞　5. 广口瓶　6. 广口瓶塞　7. 聚苯乙烯容器　8. 冰、水混合物

已知273.16 K时水的密度为$0.999\times10^3\ kg\cdot m^{-3}$，冰的密度为$0.917\times10^3\ kg\cdot m^{-3}$，273.16 K时冰的熔化热焓为$6.02\ kJ\cdot mol^{-1}$。由此可知，273.16 K时，1 mol冰融化为1 mol水时，冰、水混合物的体积减小$1.613\ cm^3$。设镁和盐酸反应结束后冰水混合物的体积减小值为ΔV，镁条的质量为m，其摩尔质量为$24.3\ g\cdot mol^{-1}$，则镁和盐酸的反应热为：

$$\Delta V=\frac{\dfrac{6.02\ kJ\cdot mol^{-1}}{1.613\ mL}}{\dfrac{m}{24.3\ g\cdot mol^{-1}}}=90.7\times\frac{\Delta V}{m}\quad kJ\cdot mol^{-1}$$

三、仪器与试剂

仪器：分析天平、秒表、冰量热计。

试剂：镁条、盐酸($2\ mol\cdot dm^{-3}$)、冰。

四、实验内容

1. 仪器的安装

在冰量热计的广口瓶5内装满碎冰块和冰水(碎冰块要尽可能多些，其直径在1 cm以下)并赶尽瓶中气泡。拔下液面调节器3的玻璃塞子，用广口瓶塞6将广口瓶塞紧。由液面调节器注入冰水并赶去其中的气泡，将玻璃塞子插入调节器的胶管内，调节玻璃塞子使吸量管内的液面上升至吸量管管口。

在双层聚苯乙烯容器7内先铺一层碎冰块，然后把广口瓶放在冰块上，并在其周围填满碎冰，最后加入足量的冰水。

2. 反应热的测量

将$10\ cm^3$冰冻过的$2\ mol\cdot dm^{-3}$ HCl溶液注入试管内，用胶塞轻轻盖在试管口(为什么？)，静置一段时间使体系达到热平衡。当观察到吸量管液面下降速度趋于稳定且每分钟下降不大于$0.01\ cm^3$时，调节液面调节器上的玻璃塞子，使吸量管液面落在零线上，便可以开始计时和读数，每分钟记录一次液面读数，吸量管液面达到11 mm处时，迅速将预先称量并卷成一团冷冻过的镁条(0.10～0.12 g，准确至0.1 mg)投入HCl溶液中，继续计时和读取液面下降数据，直到吸量管内液面下降速度再次稳定在每分钟下降不大于$0.01\ cm^3$时，再观察5 min即可停止。

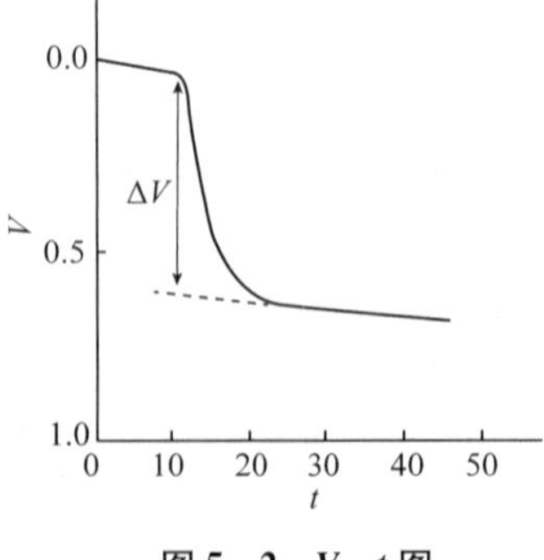

图5－2　$V-t$图

五、数据处理

(1) 列表记录$V-t$数据。

(2) 作$V-t$关系图(图5－2)，利用外推法求出体积减小值ΔV。

(3) 计算反应热ΔH以及误差百分比。

六、注意事项

[1]冰量热计是由圆形的双层聚苯乙烯容器、大广口瓶和与之配套的三孔胶塞组成。其中，在三孔胶塞的中孔插入反应试管，左侧孔插一玻璃管，上面套乳胶管并与一短玻璃棒相连接(称液面调节器)，右侧孔插 2 cm^3 吸量管。

[2]本实验不考虑量热计热容以及体系的膨胀功。

思考题

1. 实验时，如果：①广口瓶内的气泡没赶尽；②胶塞没塞紧；③广口瓶内的碎冰太少而冰水太多，这些疏忽将对实验有何影响？

2. 如果实验前后吸量管内液面下降的速度未达稳定就投入镁条或结束实验，对实验结果有何影响？

3. 为什么本实验中的冰水混合物体积减小值 ΔV 必须由体积-时间关系图利用外推法求得，而不能直接从吸量管读取？

实验 25　水溶液中 Na^+、K^+、NH_4^+、Mg^{2+}、Ca^{2+}、Ba^{2+} 等离子的分离和鉴定

一、实验目的

1. 了解常见碱金属、碱土金属的结构对其性质的影响。
2. 熟悉碱金属、碱土金属微溶盐的有关性质和分离鉴定的方法。

二、实验原理

鉴定物质是由什么组成的科学，称为定性分析，它包括仪器分析法和化学分析法。本实验讨论以化学反应为基础的定性化学分析法。由于定性分析的反应主要是在溶液中发生的，鉴定出来的应是离子，因此包括阴离子分析和阳离子分析。

如果离子间相互干扰比较严重，通常利用沉淀反应把某些性质相近的离子沉淀在一起，通过离心分离，而与另一些离子分开，然后再将各组内的离子逐一分离而鉴定，像这种按一定的分离程序将离子进行严格的分离后再进一步鉴定的方法称为系统分析法。

如果离子间相互无干扰或者用适当的方法可避免干扰，那么就可以不用分离，直接把溶液分成几份，分别鉴定各相关离子，这种分析方法称为分别分析法。

在进行分别鉴定时，可以同时做对照实验和空白实验，以防止过度检出或者漏检。

本实验主要讨论常见碱金属、碱土金属的分离和鉴定方法。

（1）Mg^{2+}的鉴定　镁试剂Ⅰ(即对硝基苯偶氮间苯二酚)在酸性溶液中为黄色，在碱性溶液中呈现红色或紫色。在碱性溶液中，Mg^{2+}可与镁试剂Ⅰ生成蓝色螯合物沉淀。

（2）Na^{+}的鉴定　乙酸铀酰锌与Na^{+}在乙酸缓冲溶液中可生成淡黄色结晶状乙酸铀酰锌钠沉淀。

（3）K^{+}的鉴定　在中性或弱酸性溶液中，亚硝酸钴与K^{+}作用，生成黄色沉淀。

（4）NH_4^+的鉴定　NH_4^+与奈斯勒试剂(四碘合汞酸钾的强碱性溶液)反应，生成红棕色沉淀。

（5）Ca^{2+}的鉴定　在碱性溶液中，Ca^{2+}与乙二醛双缩［2-羟基苯胺］作用，生成红色螯合物沉淀，该沉淀可溶于三氯甲烷中。

（6）Ba^{2+}的鉴定　Ba^{2+}可与铬酸钾反应生成黄色的铬酸钡沉淀，该沉淀不溶于乙酸。Ba^{2+}与玫瑰红酸在中性溶液中生成红棕色沉淀，加入盐酸后沉淀变为鲜红色。

三、仪器与试剂

仪器：离心机、小坩埚、酒精灯、离心试管、定性试管。

试剂：HAc(2 $mol \cdot dm^{-3}$)、NaOH(6 $mol \cdot dm^{-3}$)、KOH(6 $mol \cdot dm^{-3}$)、$NH_3 \cdot H_2O$ (6 $mol \cdot dm^{-3}$)、HNO_3(浓)、$(NH_4)_2CO_3$(1 $mol \cdot dm^{-3}$)、K_2CrO_4(1 $mol \cdot dm^{-3}$)、$(NH_4)_2HPO_4$(1 $mol \cdot dm^{-3}$)、NH_4Cl(3 $mol \cdot dm^{-3}$)、NH_4Ac(3 $mol \cdot dm^{-3}$)、$(NH_4)_2C_2O_4$(0.5 $mol \cdot dm^{-3}$)、$(NH_4)_2SO_4$(0.5 $mol \cdot dm^{-3}$)、20% $Na_3[Co(NO_2)_6]$、$K[Sb(OH)_6]$(饱和)、奈斯勒试剂、pH试纸。

四、实验内容

1. 已知混合试液的分离检出

取Na^{+}、K^{+}、NH_4^+、Mg^{2+}、Ca^{2+}、Ba^{2+}的试液各5滴，加到离心管中，混合均匀后，按以下步骤进行分离和检出。

（1）NH_4^+ 的检出　取3滴混合试液置于坩埚中，滴加6 $mol \cdot dm^{-3}$NaOH溶液至显强碱性，取一表面皿，在它的凸面上贴一块润湿的pH试纸，将此表面皿盖在坩埚上，试纸能较快地变成蓝色，说明试液中有NH_4^+。

（2）在试液中滴加6滴3 $mol \cdot dm^{-3}$的NH_4Cl溶液，并加入6 $mol \cdot dm^{-3}$$NH_3 \cdot H_2O$使溶液呈碱性，再多加3滴$NH_3 \cdot H_2O$溶液。在不断搅拌下加入10滴1 $mol \cdot dm^{-3}$ $(NH_4)_2CO_3$溶液，在60℃的水浴中加热几分钟，将清液转移到另一支离心试管中，按下述第5步操作进行处理，沉淀供第3步实验使用。

（3）Ba^{2+}的分离和检出　将第2步所得沉淀用10滴热水洗涤，弃去洗涤液，在不断加热和搅拌下，用2 $mol \cdot dm^{-3}$HAc溶液溶解该沉淀，然后加入5滴3 $mol \cdot dm^{-3}$的NH_4Ac溶液，加热后滴加1 $mol \cdot dm^{-3}$的K_2CrO_4溶液，如果产生黄色沉淀，说明试液中有Ba^{2+}。进行离心分离，清液留作检出Ca^{2+}时使用。

（4）Ca^{2+}的检出　如果第3步所得到的清液呈橘黄色，表明Ba^{2+}已沉淀完全，否

则还需加入1 mol·dm^{-3}的K_2CrO_4溶液使Ba^{2+}完全沉淀。往此清液中加1滴6 mol·$dm^{-3}NH_3·H_2O$溶液和几滴0.5 mol·dm^{-3}的$(NH_4)_2C_2O_4$溶液，加热后，如果有白色沉淀产生，说明试液中有Ca^{2+}。

（5）残余Ca^{2+}、Ba^{2+}的除去　往第2步所得的清液中加0.5 mol·dm^{-3}的$(NH_4)_2C_2O_4$和1 mol·dm^{-3}的$(NH_4)_2SO_4$溶液各1滴，加热几分钟，如果溶液浑浊，离心分离，弃去沉淀，把清液转移到坩埚中。

（6）Mg^{2+}的检出　取上述第5步实验所得的清液几滴置于试管中，加入1滴6 mol·$dm^{-3}NH_3·H_2O$溶液和1滴1 mol·$dm^{-3}(NH_4)_2HPO_4$溶液，用玻璃棒摩擦试管内壁，如果有白色结晶性沉淀产生，说明试液中有Mg^{2+}。

（7）铵盐的除去　小心将第5步实验所得的位于坩埚中的清液蒸发至只剩下几滴，再加入10滴浓硝酸，蒸发至干。在蒸发至最后1滴时，要移开酒精灯，借石棉网的余热把它蒸发干，最后用大火加热至不再冒白烟，冷却后，往坩埚中加入8滴蒸馏水。取1滴坩埚中的溶液加到点滴板上，滴入2滴奈斯勒试剂，若不产生红褐色沉淀，表明铵盐已经除尽，否则还需继续加浓硝酸并做进一步蒸发，以除尽溶液中的铵盐。除尽铵盐后的溶液供检出Na^+和K^+使用。

（8）K^+的检出　取第7步试验所得的清液2滴置于试管中，加入2滴20% $Na_3[Co(NO_2)_6]$溶液，如果有黄色沉淀产生，说明试液中有K^+。

（9）Na^+的检出　取第7步试验所得的清液3滴置于离心试管中，滴加6 mol·dm^{-3}KOH溶液至强碱性，加热后进行离心分离，弃去所产生的$Mg(OH)_2$沉淀，往清液中加入等体积的$K[Sb(OH)_6]$饱和溶液，用玻璃棒摩擦试管内壁，稍放置后，如果有白色结晶性沉淀出现，说明试液中有Na^+。

2. 未知溶液的鉴定

配制未知试液，按上述方法进行定性分析。

五、实验结果

记录实验现象及实验结果。

思考题

1. 在用$(NH_4)_2CO_3$沉淀Ca^{2+}和Ba^{2+}时，为什么既要加NH_4Cl溶液又要加$NH_3·H_2O$溶液？如果$NH_3·H_2O$溶液加得太多，对分离有什么影响？为什么要加热至60℃左右？

2. 溶解$CaCO_3$和$BaCO_3$沉淀时，为什么用HAc而不用HCl？

3. 若Ca^{2+}和Ba^{2+}沉淀不完全，对Mg^{2+}和K^+等的检出有什么影响？

实验 26 水溶液中 Fe^{3+}、Al^{3+}、Co^{2+}、Ni^{2+}、Mn^{2+}、Cr^{3+}、Zn^{2+}等离子的分离和鉴定

一、实验目的

1. 掌握分离和检出 Fe^{3+}、Al^{3+}、Co^{2+}、Ni^{2+}、Mn^{2+}、Cr^{3+}、Zn^{2+}等离子的方法。
2. 熟悉以上各离子的相关性质。

二、实验原理

(1) Mn^{2+}的鉴定 Mn^{2+}可被固体铋酸钠氧化成 MnO_4^- 而呈现深紫色。

(2) Al^{3+}的鉴定 茜素磺酸钠与 Al^{3+}作用形成红色的螯合物沉淀。

(3) Cr^{3+}的鉴定 强碱介质中，H_2O_2可以将 Cr^{3+}氧化成 CrO_4^{2-}，生成的 CrO_4^{2-}可在 HAc 介质中与 Pb^{2+}作用生成黄色的 $PbCrO_4$沉淀。

(4) Ni^{2+}的鉴定 丁二酮肟与 Ni^{2+}可在氨水溶液中作用生成鲜红色的螯合物沉淀。

(5) Co^{2+}的鉴定 Co^{2+}与 NH_4SCN 反应生成蓝色的 $C_0(SCN)_4^{2-}$ 配合物。该配合物不太稳定，加入丙酮可提高其稳定性，也可将该蓝色配合物萃取在异丁醇－乙醚混合溶剂中。

(6) Fe^{3+}的鉴定 Fe^{3+}可与 $K_4[Fe(CN)_6]$作用产生蓝色沉淀。

(7) Zn^{2+}的鉴定 在中性或微酸性溶液中，Zn^{2+}与$(NH_4)_2[Hg(SCN)_4]$作用生成白色结晶性沉淀。

三、仪器与试剂

仪器：离心机、小坩埚、酒精灯、离心试管、定性试管。

试剂：H_2SO_4($2\ mol \cdot dm^{-3}$)、HNO_3($2\ mol \cdot dm^{-3}$)、$NH_3 \cdot H_2O$($2\ mol \cdot dm^{-3}$，$6\ mol \cdot dm^{-3}$)、HAc($2\ mol \cdot dm^{-3}$，$6\ mol \cdot dm^{-3}$)、NaOH($6\ mol \cdot dm^{-3}$)、$FeCl_3$($0.1\ mol \cdot dm^{-3}$)、$NaBiO_3$(s)、NH_4F(s)、NH_4Cl(s)、$Al_2(SO_4)_3$($0.1\ mol \cdot dm^{-3}$)、$CoCl_2$($0.1\ mol \cdot dm^{-3}$)、$NiCl_2$($0.1\ mol \cdot dm^{-3}$)、$MnCl_2$($0.1\ mol \cdot dm^{-3}$)、$CrCl_3$($0.1mol \cdot dm^{-3}$)、$ZnCl_2$($0.1\ mol \cdot dm^{-3}$)、$K_4[Fe(CN)_6]$($0.1\ mol \cdot dm^{-3}$)、KSCN($1\ mol \cdot dm^{-3}$)、NH_4Ac($3\ mol \cdot dm^{-3}$)、PbAc($0.5\ mol \cdot dm^{-3}$)、NH_4SCN(饱和溶液)、Na_2S($2\ mol \cdot dm^{-3}$)、H_2O_2(3%)、$(NH_4)_2[Hg(SCN)_4]$($0.5\ mol \cdot dm^{-3}$)、丙酮、丁二酮肟、铝试剂。

四、实验内容

1. 已知混合溶液的分析

(1) Fe^{3+}、Co^{2+}、Ni^{2+}、Mn^{2+}与 Al^{3+}、Cr^{3+}、Zn^{2+}的分离 往溶液中加入 6 mol ·

dm^{-3} NaOH 溶液至强碱性后，再多加5滴 NaOH 溶液。然后，逐滴加入3% H_2O_2溶液，每加1滴H_2O_2溶液，立即用玻璃棒搅拌。待H_2O_2溶液加完后，再继续搅拌3 min。加热使过剩的H_2O_2完全分解，至不再发生气泡为止。进行离心分离，把清液转移到另一支离心试管中，按下述步骤进行Al^{3+}、Cr^{3+}、Zn^{2+}的分离与检出。沉淀用热水洗涤一次，离心分离，弃去洗涤液。

（2）沉淀的溶解　往上述所得的沉淀中加10滴2 mol·dm^{-3} H_2SO_4溶液和2滴3% H_2O_2溶液，搅拌后，放在水浴上加热，至沉淀完全溶解及H_2O_2分解完全为止，把溶液冷却至室温，进行以下实验。

（3）Fe^{3+}的检出　取1滴步骤2所得的溶液置于点滴板的凹穴中，加1滴0.1 mol·dm^{-3} $K_4[Fe(CN)_6]$溶液，如果有蓝色沉淀生成，说明试液中有Fe^{3+}。

另取1滴步骤2所得的溶液置于点滴板的凹穴中，加1滴1 mol·dm^{-3} KSCN溶液，如果溶液呈现血红色，说明试液中有Fe^{3+}。

（4）Mn^{2+}的检出　取1滴步骤2所得的溶液，加3滴蒸馏水、3滴2 mol·dm^{-3} HNO_3溶液及一小勺$NaBiO_3$固体，搅拌。如果溶液变成紫红色，说明试液中有Mn^{2+}。

（5）Co^{2+}的检出　在试管中加2滴步骤2所得的溶液和1滴3 mol·dm^{-3} NH_4Ac溶液，再加入1滴亚硝基有机盐的溶液。如果溶液变成红褐色，说明试液中有Co^{2+}。

在试管中加2滴步骤2所得的溶液和少量NH_4F固体，加入等体积的丙酮，然后再加入饱和NH_4SCN溶液。如果溶液呈现蓝色或蓝绿色，说明试液中有Co^{2+}。

（6）Ni^{2+}的检出　在离心试管中加几滴步骤2所得的溶液，并加入2 mol·dm^{-3} $NH_3 \cdot H_2O$至溶液呈碱性，如果有沉淀生成，还需进行离心分离。然后往上层清液中加入2滴丁二酮肟，如果有桃红色沉淀生成，说明试液中有Ni^{2+}。

（7）Al^{3+}和Cr^{3+}、Zn^{2+}的分离及Al^{3+}的检出　往步骤1所得的溶液中加入NH_4Cl固体，加热，如果有Al^{3+}存在，将产生$Al(OH)_3$白色絮状沉淀。进行离心分离，把清液转至另一支试管中用以检出铬与锌。沉淀用2 mol·dm^{-3} $NH_3 \cdot H_2O$洗涤1次，进行离心分离，洗涤液并入清液中。加4滴6 mol·dm^{-3} HAc溶液，加热，使沉淀溶解，再加入2滴蒸馏水、2滴3 mol·dm^{-3} NH_4Ac溶液和2滴铝试剂，搅拌后，稍稍加热。如果有红色沉淀生成，说明试液中有Al^{3+}。

（8）Cr^{3+}的检出　如果步骤7所得的溶液呈现黄色，则说明有CrO_4^{2-}，将此溶液用6 mol·dm^{-3} HAc溶液酸化，再加入0.5 mol·dm^{-3} $Pb(Ac)_2$溶液。如果有黄色沉淀生成，说明试液中有Cr^{3+}。

（9）Zn^{2+}的检出　取几滴步骤7所得的清液，加入0.5 mol·dm^{-3} Na_2S溶液。如果有白色沉淀生成，表示有Zn^{2+}。另取几滴步骤7所得的清液，用2 mol·dm^{-3} HAc溶液酸化，再加入等体积的0.5 mol·dm^{-3} $(NH_4)_2Hg(SCN)_4$溶液，用玻璃棒摩擦试管内壁。如果有白色沉淀生成，说明试液中有Zn^{2+}。

2. 未知溶液的分析

配制多个未知溶液，按上述方法进行定性分析。

五、实验结果

记录实验现象及实验结果。

思考题

1. 在分离 Fe^{3+}、Co^{2+}、Ni^{2+}、Mn^{2+} 与 Al^{3+}、Cr^{3+}、Zn^{2+} 时，为什么要加过量 NaOH 的同时还要加 H_2O_2？反应完全后，为什么要将过量的 H_2O_2 分解？

2. 分离 $Al(OH)_4^-$、CrO_4^{2-}、$Zn(OH)_4^{2-}$ 时，加入 NH_4Cl 有什么作用？

3. 用 $Pb(Ac)_2$ 溶液检出 Cr^{3+} 时，为什么要用 HAc 酸化溶液？

实验 27　常见阴离子定性分析

一、实验目的

1. 了解常见阴离子的性质与鉴定方法。
2. 掌握常见阴离子的特征反应。

二、实验原理

许多阴离子有特效反应，如 NO_2^- 与合成偶氮染料的反应，S^{2-} 与酸作用生成具有恶臭味的 H_2S，SO_4^{2-} 与 Ba^{2+} 生成不溶于强酸的沉淀等。NO_2^-、SO_3^{2-} 等易发生氧化作用而易被漏检或误检，还有一些离子在一定介质是不相容的。在阴离子的定性分析中要注意这些负面作用对定性分析结果的影响。

由于阴离子分析中彼此干扰比较少，实际样品中可能同时存在的阴离子不多。所以，阴离子多用分别分析的方法。

只有一些相互干扰的离子才适当采用系统进行分离，如 S^{2-}、SO_3^{2-}、$S_2O_3^{2-}$、Cl^-、Br^-、I^- 等。即使采用分别分析法，也不必对所有试样全部离子逐一检验，而是利用各种阴离子的沉淀性质、氧化还原性质、与酸碱的反应等特性，预先对试样进行初步检验或称为消除实验，以消除某些离子存在的可能，从而简化检出步骤。

本实验采用亚铁盐、铁盐、硝酸银和稀酸作为初步检验的试剂，对可能存在的离子进一步用阴离子的鉴定方法进行确证。

常见阴离子与亚铁盐、铁盐、硝酸银和稀酸的反应特征（+表示发生反应）见表 5－8。

表5-8 常见阴离子与亚铁盐、铁盐、硝酸银和稀酸的反应特征

阴离子	试剂			
	Fe^{2+}	H^+	Fe^{3+}	Ag^+(稀硝酸)
Br^-			+	+
CO_3^{2-}	+	+	+	+
Cl^-				+
I^-			+	+
NO_3^-				
PO_4^{3-}			+	+
SO_4^{2-}				+
$S_2O_3^{2-}$		+(白色混浊)		+
$C_2O_4^{2-}$	+			+
S^{2-}	+	+	+	+
NO_2^-		+	+	

三、仪器与试剂

仪器：离心机、点滴板、离心试管、多用滴管。

试剂：HNO_3(2 mol·dm^{-3}，浓)、HCl(1、2、6 mol·dm^{-3}，浓)、H_2SO_4(2 mol·dm^{-3}，浓)、NaOH(2 mol·dm^{-3}，浓)、$NH_3·H_2O$(3、6 mol·dm^{-3})、$AgNO_3$(0.1 mol·dm^{-3})、KI(0.1 mol·dm^{-3})、$BaCl_2$(0.5 mol·dm^{-3})、$Na_2S_2O_3$(0.1、0.5 mol·dm^{-3})、$KMnO_4$(0.01 mol·dm^{-3})、$(NH_4)_2CO_3$(12%)、$NaNO_3$(0.5 mol·dm^{-3})、$NaNO_2$(0.5 mol·dm^{-3})、Na_2S(0.5 mol·dm^{-3})、NaCl(0.5 mol·dm^{-3})、NaBr(0.5 mol·dm^{-3})、NaI(0.5 mol·dm^{-3})、Na_2SO_4(0.5 mol·dm^{-3})、Na_3PO_4(0.5 mol·dm^{-3})、$Na_2[Fe(CN)_5NO]$(1%)、Na_2CO_3(0.5 mol·dm^{-3})、Na_2SO_3(0.5 mol·dm^{-3})、CCl_4、H_2O_2(3%)、乙醇(99%)、HAc(6 mol·dm^{-3})、饱和$Ba(OH)_2$溶液、$FeSO_4$固体、对氨基苯磺酸(0.5 mol·dm^{-3})、二苯胺固体、二苯胺的浓H_2SO_4溶液(0.1%)、$NaHCO_3$固体、锌粉、碘-淀粉溶液、饱和氯水、饱和$(NH_4)_2MoO_4$溶液、$Pb(Ac)_2$试纸、pH试纸、品红溶液(0.1%)、固体$NaHSO_3$、α-萘胺、H_2CrO_4(25%)、未知液I(Cl^-、Br^-、I^-)、未知液II(S^{2-}、$S_2O_3^{2-}$、SO_3^{2-}、PO_4^{3-})。

四、实验内容

1. 已知阴离子混合物的分离与鉴定

(1) 配制含Cl^-、Br^-和I^-的混合溶液，并进行定性分析。

(2) 含S^{2-}、$S_2O_3^{2-}$、SO_3^{2-}和PO_4^{3-}混合溶液，并进行定性分析。

(3) 配制含有6种阴离子的未知液进行未知阴离子分析。

2. 常见阴离子的检验

(1) 与稀 HCl 的作用　试样中加稀 HCl 加热，如果有气体产生，则可能含有 S^{2-}、NO^{2-}；如果有气体产生且有黄色沉淀，表示有 $S_2O_3^{2-}$。

(2) 与 Fe^{2+}的作用　试样中加 Fe^{2+}盐如有黑色沉淀，一定有 S^{2-}，可能有 CO_3^{2-}(白)、$C_2O_4^{2-}$(黄)。因黑色 FeS 可能覆盖白色 $FeCO_3$和黄色 FeC_2O_4。

(3) 与 Fe^{3+}的作用　试样上加 Fe^{3+}盐，有沉淀又有气体，可能有 CO_3^{2-}、S^{2-}、PO_4^{3-}、NO_2^-；若仅有黄色沉淀，则有 PO_4^{3-}；仅有气体且呈红棕色，则有 NO_2^-；若加 CCl_4萃取后 CCl_4层中有颜色，可能有 Br^-、I^-。

(4) 与 Ag^+的作用　试样上滴加 $AgNO_3$有灰白色沉淀出现，可能存在 Br^-、I^-、$C_2O_4^{2-}$、PO_4^{3-}、$S_2O_3^{2-}$、SO_4^{2-}、CO_3^{2-}；如果加稀 HNO_3后沉淀部分溶解，且有气泡，可能有 $C_2O_4^{2-}$、PO_4^{3-}、$S_2O_3^{2-}$、S^{2-}、CO_3^{2-}。

3. 常见阴离子的鉴定方法

(1) Cl^-的鉴定　2 滴试液加入 1 滴 2 mol · dm^{-3} HNO_3溶液和 2 滴 0.1 mol · dm^{-3} $AgNO_3$溶液，有白色沉淀生成，该沉淀能溶于 6 mol · dm^{-3}的 $NH_3 \cdot H_2O$，但用 6 mol · dm^{-3} HNO_3溶液酸化该体系时，如果溶液中又产生白色沉淀，表示有 Cl^-。

(2) Br^-的鉴定

① 氯水氧化法：取 2 滴待测试液，加入数滴 CCl_4，滴加饱和氯水，有机层显红棕色，表示有 Br^-。

② 品红试验法：品红与 $NaHSO_3$作用，可生成无色的加合物。Br^-与此加合物作用，可生成红紫色的的溴代染料。在试管中加入数滴 0.1% 的品红溶液，加入固体 $NaHSO_3$和 2 滴浓 HCl 使溶液变为无色，用此溶液润湿一小块滤纸后，粘附在一块玻璃的内表面上，与另一块玻璃(在其内表面滴上 2 滴试液和 3 滴 25% H_2CrO_4溶液)扣在一起，组成一个气室，将此气室置于沸水浴上加热 10 min，如果试纸上出现红紫色，表示有 Br^-。这个方法可在 Cl^-和 I^-存在时，鉴定很少量的 Br^-。

(3) I^-的鉴定　在弱碱性、中性或酸性溶液中，氯水可氧化 I^-生成单质碘，过量氯水可将单质碘进一步氧化成 IO_3^-。取 2 滴试液，加入数滴 CCl_4，滴加氯水，振荡，有机层显紫色，继续滴加氯水，充分振荡，有机层的颜色逐渐褪去。

注意，由于共存的强还原性阴离子可能妨碍的 Br^-和 I^-的检出，所以一般将 Cl^-、Br^-和 I^-先沉淀为银盐，再以 3 mol · dm^{-3}的 $NH_3 \cdot H_2O$ 处理沉淀，在所得银氨溶液中先检出 Cl^-；$NH_3 \cdot H_2O$ 处理后，残渣再用锌粉处理，在所得清液中加氯水，先检出 I^-，再检出 Br^-。

(4) S^{2-}的鉴定　取一滴试液置于点滴板上，加入一滴 $Na_2[Fe(CN)_5NO]$试剂，由于生成 $Na_4[Fe(CN)_5NOS]$而显紫红色，表示有 S^{2-}。注意该鉴定反应只能在碱性溶液中进行。

(5) $S_2O_3^{2-}$ 的鉴定　取 5 滴试液，逐滴加入 1 mol · dm^{-3}的 HCl，如果有白色或淡黄色沉淀生成，表示有 $S_2O_3^{2-}$。

(6) SO_4^{2-} 的鉴定　取3滴试液，加入6 mol·dm^{-3}的HCl，再加入0.1 mol·dm^{-3}的$BaCl_2$溶液，有白色沉淀$BaSO_4$沉淀析出，表示有SO_4^{2-}。

(7) SO_3^{2-} 的鉴定

① 品红试验法：取1滴0.1%的品红溶液放在点滴板上，滴加1滴中性试液，SO_3^{2-}存在时溶液褪色。试液若为酸性，须先用$NaHCO_3$中和；若为碱性时需加1滴酚酞，通入CO_2饱和，使溶液由红色变为无色。S^{2-}也能使品红溶液褪色，故可干扰该鉴定反应。

② 氧化检出法：取3滴试液，加入数滴2 mol·dm^{-3}的HCl和0.1 mol·dm^{-3}的$BaCl_2$溶液，再滴加3%的H_2O_2，如果有白色沉淀，表示有SO_3^{2-}。

(8) NO_3^-的鉴定

① 二苯胺试验法：在洗净并干燥的玻璃片上放入4滴0.1%二苯胺的浓H_2SO_4溶液，用玻棒蘸取少量试液放入其中，NO_3^-存在时，二苯胺因被生成的HNO_3所氧化而显深蓝色。另外，NO_2^-、Fe^{3+}、CrO_4^{2-}、MnO_4^{2-}等离子也有同样反应。

② 取1滴试液放在点滴板上，加入$FeSO_4$固体和浓H_2SO_4，在$FeSO_4$周围如果出现棕色环，表示有NO_3^-离子。

(9) NO_2^-的鉴定　取1滴试液，滴加6 mol·dm^{-3}的HAc溶液，再滴入1滴0.5 mol·dm^{-3}对氨基苯磺酸和1滴α-萘胺，如果溶液显现红色，表示有NO_2^-离子。

(10) PO_4^{3-}的鉴定　取2滴试液，加5滴浓HNO_3，10滴饱和$(NH_4)_2MoO_4$溶液，如果有黄色沉淀，表示有PO_4^{3-}离子。

(11) $C_2O_4^{2-}$ 的鉴定　在试管中放入1小粒试样(将待测的溶液，取一部分蒸发至干得到固体试样)和少量固体二苯胺，加热使之熔化，冷却后，将此熔块溶解于1滴99%乙醇中。如果该溶液显现蓝色，表示有$C_2O_4^{2-}$。

(12) CO_3^{2-}的鉴定[1][2]　取6滴试液置于试管中，加入等体积的2 mol·dm^{-3}的HCl，立即用附有滴管[管中盛有2滴饱和$Ba(OH)_2$溶液]的软木塞将试管塞紧。如发生气泡，使$Ba(OH)_2$溶液溶液变为浑浊，表示有CO_3^{2-}存在。

五、实验结果

记录实验现象及实验结果。

六、注意事项

[1]由于SO_3^{2-}和$S_2O_3^{2-}$离子遇酸可生成SO_2，也可与$Ba(OH)_2$作用生成白色$BaSO_4$沉淀，因此有干扰；可在检验前加入3滴H_2O_2，将SO_3^{2-}和$S_2O_3^{2-}$离子氧化成SO_4^{2-}，再进行检验。

[2]由于空气中存在CO_2气体，$Ba(OH)_2$溶液暴露在空气中时，可能因吸收CO_2而产生白色沉淀，因此检出的反应时间不宜过长。

思考题

1. 设计一个流程鉴别含有 Cl^-、Br^- 和 I^- 的试液。
2. 试样显酸性时，上述阴离子中哪些离子不可能存在？

第6章　自行设计实验

自行设计实验是在选定某题目后，在教师指导下，学生自己查阅有关文献资料，运用所学的理论知识和实验技术，独立设计实验方案，完成包括实验目的、实验原理、实验仪器与药品、操作步骤、实验报告格式等一整套方案的制订。实验方案确定后，经指导教师审核或讨论，进一步完善，然后由学生独立完成全部实验内容。实验完成后，学生根据所得的实验结果写出实验报告。教师根据学生的理论知识、设计水平、操作技能的高低及实验数据误差的大小，按照评分标准认真评定学生的成绩，作为考核学生综合能力的依据之一。实验设计是一项创造性的工作，需以有关的基础理论知识为指导，并通过实验来验证理论。自行设计实验的完成，既可培养学生查阅文献资料、独立思考、独立实践的能力，又可以提高学生分析问题和解决问题的综合能力。学生设计实验时要考虑实验室的具体条件，所拟订的方案应切实可行。

自行设计实验是大学基础化学实验的最后阶段，实验有一定的难度，因此，必须投入一定的时间和精力，需要周密思考，灵活应用已掌握的化学知识，用主动、积极的学习态度来获得培养能力的最佳效果。

实验28　未知无机化合物溶液的分析

一、实验目的

1. 学习自行设计对给定的未知混合离子试液进行定性分析。
2. 进一步学习和掌握定性分析的基本操作技能。
3. 独立设计，独立操作，以提高学生独立工作和解决实际问题的能力。

二、实验提示

（1）首先认真复习常见离子的基本反应及鉴定的内容，熟练掌握各种阴离子和阳离子的性质及特征反应，并参阅有关的定性分析书籍和资料，然后再根据给定的条件，拟订实验方案。

（2）未知液中可能含有 Na^+、Fe^{3+}、Al^{3+}、Cu^{2+}、NH_4^+、NO_3^-、SO_4^{2-}、Cl^- 8 种离子的 5 ~6 种。

（3）给定的化学药品　$BaCl_2$（0.5 mol·dm^{-3}）、HCl（6 mol·dm^{-3}）、NaOH（6 mol·dm^{-3}）、$AgNO_3$（1 mol·dm^{-3}）、HNO_3（6 mol·dm^{-3}）、$NH_3·H_2O$（6 mol·dm^{-3}）、HAc

$(6\ mol \cdot dm^{-3})$、$K_4Fe(CN)_6$](0.1 $mol \cdot dm^{-3}$)、KCN(饱和)、浓 $NH_3 \cdot H_2O$、浓 H_2SO_4、铝试剂(0.1%)、奈斯勒试剂、醋酸铀酰锌、酚酞、$FeSO_4$(固体)、二苯胺 [$(C_6H_5)_2NH$]、H_2O_2(3%)、玫瑰红酸钠(1%)。

三、设计要求

(1)根据实验室给定的化学药品和教师提供的未知混合离子试液，拟订出定性分析的实验方案，内容包括目的要求、实验原理、实验用品、操作步骤、注意事项等。

(2)根据未知液的可能成分和经教师审查可行的实验方案，独立完成实验，写出规范的实验报告。

思考题

1. 鉴定 Fe^{3+} 时，是否可以用 NaOH 直接分离？过量的 H_2O_2 如何处理？

2. 根据给定的化学试剂，如何鉴定 NH_4^+？

实验 29 氯化铵的制备

一、实验目的

1. 应用已学过的溶解和结晶等知识，以食盐和硫酸铵为原料，设计制备氯化铵的实验方案，并制出氯化铵产品。

2. 学会根据各种盐的溶解度差异用复分解反应制备盐的方法。

3. 巩固称量、加热、浓缩、常压过滤、减压过滤等基本操作。

二、实验提示

(1)食盐与硫酸铵制备氯化铵的反应是一个复分解反应。

(2)食盐和硫酸铵溶解在一起时，在溶液中可有氯化钠、硫酸铵、氯化铵和硫酸钠4 种物质同时存在。可根据它们在不同温度下的溶解度差异，采取一定的实验条件和操作步骤，使氯化铵与其他 3 种盐分离。

三、设计要求

(1)查阅有关资料，列出氯化钠、硫酸铵、氯化铵和硫酸钠(包括十水硫酸钠)在水中不同温度下的溶解度。

(2)设计出制备 20 g 理论量氯化铵的实验方案，包括实验原理、实验步骤、所用仪器、试剂。

（3）同时要求设计对产品质量进行鉴定的简单方法。

（4）拟订的实验方案经教师审查合格后，独立完成实验，写出规范的实验报告。

思考题

1. 食盐中的不溶性杂质在哪一步除去?

2. 食盐与硫酸铵的反应是一个复分解反应，因此在溶液中同时存在氯化钠、硫酸铵、氯化铵和硫酸钠。根据它们在不同温度下的溶解度差异，可采取怎样的实验条件和操作步骤，使氯化铵与其他3种盐分离？在保证氯化铵产品的纯度前提下，如何来提高它的产量?

3. 假设有150 cm^3 $NH_4Cl-Na_2SO_4$混合液(质量为185 g)，其中氯化铵为30 g，硫酸钠为40 g。如果在363 K左右加热，分别浓缩至120 cm^3、100 cm^3、80 cm^3和70 cm^3。根据有关溶解度数据，通过近似计算，试判断在上述不同情况下，有哪些物质能够析出。如果过滤后的溶液冷至333 K和308 K时，又有何种物质析出？根据这种计算，应如何控制蒸发浓缩的条件来防止氯化铵和硫酸钠同时析出?

4. 本实验要注意哪些安全操作问题?

实验30　硝酸钾溶解度的测定与提纯

一、实验目的

1. 学习硝酸钾溶解度的粗略测定方法。

2. 绘制溶解度曲线。

3. 了解硝酸钾溶解度与温度的关系，并应用相关方面的知识，对粗的硝酸钾进行提纯。

二、实验提示

盐类在水中的溶解度是指在一定温度下它们在饱和水溶液中的浓度，一般以每百克水中溶解盐的质量(g)来表示。测定溶解度一般是将一定量的盐加入一定量的水中，加热使其完全溶解，然后令其冷却到一定温度(在不断搅拌下)至刚有晶体析出，此时的溶液浓度就是该温度下的溶解度。

三、设计要求

（1）自行设计实验方案，测定硝酸钾在不同温度下的溶解度(本次实验硝酸钾的用量要求18 g)，并绘制出硝酸钾的溶解度曲线。

（2）本实验用的粗硝酸钾中含有约5%的氯化钠，要求利用硝酸钾和氯化钠与温度的关系提纯10 g粗硝酸钾。

（3）纯化后的产品要进行质量鉴定（检查 Cl^-）。

思考题

1. 测定溶解度时，硝酸钾的量及水的体积是否需要准确？测定装置应选用什么样的玻璃器皿较为合适？

2. 在测定溶解度时，水的蒸发对本实验有何影响？应采取什么措施？

3. 溶解和结晶过程是否需要搅拌？

4. 纯化粗的硝酸钾应采取什么样的操作步骤？

实验31　硫酸铝钾大晶体的制备

一、实验目的

1. 巩固复盐的有关知识，掌握制备简单复盐的基本方法。

2. 了解从水溶液中培养大晶体的方法，制备硫酸铝钾大晶体。

二、实验提示

（1）根据原料和硫酸铝钾的溶解度与温度之间的关系，计算出制备25 g硫酸铝钾所需各种原料的用量。

（2）从水溶液中培养某种盐的大晶体，一般可先制得籽晶（较透明的小晶体），然后把籽晶植入饱和溶液中培养。籽晶的生长受溶液的饱和度、温度、湿度及时间等因素影响，必须控制好一定条件，使饱和溶液缓慢蒸发，才能获得大晶体。

复盐和简单盐的性质有什么不同？

三、设计要求

（1）查阅有关资料，根据复盐的性质，从简单盐制备25 g理论量的硫酸铝钾。

（2）用自制的硫酸铝钾制备硫酸铝钾大晶体。

思考题

1. 复盐和简单盐的性质有什么不同？

2. 如何把籽晶植入饱和溶液？

3. 若在饱和溶液中，籽晶长出一些小晶体或烧杯底部出现少量晶体时，对大晶体的培养有何影响？应如何处理？

实验32 从铬盐生产的废渣中提取硫酸钠

一、实验目的

1. 通过对含有硫酸钠的废渣进行分离提纯，了解治理工业废渣的方法。
2. 进一步熟悉铬、铁化合物的性质。
3. 掌握一些个别离子的鉴定方法。

二、实验提示

（1）含硫酸钠的废渣主要含有重铬酸钠，还含有铁、钙、镁的氯化物等杂质。利用化学方法可使某些杂质以沉淀形式分离，而可溶性的杂质一般可通过重结晶方法除去。

（2）提纯过程 $Cr_2O_7^{2-}$ 检查法　取2～3滴溶液在白色点滴板上，然后加入1滴 H_3PO_4（消除 Fe^{3+} 干扰），再加1滴二苯胺基脲，若溶液不变成紫红色，表示已无 $Cr_2O_7^{2-}$ 存在。

三、设计要求

（1）以25 g含硫酸钠的铬盐工业废渣及钛白粉厂副产品硫酸亚铁为原料，制取纯无水硫酸钠。

（2）纯化后的产品，要进行质量检定（检 $Cr_2O_7^{2-}$、Cr^{3+}、Fe^{3+}、Ca^{2+}、Mg^{2+}、Cl^- 等离子）。

思考题

1. 本实验从铬盐生产的废渣中提取硫酸钠的基本原理是什么？
2. 为了使杂质容易分离除去，本实验应采取何种操作方法？
3. 产品的杂质离子如何检定？

实验33 印刷电路腐蚀废液回收铜和氯化亚铁

印刷电路的废腐蚀液通常含有大量的 $CuCl_2$、$FeCl_2$ 及 $FeCl_3$。因此，将铜与铁化合物分离，回收是有实际意义的。因为它既可以减少污染、消除公害，又能化废为宝。

一、实验目的

1. 通过对印刷电路腐蚀废液中铜、铁的回收，学习治理工业废液的方法。
2. 进一步熟悉铜、铁化合物性质及其鉴定方法。

二、实验提示

氯化亚铁的水合物及其脱水温度如下：

$$FeCl_2 \cdot 6H_2O \xlongequal{285.3\ K} FeCl_2 \cdot 4H_2O \xlongequal{349.5\ K} FeCl_2 \cdot 2H_2O$$

三、设计要求

（1）量取废腐蚀液（包含 2 ~2.5 mol · dm^{-3} $FeCl_3$、2 ~2.5 mol · dm^{-3} $FeCl_2$ 以及 1 ~1.3 mol · dm^{-3} $CuCl_2$）、50 cm^3 回收铜和氯化亚铁。

（2）回收的氯化亚铁要做纯度检查（检 Fe^{3+}、Cu^{2+}）。

思考题

1. 本实验根据铜、铁单质和化合物什么性质回收铜和氯化亚铁？
2. 经放置的废三氯化铁腐蚀液，常常混浊不清，为什么？如何处理？
3. 回收操作过程应采取什么步骤才能得到较纯产品？

参考文献

张勇，胡忠鲠．2000．现代化学基础实验[M]．北京：科学出版社．

古凤才，肖衍繁．2000．基础化学实验教程[M]．北京：科学出版社．

刘约权，李贵深．1999．实验化学[M]．北京：高等教育出版社．

朱风岗．1997．农科化学实验[M]．北京：中国农业出版社．

王伊强，张永忠．2001．基础化学实验[M]．北京：中国农业出版社．

王日为，刘灿明．1999．化学实验原理与技术[M]．长沙：湖南大学出版社．

吕苏琴，张春荣，揭念芹．2000．基础化学实验[M]．北京：科学出版社．

高向阳．1995．定量分析与实验室工作技巧[M]．郑州：河南科学技术出版社．

北京轻工业学院，天津轻工业学院．1999．基础化学实验[M]．北京：中国标准出版社．

成都科学技术大学分析化学教研组，浙江大学分析化学教研组．1982．分析化学实验[M]．北京：人民教育出版社．

武汉大学化学与分子科学学院．2001．无机及分析化学实验[M]．武汉：武汉大学出版社．

北京大学化学系普通化学教研室．1991．普通化学实验[M]．北京：北京大学出版社．

王秋长，赵鸿喜，张守民，等．2003．基础化学实验[M]．北京：科学出版社．

南京大学．1998．无机及分析化学实验[M]．3版．北京：高等教育出版社．

于也林．1994．波谱分析法[M]．重庆：重庆大学出版社．

杨善济，杨静然．1981．化学文献基础知识[M]．北京：书目文献出版社．

孙毓庆．1994．分析化学实验[M]．北京：人民卫生出版杜．

蓝琪田．1993．分析化学实验与指导[M]．北京：中国医药科技出版社．

中山大学．1994．无机化学实验[M]．北京：高等教育出版社．

附录Ⅰ　化学实验室中的常用仪器

附录Ⅰ-1　温度测量仪器

温度是表征物体冷热程度在热平衡时的物理量，是确定物质状态的一个基本参量。物质的多种化学特性都与温度有着密切的联系，因此，在化学实验中控制和准确测量温度是十分重要的。以下简要介绍温标、测量温度的方法和一些常用的温度计。

一、温标

温标就是温度量值的表示方法，确立一种温标包括3个方面的内容：

第一，选择测量温度的仪器。有些物质的某些物理性质(如体积、电阻、温差电势或辐射电磁波波长等)与温度之间有着依赖关系，并且能够严格重复出现，原则上这些物质都可以作为感温物质，可以利用这些物质，根据它们与温度之间的特性设计并制成各种测量温度的仪器，即温度计。

第二，确定固定点。通过测量物质的某种物理性质所显示的只是温度的相对变化值，其绝对值一般要用其他方法来标定。在一定条件下，通常选用某些高纯物质的相变点作为温标的基准点，即固定点。

第三，划分温度值。在固定点之间，一般采用内插法或者外推法划分若干刻度，从而确定固定点之间的温度数值。对于不同的温度计，由于是用不同的固定点以及将固定点规定不同的温度数值，因此就形成了不同的温标。

(一)经验温标

常用的摄氏温标、华氏温标属于经验温标。摄氏温标使用较早，应用方便，它是选用玻璃水银温度计，规定在标准大气压(101.325 kPa)下水的冰点为0度，沸点为100度，在这两个固定点之间划分为100等分，每等分代表1度，以℃表示，摄氏温标的符号为t。华氏温标也选用玻璃水银温度计，规定在标准大气压101.325 kPa下水的冰点为32度，沸点为212度，在这两个固定点之间划分180等分，每等分代表1度，以℉表示。

(二)热力学温标

热力学温标也叫开尔文(Kelvin)温标，是由开尔文于1848年提出的。热力学温标把温度数值与可逆理想热机效率相联系，并根据热力学第二定律定义出温度数值。这种温标使温度数值与任何特定物质的性质无关。由于热力学温标引入了绝对零度的概念，因而只需要选定一个固定点就可以将温度数值完全确定。热力学温标规定水的三相点热力学温度为 273. 15 K，单位为开尔文，用符号 K 表示，是三相点热力学温度的1/273. 15，热力学温标的符号为 T。

由于卡诺循环在自然界并不能实现，无法用实验方法来确定温度数值，因此热力学温标是一个理论性温标。但实际上，可以利用与理想气体相近的实际气体，如 He、H_2、N_2等，根据 $pV = nRT$ 对于一定质量的气体，在体积不变时，气体压力与热力学温度成正比，这样测量出压力 p 就能求得气体温度 T 了。但当要求准确测量温度时，还是应该考虑实际气体偏离理想气体的修正以及测量过程中气体体积 V 的热胀冷缩等。因此，测量热力学温度的气体温度计装置庞大，技术难度大，价格昂贵，使用不方便。为了克服气体温度计的缺点，既方便于实际测量，又能保证精度并得到大家的公认，于是国际上通过协商，决定采用一个国际实用协议性温标。

(三)国际温标

从 1927 年第七届国际计量大会决定采用第一个国际温标起，随着测量技术精度的不断提高，先后经过 1948 年、1960 年、1968 年 9 次大的修订。1990 年国际温标(简称 IPTS－90)是国际计量委员会根据第十八届国际计量会议的决定于 1989 年通过的。我国也颁布相应法令，推广使用 IPTS－90 温标。

IPTS－90 国际温标更靠近热力学温标，定义了 17 个固定点和 4 个温区。规定热力学温度(T)的单位为开尔文，符号为 K。1 开尔文定义为水三相点热力学温度的1/273. 15。IPTS－90 还定义了摄氏温度(t)，摄氏温度的单位为摄氏度，大小等于开尔文。T 与 t 之间的关系为：

$$t(℃) = T(K) - 273.15$$

二、温度测量的方法

温度测量的方法分为接触法和非接触法。

接触法测量温度是使被测物体与温度计或者与温度计的感温元件进行良好接触，使其温度相同，从感温元件的温度间接测知被测物体的温度。接触法要求感温元件必须与被测物体相接触，并且被测物体的温度应恒定不变。接触法不宜于测量热容量小的物体温度，也不宜于测量动态温度，可用于任意场所温度的测量，便于多点集中测量和自动控制，宜于测量 1000℃以下的温度。

非接触法测量温度是感温元件不直接与被测物体相接触，而是利用物体的热辐射原理或电磁性质求得被测物体的温度。非接触法的感温元件能接受到物体的辐射能，宜于测量动态温度和进行表面测量，可适用于高温的测量。

温度计的种类和型号多种多样。按照温度计的用途可分为：基准温度计、标准温度计和工作温度计。基准温度计主要用于复现国际实用温标固定点温度；标准温度计把基准温度计的数值传递给实际使用的工作温度计；一般实验室用和生产上用的温度计都是通过标准温度计鉴定过的，即工作温度计，如玻璃液体温度计、热电偶温度计和热电阻温度计等。下面介绍几种常用温度计的构造和使用方法。

(一)玻璃液体温度计

1. 构造与特点

玻璃液体温度计的构造是将液体装于一根下端带有玻璃泡的均匀毛细管中，液体上方抽成真空或充以某种气体。由于液体的膨胀系数远大于玻璃的膨胀系数，毛细管又是均匀的，因此温度的变化可反映在液柱长度的变化上。为了适应不同温度范围的测量，玻璃液体温度计中可充以不同的液体，如用于 -30 ~ 750℃ 温度测量充以水银，用于 -65 ~ 160℃ 温度测量充以酒精，用于 0 ~ 90℃ 充以甲苯。

玻璃水银温度计是实验室最常用的温度计。它的感温物是水银，因为水银具有易提纯、热导率大、比热容小、膨胀均匀、不易黏附在玻璃上、不易氧化、不透明、便于读数等优点，因此玻璃水银温度计也是液体温度计中最主要的一类，具有构造简单、读数方便，在相当大的温度范围内水银体积随温度的变化接近于线性关系等优点。根据水银温度计的刻度方法和量程范围的不同，可分为以下几种：

① 常用的刻度是以 1℃ 为间隔，量程范围有 0 ~ 100℃，0 ~ 250℃，0 ~ 360℃ 等。

② 由多支温度计配套而成，刻度以 0.1℃ 为间隔，每一支量程为 50℃，交叉组成量程范围为 -10 ~ +400℃。

③ 作为温度计的测量附件有 18 ~ 28℃，刻度间隔 0.01℃；或者 17 ~ 31℃，间隔为 0.02℃。

④ 贝克曼温度计，最小刻度为 0.01℃，量程范围为 5 ~ 6℃，但可根据测量的温度进行随意调节。

⑤ 高温水银温度计，用特种玻璃或石英做管壁，并且毛细管中充以氮气或氩气，最高可测量至 750℃。

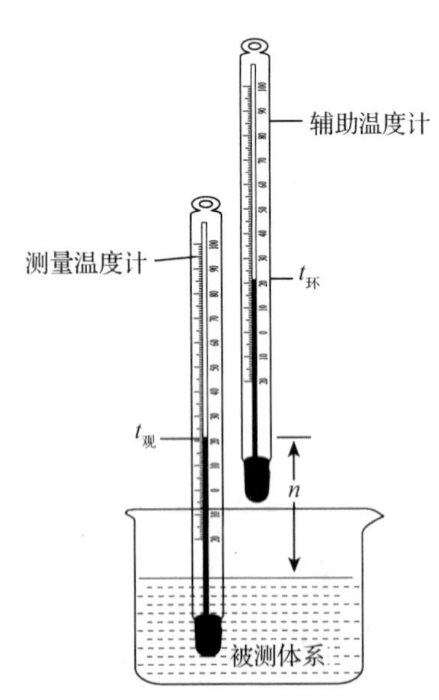

图 I-1　水银温度计的校正

注意事项：

① 全浸式水银温度计，使用时应全部浸入被测体系中，要在到达热平衡后，毛细管中水银柱面不再移动，才能读数。为了校正视差，在精密测量中可用测高仪。

② 使用精密温度计时，读数前须轻敲水银面附近的玻璃壁，这样可以防止水银在管壁上黏附。

③ 温度计应尽可能垂直放置，以免受温度计内部水银压力不同而引起误差。

④ 测量过程中，应防止骤冷骤热，以免引起温度计的破裂或变形。

2. 水银温度计的校正

实际使用水银温度计时，为消除系统误差，读数需进行校正。引起误差的主要原因和校正方法如下：

（1）零点校正　由于水银温度计下部玻璃球的体积可能会有所改变，所以水银温度计的读数将与真实值不符，因此必须校正零点。校正方法可以把它与标准温度计进行比较，也可以用纯物质的相变点标定校正。

（2）露茎校正　全浸式水银温度计如不能全部浸没在被测体系中，则因露出部分与被测体系温度不同，必然存在读数误差。必须予以校正。这种校正方法称为露茎校正，校正方法如图 I－1 所示。校正值按下式计算：

$$\Delta t_{露茎} = K \cdot n \cdot (t_{观} - t_{环})$$

式中，$K=0.000\,16$，是水银对玻璃的相对膨胀系数；n 为露出于被测体系之外的水银柱长度，称露茎高度，以温度差值表示；$t_{观}$为测量温度计上的读数；$t_{环}$为环境温度，可用一支辅助温度计读出，其水银球置于测量温度计露茎的中部。算出的 $\Delta t_{露茎}$（注意正、负值）加在 $t_{观}$上即为校正后的数值：

$$t_{真值} = t_{观} + \Delta t_{露茎}$$

（3）其他因素的校正　在实际测量时，被测物的温度可能是随着时间改变的。这样，温度计与被测物之间就不可能建立一个真正严格的热平衡。但如果被测物的温度变化慢于达成热平衡所需的时间，我们仍可以认为温度计上的读数反映了被测物的温度，但由于温度计中水银柱的升降总滞后于被测物的温度变化，因此在读数值与真实值之间有一定值存在，称为迟缓误差。关于它的校正计算，可参阅温度测量专著。

此外，测量时辐射能的影响也会引起误差，故应避免太阳光、热辐射、高频场等直射于温度计上。

（二）接点温度计

接点温度计是超级恒温水浴的恒温控制核心。接触温度计的构造如图 I－2 所示。它的构造与普通温度计类似，但接触温度计上下两段均有刻度（7），上段由标铁指示温度，它焊接上一根钨丝，钨丝下端所指的位置与上端标铁（5）上端面所指的温度相同。它依靠顶端上部的调节帽内的一块磁铁的旋转来调节钨丝的上下位置。当旋转调节帽（1）时，磁铁带动内部螺丝杆（8）转动，使标铁（5）上下移动。下面水银槽和上面螺丝杆引出两根线（4′和 4），作为导电与断电用。当恒温水浴温度未达到标铁上端面所指示的温度时，水银柱与钨丝触针不接触；当温度上升并达到标铁上端面所指示的温度时，水银柱与钨丝触针接触，从而使两根导线（4 和 4′）导通，将“信号”输送给加热器，相当于一个加热器通电与否的“开关”。

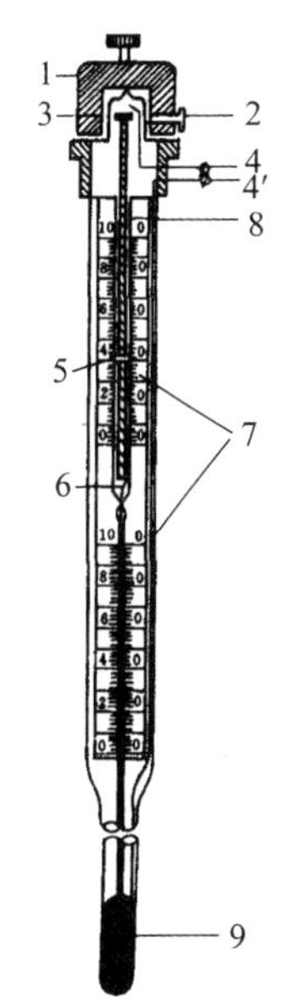

图 I－2　接触式温度计构造图

1. 调节帽　2. 调节帽固定螺丝　3. 磁铁　4. 螺丝杆引出线　4′. 水银槽引出线　5. 标铁　6. 触针　7. 刻度板　8. 螺丝杆　9. 水银槽

（三）热电偶温度计

将两种不同的金属丝构成一个闭合回路，如果两个连接点的温度不同，就会产生一个电势差，称为温差电势。

若在回路中串联一个电压表，则可显示这个温差电势的量值。这一对不同金属丝的组合就称为热电偶温度计。温差电势 E 与两个接点的温度差 ΔT 之间存在函数关系，即 $E=f(\Delta T)$。如果其中一个接点的温度保持不变，那么温差电势只与另一个接点的温度有关，即 $E=f(T)$。

热电偶温度计测量温度有许多优点，表现在：热电偶温度计灵敏度高，若用精密的电压计测量，可达到0.01℃的精度，如果将几个热电偶串联起来组成热电堆，则其温差电势是单个温差电势的加和，测量精度可达到0.0001℃；量程宽，适当选择热电偶的金属材料，可测量4～3000℃范围的温度；热电偶温度计感温部位的质量和热容量都很小；热电偶温度计与被测体系之间能够很快达到热平衡；热电偶一般选择纯度高、均匀度好的金属材料，因此在使用过程中不受物理和化学变化的影响，具有良好的重现性；热电偶的温差电势适用于近代装置测量温度，如可与记录仪、数字电压计、计算机等联用，便于进行温度的自动控制。

热电偶种类繁多，按照其选用材料的不同可分为碱金属、贵金属、难溶金属和非金属热电偶温度计4类。其中，碱金属热电偶温度计的热电极材料有铁－康铜、铜－康铜、镍铬－考铜、镍铬－康铜以及镍铬－镍硅(铝)等；贵金属热电偶温度计的电极材料有铂铑10－铂、铂铑30－铂铑6和其他铂铑系、铱铑系、铱钌系和铂铱系等；难溶金属热电偶温度计的电极材料有钨铼系、钨钼系、铱钨系和铌钛系等；非金属热电偶温度计的热电极材料有二碳化钨－二碳化钼、石墨－碳化物等。贵金属热电偶比碱金属热电偶的温差电势小，但其稳定性、重现性以及准确度较好。以下是几种较为通用的热电偶温度计：

(1) 铜－康铜热电偶　康铜是铜镍合金系列的通用名词。铜－康铜热电偶使用范围为－200～350℃。由于铜的导热率大，使该热电偶与测量仪表的连接容易形成无热连接。另外，特别是在测量低温时，铜－康铜热电偶容易产生较大的导热误差。

(2) 铁－康铜热电偶　适用于测量－200～800℃的温度范围。常用温度范围为0～500℃。在500℃以上，铁电极氧化速度加快；0℃以下，铁电极容易生锈和发脆。铁－康铜热电偶灵敏度高，它既可用于氧化环境，又可用于还原环境。但由于铁丝的纯度和均匀性都不如铜，所以该电偶稳定性差、准确度相对较低。

(3) 镍铬－镍硅(铝)热电偶　是目前使用较为广泛的热电偶之一。适用于测量－200～1100℃的温度范围，常用于500～1100℃的测量范围。由于这种热电偶含镍高，因而是最能抗氧化的碱金属热电偶。它适用于氧化性环境的温度测量，但不适用于真空环境，这是因为在真空环境中镍铬合金的铬先蒸发，从而改变热电偶的分度特征。当热电偶周围氧含量较低，镍铬合金的铬首先被氧化，导致热电动势产生较大负偏差。该热电偶的缺点是：使用一段时间后会出现热电动势不稳定现象，特别是在测量高于700℃时，热电动势数值偏高。镍铬－镍硅热电偶是从镍铬－镍铝改进而来。由于二者的热电动势与温度关系特性相同，可用同一分度表。前者在高温下抗氧化性能及热电动势稳定性均比后者好。

(4) 镍铬－考铜(康铜)热电偶　适用于－200～800℃范围内氧化或惰性环境的温

度测量。这种热电偶对于较高温度环境的氧化或腐蚀不敏感。与铜－康铜、铁－康铜相比该热电偶耐热、抗氧化性能好，热电动势率也大，因此，可以用来制作热电堆或测量变化范围较小的温度。缺点是考铜电极加工难、精度差，逐渐被康铜热电极所替代。

（5）铂铑 10－铂热电偶　适用于 1000℃以上高精度的温度测量。该热电偶的物理化学性能和热电动势稳定。可用于氧化性和惰性环境中。它的热电动势及热电动势率小，因此灵敏度低，需要选择较精密的测量仪器与它配套，才能保证测量结的准确度。铂铑 10－铂热电偶属于贵金属材料，价格高。

（6）铂铑 30－铂铑 6 热电偶　是比较理想的测量高温热电偶材料。适用于 0～1800℃氧化性和惰性环境中使用，在真空环境中只能短时间使用。铂铑 30－铂铑 6 热电偶具有铂铑 10－铂热电偶的所有优点。

（四）热电阻温度计

利用导体或半导体的电阻率随温度变化而变化的物理性质制成的温度计为热电阻温度计。它是将金属丝绕在绝缘骨架上，用金、银导线作为引线与平衡或不平衡电桥或电位差计等显示仪表连接而成的。在所有温度测量仪表中，电阻温度计测量精度最高。它可将温度信号转换为电信号，便于远距离传送，实现自动控温。与热电偶温度计比较，温度在 300℃以下，可得到比热电偶大得多的测量信号。因此，灵敏度较热电偶温度计高。但由于制成的感温元件体积大，使其与待测体系到达热平衡所需时间较长。由于制作温度计的材料要求电阻率和温度间有一定函数关系、耐温程度以及稳定性和变化率均应符合测量温度的要求，因此虽然很多材料的电阻率与温度有关，但是通常能用来做温度计的材料只有：纯金属为铂、铜、铟等；合金材料为铁－铑、铂－钴等；半导体材料为锗、硅以及铁、镍等金属和这些氧化物的混合物。实验室常用的电阻温度计有铂电阻温度计与近年广泛使用的热敏电阻温度计。

附录 I－2　酸度计

酸度计(又称 pH 计)是一种通过测量电势差的方法来测定溶液的 pH 值的仪器，除可以测量溶液的 pH 值外，还可以测量氧化还原电对的电极电势值以及配合电磁搅拌进行电位滴定等。现在实验室常用的酸度计有 pHS－3C 型、pHS－2 型、pHS－29A 型和 pHS－2C 型等，各种型号的结构和外观、精密度和准确度虽有所不同，但基本原理相同。

一、测量原理

各种型号的酸度计都是由指示电极(玻璃电极)、参比电极(甘汞电极或银－氯化银电极)和精密电位计三部分组成。测量 pH 值时，将指示电极和参比电极一起浸入待测溶液中，组成原电池，其电池符号可表示为：

$$\mathrm{Ag} \mid \mathrm{AgCl},\ \mathrm{HCl} \mid \text{玻璃} \mid \text{试液} \mid\mid \mathrm{KCl}(\text{饱和}),\ \mathrm{Hg_2Cl_2}$$

$$\leftarrow \text{玻璃电极} \rightarrow \varphi(\text{液}) \leftarrow \text{甘汞电极} \rightarrow$$

φ(液)是液体接界电势，即两种浓度不同或组成不同的溶液接触时界面上产生的电势差，在一定条件下为一常数。一般通过搅拌溶液，可减小液接电势。所以，玻璃电极与饱和甘汞电极所组成的电动势为：

$$\begin{aligned} E &= \varphi(\text{甘汞电极}) + \varphi(\text{液}) - \varphi(\text{玻璃电极}) \\ &= \varphi(\text{甘汞电极}) + \varphi(\text{液}) - K' + 0.0592\mathrm{pH} \end{aligned}$$

令
$$\varphi(\text{甘汞电极}) + \varphi(\text{液}) - K' = K$$

即得
$$E = K + 0.0592\ \mathrm{pH}$$

式中，K 为一定条件下为一常数，因此，电池电动势与溶液 pH 呈直线关系。但由于 K 值中的 φ(不)和 φ(液)都是未知常数，不能通过测量电动势直接求 pH 值，因此，利用 pH 酸度计测定溶液的 pH 值时，先用已知 pH 值的 $\mathrm{pH_s}$ 缓冲溶液来校准仪器，消除不对称电势等的影响，然后再测定待测液，从表盘读出 $\mathrm{pH_x}$。数学推导为：

$$E_s = K + 0.0592\ \mathrm{pH_s} \quad ①$$

$$E_x = K + 0.0592\ \mathrm{pH_x} \quad ②$$

式②－式①

$$E_x - E_s = 0.0592(\mathrm{pH_x} - \mathrm{pH_s})$$

$$\mathrm{pH_x} = \frac{E_x - E_s}{0.0592} + \mathrm{pH_s}$$

二、使用方法

各种型号的结构和外观、精密度和准确度不同，其使用方法略有差异，使用时请参阅仪器所附带的说明书。基本步骤包括：

（1）检查电计　确定仪器是否处在正常状况。检查完毕后，把“选择”开关转至“关”的位置。

（2）电极的安装　装上玻璃电极和甘汞电极。电极在使用前应在蒸馏水中浸泡 24 h 以上。使用过程中，注意每测一种溶液的 pH 值需要先清洗电极，并用吸水纸吸干水分。

（3）温度补偿　仪器在使用前，应校正仪器的温度，有感温棒和温度调节键两种。仪器出厂温度通常是 25℃。需要调节到实验室温度或待测溶液的温度。

（4）仪器的标定　仪器在使用之前，即测未知溶液之前，先要使用已知 pH 值的标准缓冲溶液标定。但这不是说每次使用之前都要标定，一般地说来，每天标定一次已能达到要求。

（5）测量未知溶液的 pH 值　已经标定过的仪器即可以用来测量未知溶液。

（6）测量电动势　仪器在测量电动势时，只要把拨动开关拨向“mV”处，不需标定，“温度”电位器也不起作用。

附录Ⅰ-3　分光光度计

分光光度计是一类用来测量和记录待测物质对可见光或紫外光的吸光度并进行定量分析的仪器。

一、测量原理

分光光度法是依据朗伯-比耳定律进行测定分析的。当一束平行单色光通过单一均匀的、非散射的吸光物质溶液时，溶液的吸光度与溶液浓度和液层厚度的乘积成正比，即

$$A = a \cdot b \cdot c$$

式中，A 为吸光度；a 为摩尔吸光系数；b 为液层厚度，等于 1 cm；c 为溶液的浓度。

如果固定比色皿厚度测定有色溶液的吸光度，则溶液的吸光度与浓度之间有简单的线性关系，因此，在测得吸光度 A 后，可采用比较法、标准曲线法以及标准加入法等方法进行定量分析。

722 型分光光度计是一种新型分光光度法通用仪器，能在波长 420～700 nm 范围内进行透光度、吸光度和浓度直读测定，因此广泛应用于医学卫生、临床检验、生物化学、石油化工、环保监测、质量控制等部门做定量分析用；7230 型分光光度计是装配有专用微处理器，用于可见光区的光吸收测量仪器，其仪器原理和测量原理与其他 722 型分光光度计大致相同。

二、使用方法

目前在实验室使用的分光光度计型号较多，这里只介绍常用的两种型号的分光光度计的使用方法。

1. 722 型分光光度计的使用方法

常用的 722 型分光光度计外形如图Ⅰ-3 所示。仪器技术参数：波长范围，330～800 nm；波长精度，±2 nm；浓度直读范围，0～2000；吸光度测量范围，0～1.999；透光度测量范围，0～100%；光谱带宽，6 nm；噪声，0.5%（550 nm）。722 型分光光度计的使用方法如下：

（1）开启电源，指示灯亮，仪器预热 20 min，将灵敏度旋钮调为“1”档（放大倍率最小），选择开关置于“T”。

（2）打开试样室盖（光门自动关闭），调节透光率零点旋钮，使数字显示为“000.0”。

（3）旋动仪器波长手轮，调节所需的波长至刻度线处。

（4）将参比溶液装入比色皿后置于光路中，盖上试样室盖，调节透光率“100”旋

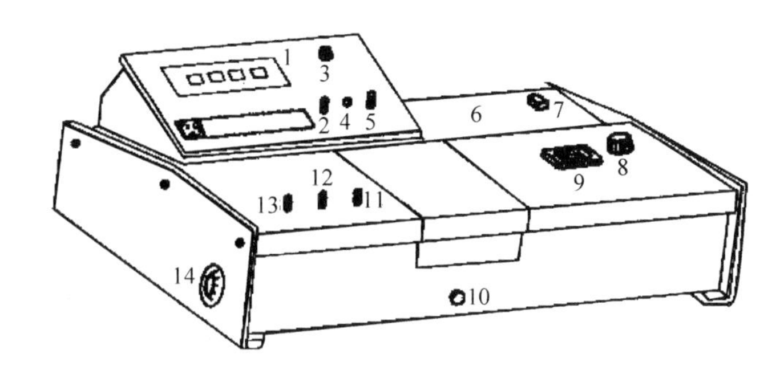

图 I－3　722 型分光光度计示意

1. 数字显示器　2. 吸光度调零旋钮　3. 选择开关　4. 斜率电位器　5. 浓度旋钮　6. 光源室　7. 电源开关　8. 波长旋钮　9. 波长刻度盘　10. 试样架拉手　11. 100% T 旋扭　12. 0% T 旋钮　13. 灵敏度调节旋钮　14. 干燥器

钮，使数字显示 T 为 100.0。若 T 显示不到 100.0，则可适当增加灵敏度，同时应重复(2)，调整仪器的“000.0”。

(5) 重复操作(2)和(4)，直到仪器显示稳定。

(6) 将被测溶液装入比色皿后置于光路中，盖上试样室盖，数字表上直接读出被测溶液的透光率 T 值。

(7) 吸光度 A 的测量，参照(2)和(4)，调整仪器的“000.0”和“100.0”，将选择开关置于 A，旋动吸光度调零旋钮，使数字显示为“0.000”，然后测量，显示值即为试样溶液的吸光度 A。

(8) 浓度的测量，选择开关由 A 旋至 c，将标准溶液移入光路中，调节浓度旋钮，使数字显示为标定值，将被测溶液移入光路中，即可读出相应的浓度值。

(9) 仪器使用完毕，关闭电源，洗净比色皿。

2. 7230 型分光光度计的使用方法

7230 型分光光度计装配有专用微处理器，其整机结构如图 I－4 所示。

(1) 仪器调试

① 接通电源，开机，仪器显示“F7230”。

② 按“CLEAR”键，仪器显示“YEA”。

③ 按“0% τ”键，仪器显示“00—00”，表示仪器进入计时状态，时间从 1988 年 1 月 1 日 0 时 0 分开始。用户也可以自行设计年、月、日。

④ 按“MODE”键，仪器显示 τ(T) 状态或 A 状态。

(2) 测量

① 调节波长旋钮使波长移到所需处。

② 4 个比色皿，其中一个放入参比试样，其余 3 个放入待测试样。将比色皿放入样品池内的比色皿架中，用夹子夹紧，盖上样品池盖。

③ 将参比试样推入光路，按“MODE”键，使显示 τ(T) 状态或 A 状态。

④ 按“100% τ”键，直至显示“T100.0”或“A0.000”。

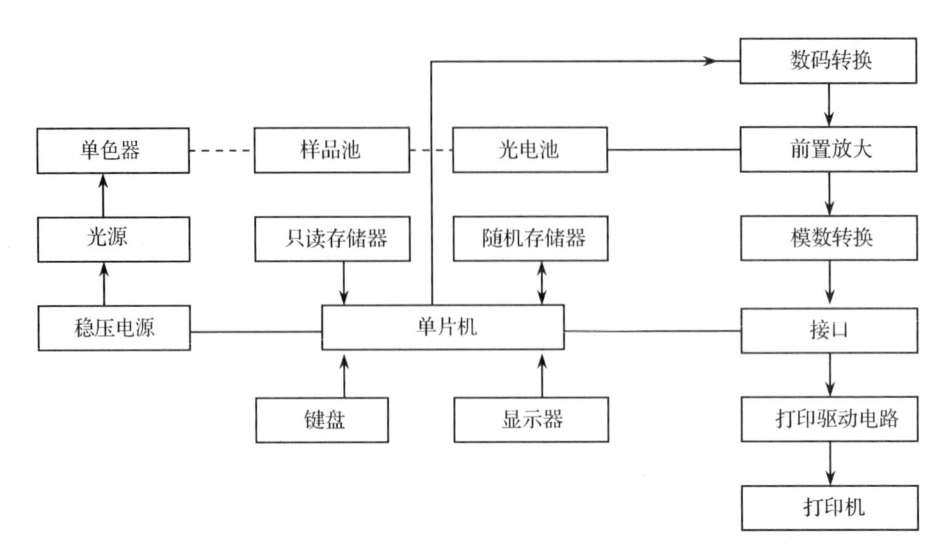

图 I－4　7230 型分光光度计结构示意

⑤ 打开样品池盖，按“0%τ”键，显示“T0.0”或“AE1”。

⑥ 盖上样品池盖，按“100%τ”健，至显示“T100.0”。

⑦ 然后将待测试样推入光路，显示试样的 τ(*T*)值或 *A* 值。

⑧ 如果要想将待测试样的数据记录下来，只要按“PRINT”键即可。

为减小测量误差以及保护仪器，使用分光光度计时，都应注意以下几点：

① 为防止仪器的光电管产生疲劳现象，在测定间歇，必须打开试样室的盖子，切断光路。

② 拿比色皿时，手指只能捏住比色皿的毛玻璃面，不要碰比色皿的透光面，以免沾污。清洗比色皿时，一般先用洗瓶冲洗，再用蒸馏水洗净。若比色皿被有机物沾污，可用盐酸－乙醇混合液(1∶2)浸泡片刻，再用水冲洗。不能使用碱溶液或氧化性强的洗涤液洗，以免损坏。也不能用毛刷清洗比色皿，以免损伤它的透光面。比色皿外壁的水用擦镜纸或细软的吸水纸吸干，以保护其透光面。测量溶液吸光度时，一定要用被测溶液润洗比色皿数次，以免改变被测溶液的浓度。

③ 在测量过程中，参比溶液不要拿出试样室，这样可随时将其置于光路中，观察仪器零点是否有变化，零点若有变动，可随时调整。

④ 仪器要安放在稳固的工作台上，避免震动，还应注意避免强光直射，避免灰尘和腐蚀性气体。

⑤ 由于 7230 型操作键盘较多，在使用该仪器前，一定要参照仪器说明书进行操作，以免出错。

附录Ⅰ-4　紫外-可见分光光度计

用于测量和记录待测物质对紫外光、可见光的吸光度及紫外-可见吸收光谱，并进行定性、定量以及结构分析的仪器，称为紫外-可见分光光度计。

一、基本原理

当一束连续波长的紫外-可见光照射待测物质的溶液时，若某一频率(或波长)的光所具有的能量恰好与分子中价电子的能级差 ΔE 相适应(即 $\Delta E = h\nu$)时，则该频率(波长)的光被该待测物质选择性地吸收，价电子由基态跃迁到激发态。紫外-可见分光光度计就是将物质对紫外-可见光的吸收情况以波长 λ 为横坐标，以吸光度 A 为纵坐标，绘制出 $A-\lambda$ 曲线，即紫外-可见吸收光谱或者叫紫外可见吸收曲线。

紫外-可见吸收光谱的吸收峰形状、位置、个数和强度，取决于分子的结构。物质不同，其分子结构不同，紫外-可见吸收光谱就不同。因此，根据紫外-可见吸收光谱可进行定性鉴定和结构分析。同时，物质对紫外-可见光的吸收服从朗伯-比耳定律，因此，当用一适当波长的单色光照射吸光物质的溶液时，其吸光度 A 与溶液的浓度 c 和光程长度的乘积成正比，这就是紫外-可见分光光度法进行定量分析的依据。

二、仪器结构

目前，紫外-可见分光光度计主要分为两大类。一类为自动扫描型，该类仪器一般由微电脑控制，功能较多。它能自动测定光谱吸收曲线，如 TU-1800SPC 型或岛津 UV-3000 型。另一类为非自动扫描型，它通过手动方式变化波长，一般用于固定波长下对物质吸光度的测定，功能较少，目前常用的是 751-GW 分光光度计。

TU-1800SPC 型为自动扫描型，仪器由 3 部分组成：①紫外-可见分光光度计主机；②IBM 兼容微型计算机，显示器，键盘；③打印机。

其中，仪器主机是双光束比例监测系统，它能使入射光快速地交替照射参比及样品，因而能瞬时得到样品相对于参比的吸收信号，自动做出光谱曲线，仪器具有较高的稳定性，其光路如图Ⅰ-5 所示。

三、仪器操作

由于 仪器型号不同其操作步骤也略有差别，这里只简要说明 TU-1800 紫外-可见分光光度计操作方法。

1. 开机

先打开打印机，然后打开光度计电源开关，最后打开计算机的电源开关，进入 Windows操作环境。

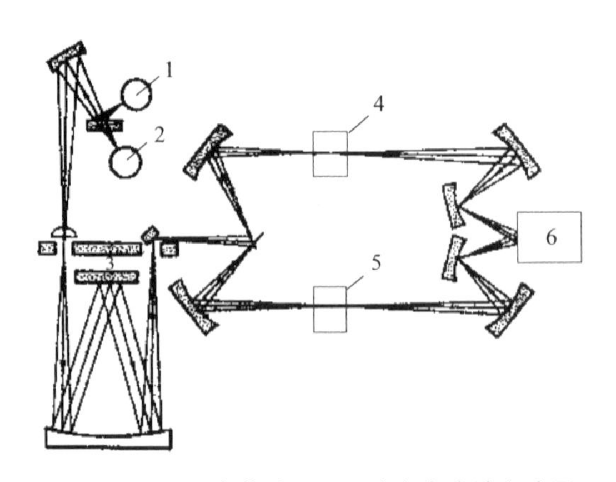

图 I-5　双光束紫外-可见分光光度计光路图

1. 钨灯　2. 氘灯　3. 光栅　4. 参比池　5. 样品池　6. 光电倍增管

2. 测试准备

（1）确认样品室中无挡光物，在［开始］菜单下选择［程序］→［TU - 1800］→［TU1800UVWin 窗口软件］即可启动 TU - 1800 控制程序，进入光度计自检过程。显示器出现初始化工作画面，计算机将对仪器进行自检并初始化。每项测试后，在相应的项后显示 OK，整个过程需要 4 min 左右，通常仪器还需进行 15 ~ 30 min 预热，待稳定再开始测量。

（2）点击 UVWin 窗口主菜单［应用］项，选择所需的工作模式，光谱测量、光度测量、定量测定、时间扫描。

（3）测量条件和参数设置。选择主菜单［配制］→［参数］［仪器］项，可根据需要分别设置测量条件和参数。

（4）基线校正或自动校零。为了保证仪器在整个波段范围内基线的平直度及测光准确性，在每次光谱测量前需进行基线校正；在光度测量、定量测定、时间扫描前需进行自动校零。用鼠标直接点击工作窗口左侧命令条的［Baseline］或［Auto Zero］即可。

3. 测试操作

（1）选好工作模式，设置好测定条件和参数，放置空白样品进行基线校正或自动校零后，根据窗口提示，可放入样品，点击［Start］或［Read］按钮，开始对待测样品进行测量。若中途停止按［ESC］键，可停止当前操作。

（2）使用八联样品池时，设置使用多个样品池则自动按重复测量分别测量不同样品池架的样品，设置空白校正时无需进行空白样品校正，测量时自动到第一样品池处进行空白样品校正后测量。

（3）数据处理。选择菜单［数据处理］项，可对数据进行处理，包括数学运算、变换、数据打印等。

注意事项：比色皿的选择必须根据工作波长范围。在可见光区分析可以选用光学玻璃比色皿，在紫外光区分析时，必须使用石英比色皿，可根据刻在比色皿上面的字母来辨认，“G”表示玻璃，“S”表示石英。

附录Ⅱ　常用数据

附录Ⅱ-1　不同温度下水的饱和蒸气压

Pa

温度/℃	0.0	0.2	0.4	0.6	0.8
0	601.5	619.5	628.6	637.9	647.3
1	656.8	666.3	675.9	685.8	695.8
2	705.8	715.9	726.2	736.6	747.3
3	757.9	768.7	779.7	790.7	801.9
4	813.4	824.9	836.5	848.3	860.3
5	872.3	884.6	897.0	909.5	922.2
6	935.0	948.1	961.1	974.5	988.1
7	1001.7	1015.5	1029.5	1043.6	1058.0
8	1072.6	1087.2	1102.2	1117.2	1132.4
9	1147.8	1163.5	1179.2	1195.2	1211.4
10	1227.8	1244.3	1261.0	1277.9	1295.1
11	1312.4	1330.0	1347.8	1365.8	1383.9
12	1402.3	1421.0	1439.7	1458.7	1477.6
13	1497.3	1517.1	1536.9	1557.2	1577.6
14	1598.1	1619.1	1640.1	1661.5	1683.1
15	1704.9	1726.9	1749.3	1771.9	1794.7
16	1817.7	1841.1	1864.8	1888.6	1912.8
17	1937.2	1961.8	1986.9	2012.1	2037.7
18	2063.4	2089.6	2116.0	2142.6	2169.4
19	2196.8	2224.5	2252.3	2380.5	2309.0
20	2337.8	2366.9	2396.3	2426.1	2456.1
21	2486.5	2517.1	2550.5	2579.7	2611.4
22	2643.4	2675.8	2708.6	2741.8	2775.1
23	2808.8	2843.8	2877.5	2913.6	2947.8
24	2983.4	3019.5	3056.0	3092.8	3129.9
25	3167.2	3204.9	3243.2	3282.0	3321.3

（续）

温度/℃	0.0	0.2	0.4	0.6	0.8
26	3360.9	3400.9	3441.3	3482.0	3523.2
27	3564.9	3607.0	3646.0	3692.5	3735.8
28	3779.6	3823.7	3858.3	3913.5	3959.3
29	4005.4	4051.9	4099.0	4146.6	4194.5
30	4242.9	4286.1	4314.1	4390.3	4441.2
31	4492.3	4543.9	4595.8	4648.2	4701.0
32	4754.7	4808.9	4863.2	4918.4	4974.0
33	5030.1	5086.9	5144.1	5202.0	5260.5
34	5319.2	5378.8	5439.0	5499.7	5560.9
35	5622.9	5685.4	5748.5	5812.2	5876.6
36	5941.2	6006.7	6072.7	6139.5	6207.0
37	6275.1	6343.7	6413.1	6483.1	6553.7
38	6625.1	6696.9	6769.3	6842.5	6916.6
39	6991.7	7067.3	7143.4	7220.2	7297.7
40	7375.9	7454.1	7534.0	7614.0	7695.4
41	7778.0	7860.7	7943.3	8028.7	8114.0
42	8199.3	8284.7	8372.6	8460.6	8548.6
43	8639.3	8729.9	8820.6	8913.9	9007.3
44	9100.6	9195.2	9291.2	9387.2	9484.6
45	9583.2	9681.9	9780.5	9881.9	9983.2
46	10 086	10 190	10 293	10 399	10 506
47	10 612	10 720	10 830	10 939	11 048
48	11 160	11 274	11 388	11 503	11 618
49	11 735	11 852	11 971	12 091	12 211
50	12 334	12 466	12 586	12 706	12 839
60	19 916	—	—	—	—
70	31 157	—	—	—	—
80	47 343	—	—	—	—
90	70 096	—	—	—	—
100	101 325	—	—	—	—

附录Ⅱ-2　乙醇相对密度与含量对照表（20℃，水溶液）

体积分数/%	质量分数/%	相对密度/g·cm^{-3}	体积分数/%	质量分数/%	相对密度/g·cm^{-3}	体积分数/%	质量分数/%	相对密度/g·cm^{-3}
0	0.00	0.998 23	34	28.04	0.957 04	68	60.27	0.890 44
1	0.79	0.996 75	35	28.91	0.955 36	69	61.33	0.887 99
2	1.59	0.995 29	36	29.78	0.954 19	70	62.31	0.885 51
3	2.38	0.993 85	37	30.56	0.952 71	71	63.46	0.883 02
4	3.18	0.992 44	38	31.53	0.951 19	72	64.54	0.880 51
5	3.98	0.991 06	39	32.41	0.949 64	73	65.63	0.877 96
6	4.78	0.989 73	40	33.30	0.948 06	74	66.72	0.875 38
7	5.59	0.988 45	41	34.19	0.946 44	75	67.83	0.872 77
8	6.40	0.987 19	42	34.99	0.944 79	76	68.94	0.870 15
9	7.20	0.985 96	43	35.99	0.943 08	77	70.06	0.867 40
10	8.01	0.984 76	44	36.89	0.941 34	78	71.19	0.864 80
11	8.83	0.983 56	45	37.80	0.939 56	79	72.33	0.862 07
12	9.64	0.982 39	46	38.72	0.937 75	80	73.48	0.859 32
13	10.46	0.981 23	47	39.69	0.935 91	81	74.64	0.856 52
14	11.27	0.980 09	48	40.56	0.934 04	82	75.81	0.853 69
15	12.09	0.978 97	49	41.49	0.932 13	83	77.00	0.850 82
16	12.91	0.977 80	50	42.43	0.930 19	84	78.19	0.847 91
17	13.74	0.976 78	51	43.37	0.926 21	85	79.40	0.844 95
18	14.56	0.985 70	52	44.31	0.926 21	86	80.62	0.841 93
19	15.39	0.974 65	53	45.26	0.924 18	87	81.86	0.838 88
20	16.21	0.973 60	54	46.22	0.922 12	88	83.11	0.835 74
21	17.04	0.972 53	55	47.18	0.920 03	89	84.38	0.832 54
22	17.88	0.971 45	56	48.15	0.917 90	90	85.66	0.829 26
23	18.71	0.970 36	57	49.13	0.915 76	91	86.97	0.825 90
24	19.54	0.969 25	58	50.11	0.913 58	92	88.29	0.822 47
25	20.38	0.968 12	59	51.10	0.911 38	93	89.63	0.818 93
26	21.22	0.966 98	60	52.09	0.909 16	94	91.09	0.815 26
27	22.06	0.965 83	61	53.09	0.906 91	95	92.41	0.811 44
28	22.91	0.964 66	62	54.09	0.904 62	96	93.84	0.807 48
29	23.76	0.963 40	63	55.11	0.902 31	97	95.30	0.803 34
30	24.61	0.962 24	64	56.13	0.899 99	98	96.81	0.799 00
31	25.46	0.961 00	65	57.15	0.897 64	99	98.38	0.799 31
32	26.32	0.959 72	66	58.19	0.895 26	100	100.0	0.789 27
33	27.18	0.958 39	67	59.23	0.892 86			

附录Ⅱ-3　不同温度下液体的密度

g·cm^{-3}

温度/℃	水	乙醇	甘油
0	0.999 84	0.806	—
5	0.999 97	0.802	—
6	0.999 94	0.801	—
7	0.999 90	0.800	—
8	0.999 85	0.800	—
9	0.999 78	0.799	—
10	0.999 70	0.798	—
11	0.999 61	0.797	—
12	0.999 50	0.796	—
13	0.999 38	0.795	—
14	0.999 24	0.795	—
15	0.999 10	0.794	1.265 26
16	0.998 95	0.793	—
17	0.998 78	0.792	—
18	0.998 59	0.791	—
19	0.998 41	0.790	—
20	0.998 20	0.789	1.2613
21	0.997 99	0.788	—
22	0.997 77	0.787	—
23	0.997 54	0.786	—
24	0.997 30	0.786	—
25	0.997 04	0.785	1.261 70
26	0.996 78	0.784	—
27	0.996 51	0.784	—
28	0.996 25	0.783	—
29	0.995 90	0.782	—
30	0.995 65	0.781	—
40	0.992 24	0.782	—
50	0.988 07	0.763	—
60	0.983 24	0.754	—

附录Ⅱ-4 几种常用酸、碱的浓度

试剂名称	密度 /g·cm^{-3}(20℃)	质量分数 /%	物质的量浓度 /mol·dm^{-3}
浓 H_2SO_4	1.84	98	18
稀 H_2SO_4	1.18	25	3
浓 HCl	1.19	38	12
稀 HCl	1.10	20	6
浓 HNO_3	1.42	69	16
稀 HNO_3	1.20	32	6
稀 HNO_3	—	12	2
浓 H_3PO_4	1.7	85	14.7
稀 H_3PO_4	1.05	9	1
浓 $HClO_4$	1.67	70	11.6
稀 $HClO_4$	1.12	19	2
浓 HF	1.13	40	23
HBr	1.38	40	7
HI	1.70	57	7.5
冰 HAc	1.05	99	17.5
稀 HAc	1.04	34	6
稀 HAc	—	12	2
浓 NaOH	1.44	~41	14.4
稀 NaOH	—	8	2
浓 $NH_3 \cdot H_2O$	0.91	~28	14.8
稀 $NH_3 \cdot H_2O$	—	3.5	2
$Ca(OH)_2$水溶液	—	0.15	—
$Ba(OH)_2$水溶液	—	2	~0.1

附录Ⅱ-5　常用缓冲溶液

缓冲溶液组成	pK_a	缓冲溶液 pH	配制方法
氨基乙酸-HCl	2.35 (pK_{a1})	2.3	取氨基乙酸 150 g 溶于 500 cm^3 H_2O 中，加 80 cm^3 浓 HCl，水稀释至 1 dm^3
H_3PO_4-柠檬酸盐	—	2.5	取 113 g $Na_2HPO_4 \cdot 12H_2O$ 溶于 200 cm^3 H_2O 中，加 387 g 柠檬酸溶解，过滤后稀释至 1 dm^3
$ClCH_2COOH$-NaOH	2.86	2.8	取 200 g $ClCH_2COOH$ 溶于 200 cm^3 H_2O 中，加 40 g NaOH 溶解后，稀释至 1 dm^3
邻苯二甲酸氢钾-HCl	2.95 (pK_{a1})	2.9	取 500 g 邻苯二甲酸氢钾溶 500 cm^3 H_2O 中，加 80 cm^3 浓 HCl，稀释至 1 dm^3
HCOOH-NaOH	3.76	3.7	取 95 g HCOOH 和 40 g NaOH 于 500 cm^3 H_2O 中，溶解，稀释至 1 dm^3
NH_4Ac-HAc	—	4.5	取 77 g NH_4Ac 溶于 200 cm^3 H_2O 中，加 59 cm^3 冰 HAc，稀释至 1 dm^3
NaAc-HAc	4.74	4.7	取 83 g 无水 NaAc 溶于 H_2O 中，加 60 cm^3 冰 HAc，稀释至 1 dm^3
NaAc-HAc	4.74	5.0	取 160 g 无水 NaAc 溶于 H_2O 中，加 60 cm^3 冰 HAc，稀释至 1 dm^3
NH_4Ac-HAc	—	5.0	取 250 g NH_4Ac 溶于 H_2O 中，加 25 cm^3 冰 HAc，稀释至 1 dm^3
六次甲基四胺-HCl	5.15	5.4	取 40 g 六次甲基四胺溶于 200 cm^3 H_2O 中，加 10 cm^3 浓 HCl，稀释至 1 dm^3
NH_4Ac-HAc	—	6.0	取 600 g NH_4Ac 溶于 H_2O 中，加 20 cm^3 冰 HAc，稀释至 1 dm^3
NaAc-H_3PO_4盐	—	8.0	取 50 g 无水 NaAc 和 50 g $Na_2HPO_4 \cdot 12H_2O$ 溶于 H_2O 中，稀释至 1 dm^3
三羟甲基氨基甲烷-HCl	8.21	8.2	取 25 g 三羟甲基氨基甲烷溶于 H_2O 中，加 8 cm^3 浓 HCl，稀释至 1 dm^3
NH_3-NH_4Cl	9.26	9.2	取 54 g NH_4Cl 溶于 H_2O 中，加 63 cm^3 浓 $NH_3 \cdot H_2O$，稀释至 1 dm^3
NH_3-NH_4Cl	9.26	9.5	取 54 g NH_4Cl 溶于 H_2O 中，加 126 cm^3 浓 $NH_3 \cdot H_2O$，稀释至 1 dm^3
NH_3-NH_4Cl	9.26	10.0	取 54 g NH_4Cl 溶于 H_2O 中，加 350 cm^3 浓 $NH_3 \cdot H_2O$，稀释至 1 dm^3

注：[1] 缓冲溶液配制后用 pH 试纸检查。如 pH 值不对，可用共轭酸或碱调节。pH 值需要调节精确时，可用 pH 计调节。

[2]若需增加或减少缓冲溶液的缓冲容量时，可相应增加或减少共轭酸碱对物质的量，再调节之。

附录Ⅱ-6 难溶化合物的溶度积(K_{sp}^{Θ})(18～25℃)

化合物	K_{sp}^{Θ}	化合物	K_{sp}^{Θ}
AgCl	1.77×10^{-10}	$Fe(OH)_3$	2.64×10^{-39}
AgBr	5.35×10^{-13}	$Fe(OH)_2$	4.87×10^{-17}
AgI	8.51×10^{-17}	FeS	1.59×10^{-19}
Ag_2CO_3	8.45×10^{-12}	Hg_2Cl_2	1.45×10^{-18}
Ag_2CrO_4	1.12×10^{-12}	HgS(黑)	6.44×10^{-53}
Ag_2SO_4	1.20×10^{-5}	$MgCO_3$	6.82×10^{-6}
$Ag_2S(\alpha)$	6.69×10^{-50}	$Mg(OH)_2$	5.61×10^{-12}
$Ag_2S(\beta)$	1.09×10^{-49}	$Mn(OH)_2$	2.06×10^{-13}
$Al(OH)_3$	2×10^{-33}	MnS	4.65×10^{-14}
$BaCO_3$	2.58×10^{-9}	$Ni(OH)_2$	5.47×10^{-16}
$BaSO_4$	1.07×10^{-10}	NiS	1.07×10^{-21}
$BaCrO_4$	1.17×10^{-10}	$PbCl_2$	1.17×10^{-5}
$CaCO_3$	4.96×10^{-9}	$PbCO_3$	1.46×10^{-13}
$CaC_2O_4\cdot H_2O$	2.34×10^{-9}	$PbCrO_4$	1.77×10^{-14}
CaF_2	1.46×10^{-10}	PbF_2	7.12×10^{-7}
$Ca_3(PO_4)_2$	2.07×10^{-33}	$PbSO_4$	1.82×10^{-8}
$CaSO_4$	7.10×10^{-5}	PbS	9.04×10^{-29}
$Cd(OH)_2$	5.27×10^{-15}	PbI_2	8.49×10^{-9}
CdS	1.40×10^{-29}	$Pb(OH)_2$	1.42×10^{-20}
$Co(OH)_2$(桃红)	1.09×10^{-15}	$SrCO_3$	5.60×10^{-10}
$Co(OH)_2$(蓝)	5.92×10^{-15}	$SrSO_4$	3.44×10^{-7}
$CoS(\alpha)$	4.0×10^{-21}	$ZnCO_3$	1.19×10^{-10}
$CoS(\beta)$	2.0×10^{-25}	$Zn(OH)_2(\gamma)$	6.68×10^{-17}
$Cr(OH)_3$	7.0×10^{-31}	$Zn(OH)_2(\beta)$	7.71×10^{-17}
CuI	1.27×10^{-12}	$Zn(OH)_2(\varepsilon)$	4.12×10^{-17}
CuS	1.27×10^{-36}	ZnS	2.93×10^{-25}

附录Ⅱ-7 弱酸、弱碱的电离常数

弱酸	温度/℃	$K_{a1}^{\ominus}$	$pK_{a1}^{\ominus}$	$K_{a2}^{\ominus}$	$pK_{a2}^{\ominus}$	$K_{a3}^{\ominus}$	$pK_{a3}^{\ominus}$
H_3AsO_4	18	5.62×10^{-3}	2.25	1.70×10^{-7}	6.77	3.95×10^{-12}	11.40
HIO_3	25	1.69×10^{-1}	0.77	—	—	—	—
H_3BO_3	20	7.3×10^{-10}	9.14	—	—	—	—
H_2CO_3	25	4.30×10^{-7}	6.37	5.61×10^{-11}	10.25	—	—
H_2CrO_4	25	1.8×10^{-1}	0.74	3.20×10^{-7}	6.49	—	—
HCN	25	4.93×10^{-10}	9.31	—	—	—	—
HF	25	3.53×10^{-4}	3.45	—	—	—	—
H_2S	18	1.3×10^{-7}	6.89	7.1×10^{-15}	14.15	—	—
HIO	25	2.3×10^{-11}	10.64	—	—	—	—
HClO	18	2.95×10^{-5}	4.53	—	—	—	—
HBrO	25	2.06×10^{-9}	8.69	—	—	—	—
HNO_2	12.5	4.6×10^{-4}	3.34	—	—	—	—
H_3PO_4	25	7.52×10^{-3}	2.12	6.23×10^{-8}	7.21	2.2×10^{-13}	12.66
NH_4^+	25	5.64×10^{-10}	9.25	—	—	—	—
H_2SO_4	25	—	—	1.2×10^{-2}	1.92	—	—
H_2SO_3	18	1.54×10^{-2}	1.81	1.02×10^{-7}	6.99	—	—
HCOOH	25	1.77×10^{-4}	3.75	—	—	—	—
CH_3COOH	25	1.76×10^{-5}	4.75	—	—	—	—
$H_2C_2O_4$	25	5.9×10^{-2}	1.23	6.40×10^{-5}	4.19	—	—
H_2O_2	25	2.4×10^{-12}	11.62	—	—	—	—
$H_3C_6H_5O_7$（柠檬酸）	20	7.1×10^{-4}	3.15	1.68×10^{-5}	4.77	4.1×10^{-7}	6.39
弱碱	**温度/℃**	$K_{b1}^{\ominus}$	$pK_{b1}^{\ominus}$	$K_{b2}^{\ominus}$	$pK_{b2}^{\ominus}$		
$NH_3\cdot H_2O$	25	1.77×10^{-5}	4.75	—	—		
AgOH	25	1×10^{-2}	2	—	—		
$Al(OH)_3$	25	5×10^{-9}	8.30	2×10^{-10}	9.70		
$Be(OH)_2$	25	1.78×10^{-6}	5.75	2.5×10^{-9}	8.60		
$Ca(OH)_2$	25	—	—	6×10^{-2}	1.22		
$Zn(OH)_2$	25	8×10^{-7}	6.10	—	—		

附录Ⅱ-8　25℃时在水溶液中一些电极的标准电极电势

电极	电极反应	标准电极电势/V
第一类电极(标准态压力 = 101.325 kPa)		
$Li^+ \mid Li$	$Li^+ + e^- = Li$	-3.042
$K^+ \mid K$	$K^+ + e^- = K$	-2.925
$Ba^{2+} \mid Ba$	$Ba^{2+} + 2e^- = Ba$	-2.90
$Ca^{2+} \mid Ca$	$Ca^{2+} + 2e^- = Ca$	-2.76
$Na^+ \mid Na$	$Na^+ + e^- = Na$	-2.7111
$Mg^{2+} \mid Mg$	$Mg^{2+} + 2e^- = Mg$	-2.375
$OH^-, H_2O \mid H_2(g) \mid Pt$	$2H_2O + 2e^- = H_2(g) + 2OH^-$	-0.8277
$Zn^{2+} \mid Zn$	$Zn^{2+} + 2e^- = Zn$	-0.763
$Cr^{3+} \mid Cr$	$Cr^{3+} + 3e^- = Cr$	-0.74
$Cd^{2+} \mid Cd$	$Cd^{2+} + 2e^- = Cd$	-0.4028
$Co^{2+} \mid Co$	$Co^{2+} + 2e^- = Co$	-0.28
$Ni^{2+} \mid Ni$	$Ni^{2+} + 2e^- = Ni$	-0.23
$Sn^{2+} \mid Sn$	$Sn^{2+} + 2e^- = Sn$	-0.1366
$Pb^{2+} \mid Pb$	$Pb^{2+} + 2e^- = Pb$	-0.1265
$Fe^{3+} \mid Fe$	$Fe^{3+} + 2e^- = Fe$	-0.036
$H^+ \mid H_2(g) \mid Pt$	$2H^+ + 2e^- = H_2(g)$	0.0000
$Cu^{2+} \mid Cu$	$Cu^{2+} + 2e^- = Cu$	0.3400
$OH^-, H_2O \mid O_2(g) \mid Pt$	$O_2 + 2H_2O + 4e^- = 4OH^-$	0.401
$Cu^+ \mid Cu$	$Cu^+ + e^- = Cu$	0.522
$I^- \mid I_2(s) \mid Pt$	$I_2(s) + 2e^- = 2I^-$	0.535
$Hg_2^{2+} \mid Hg$	$Hg_{22+} + 2e^- = 2Hg$	0.7986
$Ag^+ \mid Ag$	$Ag^+ + e^- = Ag$	0.7994
$Hg^{2+} \mid Hg$	$Hg^{2+} + 2e^- = Hg$	0.851
$Br^- \mid Br_2(g) \mid Pt$	$Br_2(l) + 2e^- = 2Br^-$	1.065
$H^+, H_2O \mid O_2(g) \mid Pt$	$4H^+ + 2O_2(g) + 4e^- = 2H_2O$	1.229
$Cl^- \mid Cl_2(g) \mid Pt$	$Cl_2(g) + 2e^- = 2Cl^-$	1.3580
$Au^+ \mid Au$	$Au^+ + e^- = Au$	1.68
$F^- \mid F_2(g) \mid Pt$	$F_2(g) + 2e^- = 2F^-$	2.87
第二类电极(标准态压力 = 101.325 kPa)		
$SO_4^{2-} \mid PbSO_4(s) \mid Pb$	$PbSO_4(s) + 2e^- = SO_4^{2-} + Pb$	-0.3505
$I^- \mid AgI(s) \mid Ag$	$AgI(s) + e^- = Ag + I^-$	-0.1521
$Br^- \mid AgBr(s) \mid Ag$	$AgBr(s) + e^- = Ag + Br^-$	0.0711
$Cl^- \mid AgCl(s) \mid Ag$	$AgCl(s) + e^- = Ag + Cl^-$	0.2221
氧化还原电极		
$Cr^{3+}, Cr^{2+} \mid Pt$	$Cr^{3+} + e^- = Cr^{2+}$	-0.41
$Sn^{4+}, Sn^{2+} \mid Pt$	$Sn^{4+} + 2e^- = Sn^{2+}$	0.15
$Cu^{2+}, Cu^+ \mid Pt$	$Cu^{2+} + e^- = Cu^+$	0.158
H^+, 醌, 氢醌 $\mid Pt$	$C_6H_4O_2 + 2H^+ + 2e^- = C_6H_4(OH)_2$	0.6993
$Fe^{3+}, Fe^{2+} \mid Pt$	$Fe^{3+} + e^- = Fe^{2+}$	0.770
$Tl^{3+}, Tl^+ \mid Pt$	$Tl^{3+} + 2e^- = Tl^+$	1.247
$Ce^{4+}, Ce^{3+} \mid Pt$	$Ce^{4+} + e^- = Ce^{3+}$	1.61
$Co^{3+}, Co^{2+} \mid Pt$	$Co^{3+} + e^- = Co^{2+}$	1.83

附录Ⅱ-9 实验室中某些试剂的配制

(1) Na_2S (1 mol·dm^{-3}) 称取240 g $Na_2S·9H_2O$ 和40 g NaOH 溶于适量水中，稀释至1 dm^3，混匀。

(2) $(NH_4)_2S$ (3 mol·dm^{-3}) 于200 cm^{3}浓 $NH_3·H_2O$ 中通入 H_2S 气体直至饱和，然后再加入200 cm^{3}浓 $NH_3·H_2O$，最后加水稀释至1 dm^3，混匀。

(3) $(NH_4)_2CO_3$(1 mol·dm^{-3}) 将95 g 研细的$(NH_4)_2CO_3$溶解于1 dm^3 2 mol·dm^{-3} $NH_3·H_2O$ 中。

(4) $(NH_4)_2CO_3$(14%) 将140 g $(NH_4)_2CO_3$溶于860 cm^3H_2O 中。

(5) $(NH_4)_2SO_4$(饱和) 将50 g $(NH_4)_2SO_4$溶解于100 cm^{3}热 H_2O 中，冷却后过滤。

(6) $FeSO_4$(0.25 mol·dm^{-3}) 溶解69.5 g $FeSO_4·7H_2O$ 于适量 H_2O 中，加入5 cm^3 18 mol·dm^{-3} H_2SO_4，再用 H_2O 稀释至1 dm^3，置入小铁钉数枚。

(7) $FeCl_3$(0.5 mol·dm^{-3}) 称取135.2 g $FeCl_3·6H_2O$ 溶于100 cm^3 6 mol·dm^{-3} HCl 中，加 H_2O 稀释至1 dm^3。

(8) $CrCl_3$(0.1 mol·dm^{-3}) 称取26.7 g $CrCl_3·6H_2O$ 溶于30 cm^3 6 mol·dm^{-3} HCl 中，加 H_2O 稀释至1 dm^3。

(9) KI(10%) 溶解100 g KI 于1 dm^3H_2O 中，贮于棕色瓶中。

(10) KNO_3(1%) 溶解10 g KNO_3于1 dm^3H_2O 中。

(11) $Na_3[Co(NO_2)_6]$ 溶解230 g $NaNO_2$于500 cm^3H_2O 中，加入165 cm^3 6 mol·dm^{-3}HAc 和30 g $Co(NO_3)_2·6H_2O$，放置24 h，取其清液，稀释至1 dm^3，并保存在棕色瓶中。此溶液应呈橙色，若变成红色，表示已分解，应重新配制。

(12) $(NH_4)_6MO_7O_{24}·4H_2O$(0.1 mol·dm^{-3}) 溶解124 g $(NH_4)_6MO_7O_{24}·4H_2O$ 于1 dm^3H_2O 中，将所得溶液倒入1 dm^3 6 mol·dm^{-3}HNO_3中，放置24 h，取其澄清液。

(13) $K_3[Fe(CN)_6]$ 取 $K_3[Fe(CN)_6]$0.7～1 g 溶解于 H_2O，稀释至100 cm^3(使用前临时配制)。

(14) 铬黑T 将铬黑T和烘干的 NaCl 按1∶100的比例研细，混合均匀，贮于棕色瓶中。

(15) Mg 试剂 溶解0.01 g Mg 试剂于1 dm^3 1 mol·dm^{-3}NaOH 溶液中。

(16) $SnCl_2$(0.25 mol·dm^{-3}) 称取56.4 g $SnCl_2·2H_2O$ 溶于100 cm^{3}浓 HCl 中，加水稀释至1 dm^3，在溶液中放几颗纯锡粒。

(17) $CrCl_3$(0.1 mol·dm^{-3}) 称取26.7 g $CrCl_3·6H_2O$ 溶于30 cm^3 6 mol·dm^{-3} HCl 中，加水稀释至1 dm^3。

(18) $Hg_2(NO_3)_2$(0.1 mol·dm^{-3}) 称取56 g $Hg_2(NO_3)_2·2H_2O$ 溶于250 cm^3 6 mol·

dm^{-3} HNO_3中，加水稀释至1 dm^3，并加入少许金属汞。

（19）$Pb(NO_3)_2$（0.25 mol·dm^{-3}） 取83 g $Pb(NO_3)_2$溶于少量水中，加入15 cm^3 6 mol·dm^{-3} HNO_3，加水稀释至1 dm^3。

（20）$Bi(NO_3)_3$（0.1 mol·dm^{-3}） 称取48.5 g $Bi(NO_3)_3\cdot 5H_2O$溶于250 cm^3 1 mol·dm^{-3} HNO_3中，加水稀释至1 dm^3。

（21）Cl_2水 水中通入Cl_2至饱和(用时临时配制)，Cl_2在25℃时溶解度为199 cm^3/100 g H_2O。

（22）Br_2水 将约50 g(16 cm^3)液溴注入盛有1 dm^3水的磨口玻璃瓶内，在2 h内经常剧烈振荡，每次振荡之后微开塞子，使积聚的溴蒸气放出。在贮存瓶底有过量的溴，将Br_2水倒入试剂瓶时，过量的溴应留于贮存瓶内，而不倒入试剂瓶。倾倒溴或Br_2水时，应在通风橱中进行，并将凡士林涂在手上或戴橡皮手套操作，以防溴蒸气灼伤。

（23）I_2水(~0.005 mol·dm^{-3}) 将1.3 g I_2和5 g KI溶解在尽可能少量的水中，待I_2完全溶解后(充分搅动)，再加水稀释至1 dm^3。

（24）亚硝酰铁氰化钠(3%) 称取3 g $Na_2[Fe(CN_5)NO]\cdot 2H_2O$溶于100 cm^3水中。

（25）淀粉溶液(~0.5%) 取易溶淀粉1 g和$HgCl_2$ 5 mg(作防腐剂)置于烧杯中，加水少许，调成糊浆，然后倾入200 cm^3沸水中。

（26）钼酸铵 5 g钼酸铵溶于100 cm^3水中，加入35 cm^3 HNO_3(密度1.2 g·cm^{-3})。

（27）钙指示剂(0.2%) 0.2 g钙指示剂溶于100 cm^3水中。

（28）铝试剂(0.1%) 1 g铝试剂溶于1 dm^3水中。

附录Ⅱ-10 常用干燥剂

干燥剂	酸-碱性质	与水作用的产物	说 明[1]
$CaCl_2$	中性	$CaCl_2 \cdot H_2O$ $CaCl_2 \cdot 2H_2O$ $CaCl_2 \cdot 6H_2O$	脱水量大，作用快，效率不高；$CaCl_2$颗粒大，易与干燥后溶液分离，为良好的初步干燥剂；不可用于干燥醇类、胺类或酚类、酯类和酸类；氯化钙六水合物在30℃以上失水
Na_2SO_4	中性	$Na_2SO_4 \cdot 7H_2O$ $Na_2SO_4 \cdot 10H_2O$	价格便宜，脱水量大，作用慢，效率低；为良好的常用初步干燥剂；物理外观为粉状，需把干燥后溶液过滤分离；$Na_2SO_4 \cdot 10H_2O$在33℃以上失水
$MgSO_4$	中性	$MgSO_4 \cdot H_2O$ $MgSO_4 \cdot 7H_2O$	比Na_2SO_4作用快，效率高；为一般良好的干燥剂；$MgSO_4 \cdot 7H_2O$在48℃以上失水
$CaSO_4$	中性	$CaSO_4 \cdot 1/2H_2O$	脱水量小但作用很快，效率高；建议先用脱水量大的干燥剂作为溶液的初步干燥；$CaSO_4 \cdot 1/2H_2O$加热2～3 h即可失水
$CuSO_4$	中性	$CuSO_4 \cdot H_2O$ $CuSO_4 \cdot 3H_2O$ $CuSO_4 \cdot 5H_2O$	较$MgSO_4$、Na_2SO_4效率高，但比两者价格都贵
K_2CO_3	碱性	$K_2CO_3 \cdot 3/2H_2O$ $K_2CO_3 \cdot 2H_2O$	脱水量及效率一般；适用于酯类、腈类和酮类，但不可用于酸性有机化合物
H_2SO_4	酸性	$H_3O^+ HSO_4^-$	适用于烷基卤化物和脂肪烃，但不可用于烯类、醚类及弱碱性物质；脱水效率高
P_2O_5	酸性	HPO_3 $H_4P_2O_7$ H_3PO_4	参见硫酸说明；也适用于醚类、芳香卤化物以及芳香烃类；脱水效率极高；建议将溶液先经预干燥；干燥后溶液可蒸馏与干燥剂分开
CaH_2	碱性	$H_2 + Ca(OH)_2$	效率高但作用慢；适用于碱性、中性或弱酸性化合物；不能用于对碱敏感的物质；建议先将溶液通过初步干燥；干燥后的溶液蒸馏与干燥剂分开
Na	碱性	$H_2 + NaOH$	效率高但作用慢。不可用于对碱土金属或碱敏感的化合物；应练习掌握分解过量的干燥剂；溶液需先进行初步干燥后再用金属钠干燥；干燥后溶液可用蒸馏与干燥剂分开
BaO 或 CaO	碱性	$Ba(OH)_2$或 $Ca(OH)_2$	作用慢但效率高；适用于醇类及胺类而不适用于对碱敏感的化合物；干燥后可把溶液蒸馏而与干燥剂分开
KOH 或 NaOH	碱性	溶液	快速有效，但应用范围几乎限于干燥胺类
#3A 或#4A 分子筛[2]	中性	能牢固吸着水分	快速、高效；需将液体经初步干燥后再用；干燥后把溶液蒸馏以与干燥剂分开；分子筛为硅酸铝的商品名称，具有一定的直径小孔的结晶形结构；#3A、#4A 分子筛的孔径大小仅允许水或其他小分子(如氨分子)进入；水由于水化而被牢牢吸着；水化后分子筛可在常压或减压下300～320℃加热活化

注：[1] 脱水量为一定质量的干燥剂所能除去的水量，而效率则为水合干燥剂平衡时的水量。
[2] 数字为分子筛孔径的大小，现以 Å 为单位。

附录Ⅱ-11　常见离子和化合物的颜色

一、离子

1. 无色离子

阳离子：Na^+　K^+　NH_4^+　Mg^{2+}　Ca^{2+}　Ba^{2+}　Al^{3+}　Sn^{2+}　Pb^{2+}　Bi^{3+}　Ag^+　Zn^{2+}　Cd^{2+}　Hg_2^{2+}　Hg^{2+}

阴离子：BO_2^-　$C_2O_4^{2-}$　Ac^-　CO_3^{2-}　SiO_3^{2-}　NO^-　PO_4^{3-}　MoO_4^{2-}　SO_3^{2-}　SO_4^{2-}　S^{2-}　$S_2O_3^{2-}$　F^-　Cl^-　ClO_3^-　Br^-　BrO_3^-　I^-　SCN^-　$[CuCl_2]^-$

2. 有色离子

$[Cu(H_2O)_4]^{2+}$	$[CuCl_4]^{2-}$	$[Cu(NH_3)_4]^{2+}$	$[Cr(H_2O)_6]^{2+}$	$[Cr(H_2O)_6]^{3+}$
浅蓝色	黄色	深蓝色	蓝色	紫色

$[Cr(H_2O)_5Cl]^{2+}$	$[Cr(H_2O)_4Cl_2]^+$	$[Cr(NH_3)_2(H_2O)_4]^{3+}$
浅绿色	暗绿色	紫红色

$[Cr(NH_3)_3(H_2O)_3]^{3+}$	$[Cr(NH_3)_4(H_2O)_2]^{3+}$	$[Cr(NH_3)_5H_2O]^{2+}$
浅红色	橙红色	橙黄色

$[Cr(NH_3)_6]^{3+}$	CrO_2^-	CrO_4^{2-}	$Cr_2O_7^{2-}$	$[Mn(H_2O)_6]^{2+}$	MnO_4^{2-}	MnO_4^-
黄色	绿色	黄色	橙色	肉色	绿色	紫红色

$FeCl_6^{3-}$	$FeF^{3-}{}_6$	$[Fe(C_2O_4)_3]^{3-}$	$[Fe(NCS)_n]^{3-n}$	$[Fe(H_2O)_6]^{2+}$
黄色	无色	黄色	血红色	浅绿色

$[Fe(H_2O)_6]^{3+}$	$[Fe(CN)_6]^{4-}$	$[Fe(CN)_6]^{3-}$	$[Co(H_2O)_6]^{2+}$
浅紫色[1]	黄色	浅橘黄色	粉红色

$[Co(NH_3)_6]^{2+}$	$[Co(NH_3)_6]^{3+}$	$[CoCl(NH_3)_5]^{2+}$	$[Co(NH_3)_5(H_2O)]^{3+}$
黄色	橙黄色	红紫色	粉红色

$[Co(NH_3)_4CO_3]^+$	$[Co(CN)_6]^{3-}$	$[Co(SCN)_4]^{2-}$
紫红色	紫色	蓝色

$[Ni(H_2O)_6]^{2+}$	$[Ni(NH_3)_6]^{2+}$	I_3^-
亮绿色	蓝色	浅棕黄色

二、化合物

1. 氧化物

CuO	Cu_2O	Ag_2O	ZnO	Hg_2O	HgO	TiO_2
黑色	暗红色	暗棕色	白色	黑褐色	红色或黄色	白色或橙红色
V_2O_3	VO_2	V_2O_5	Cr_2O_3	CrO_3	MnO_2	FeO
黑色	深蓝色	红棕色	绿色	红色	棕褐色	黑色
Fe_2O_3	Fe_3O_4	CoO	Co_2O_3	NiO	Ni_2O_3	PbO
砖红色	黑色	灰绿色	黑色	暗绿色	黑色	黄色
Pb_3O_4						
红色						

2. 氢氧化物

$Zn(OH)_2$	$Pb(OH)_2$	$Mg(OH)_2$	$Sn(OH)_2$	$Sn(OH)_4$	$Mn(OH)_2$
白色	白色	白色	白色	白色	白色
$Fe(OH)_2$	$Fe(OH)_3$	$Cd(OH)_2$	$Al(OH)_3$	$Bi(OH)_3$	$Sb(OH)_3$
白色或苍绿色	红棕色	白色	白色	白色	白色
$Cu(OH)_2$	$CuOH$	$Ni(OH)_2$	$Ni(OH)_3$	$Co(OH)_2$	$Co(OH)_3$
浅蓝色	黄色	浅绿色	黑色	粉红色	褐棕色
$Cr(OH)_3$					
灰绿色					

3. 氯化物

$AgCl$	Hg_2Cl_2	$PbCl_2$	$CuCl$	$CuCl_2$	$CuCl_2 \cdot 2H_2O$
白色	白色	白色	白色	棕色	蓝色
$Hg(NH_3)Cl$	$CoCl_2$	$CoCl_2H_2O$	$CoCl_2 \cdot 2H_2O$	$CoCl_2 \cdot 6H_2O$	$FeCl_3 \cdot 6H_2O$
白色	蓝色	蓝紫色	蓝红色	粉红色	黄棕色

4. 溴化物

$AgBr$	$CuBr_2$	$PbBr_3$
淡黄色	黑紫色	白色

5. 碘化物

AgI	Hg_2I_2	HgI_2	PbI_2	CuI
黄色	黄褐色	红色	黄色	白色

6. 卤酸盐

$Ba(IO_3)_2$	$AgIO_3$	$KClO_4$	$AgBrO_3$
白色	白色	白色	白色

7. 硫化物

Ag_2S	HgS	PbS	CuS	Cu_2S	FeS
灰黑色	红色或黑色	黑色	黑色	黑色	棕黑色
Fe_2S_3	SnS	SnS_2	CdS	Sb_2S_3	Sb_2S_5
黑色	灰黑色	金黄色	黄色	橙色	橙红色
MnS	ZnS	As_2S_3			
肉色	白色	黄色			

8. 硫酸盐

Ag_2SO_4	Hg_2SO_4	$PbSO_4$	$CaSO_4$	$BaSO_4$	$[Fe(NO)]SO_4$
白色	白色	白色	白色	白色	深棕色

$Cu(OH)_2SO_4$	$CuSO_4 \cdot 5H_2O$	$CoSO_4 \cdot 7H_2O$	$Cr_2(SO_4)_3 \cdot 6H_2O$	$Cr_2(SO_4)_3$
浅蓝色	蓝色	红色	绿色	紫色或红色
$Cr_2(SO_4)_3 \cdot 18H_2O$				
蓝紫色				

9. 碳酸盐

Ag_2CO_3	$CaCO_3$	$BaCO_3$	$MnCO_3$	$CdCO_3$	$Zn_2(OH)_2CO_3$
白色	白色	白色	白色	白色	白色
$FeCO_3$	$Cu_2(OH)_2CO_3$	$Ni_2(OH)_2CO_3$			
白色	暗绿色[2]	浅绿色			

10. 磷酸盐

$Ca_3(PO_4)_2$	$CaHPO_4$	$Ba_3(PO_4)_2$	$FePO_4$	Ag_3PO_4	$MgNH_4PO_4$
白色	白色	白色	浅黄色	黄色	白色

11. 铬酸盐

Ag_2CrO_4	$PbCrO_4$	$BaCrO_4$	$FeCrO_4 \cdot 2H_2O$	$CaCrO_4$
砖红色	黄色	黄色	黄色	黄色

12. 硅酸盐

$BaSiO_3$	$CuSiO_3$	$CoSiO_3$	$Fe_2(SiO_3)_3$	$MnSiO_3$	$NiSiO_3$	$ZnSiO_3$
白色	蓝色	紫色	棕红色	肉色	翠绿色	白色

13. 草酸盐

CaC_2O_4	$Ag_2C_2O_4$	$FeC_2O_4 \cdot 2H_2O$
白色	白色	黄色

14. 类卤化合物

$AgCN$	$Ni(CN)_2$	$Cu(CN)_2$	$CuCN$	$AgSCN$	$Cu(SCN)_2$
白色	浅绿色	浅棕黄色	白色	白色	黑绿色

15. 其他含氧酸盐

$Ag_2S_2O_3$	$BaSO_3$
白色	白色

16. 其他化合物

$Fe_4[Fe(CN)_6]_3 \cdot xH_2O$	$Cu_2[Fe(CN)_6]$	$Ag_3[Fe(CN)_6]$	$Zn_3[Fe(CN)_6]_2$
蓝色	红棕色	橙色	黄褐色
$Co_2[Fe(CN)_6]$	$Ag_4[Fe(CN)_6]$	$Zn_2[Fe(CN)_6]$	$K_3[Co(NO_2)_6]$
绿色	白色	白色	黄色
$K_2Na[Co(NO_2)_6]$	$(NH_4)_2Na[Co(NO_2)_6]$	$K_2[PtCl_6]$	$Na_2[Fe(CN)_5NO] \cdot 2H_2O$
黄色	黄色	黄色	红色

$NaAc \cdot Zn(Ac)_2 \cdot 3[UO_2(Ac)_2] \cdot 9H_2O$

黄色

注：[1]溶液由于水解生成$[Fe(H_2O)_5OH]^{2+}$、$[Fe(H_2O)_4(OH)_2]^+$等离子而呈黄棕色。未水解的$FeCl_3$溶液由于生成$[FeCl_4]^-$也会呈现黄棕色。

[2]相同浓度$CuSO_4$和Na_2CO_3溶液的比例(体积)不同时生成的碱式碳酸铜颜色不同：

$CuSO_4$: Na_2CO_3	碱式碳酸铜颜色
2:1.6	浅蓝绿色
1:1	暗绿色

附录Ⅱ-12 元素的相对原子质量(1999年)

[以 $A_r(^{12}C)=12$ 为标准]

原子序数	元素名称	元素符号	相对原子质量	原子序数	元素名称	元素符号	相对原子质量
1	氢	H	1.007 94(7)	37	铷	Rb	85.4678(3)
2	氦	He	4.002 602(2)	38	锶	Sr	87.62(1)
3	锂	Li	6.941(2)	39	钇	Y	88.905 85(2)
4	铍	Be	9.012 182(3)	40	锆	Zr	91.224(2)
5	硼	B	10.811(7)	41	铌	Nb	92.906 38(2)
6	碳	C	12.010 7(8)	42	钼	Mo	95.94(1)
7	氮	N	14.006 74(7)	43	锝*	Tc	(98)
8	氧	O	15.9994(3)	44	钌	Ru	101.07(2)
9	氟	F	18.998 403 2(5)	45	铑	Rh	102.905 50(2)
10	氖	Ne	20.1797(6)	46	钯	Pd	106.42(1)
11	钠	Na	22.989 770(2)	47	银	Ag	107.8682(2)
12	镁	Mg	24.3050(6)	48	镉	Cd	112.411(8)
13	铝	Al	26.981 538(2)	49	铟	In	114.818(3)
14	硅	Si	28.0855(3)	50	锡	Sn	118.710(7)
15	磷	P	30.973 761(2)	51	锑	Sb	121.760(1)
16	硫	S	32.066(6)	52	碲	Te	127.60(3)
17	氯	Cl	35.4527(9)	53	碘	I	126.904 47(3)
18	氩	Ar	39.948(1)	54	氙	Xe	131.29(2)
19	钾	K	39.0983(1)	55	铯	Cs	132.905 45(2)
20	钙	Ca	40.078(4)	56	钡	Ba	137.327(7)
21	钪	Sc	44.955 910(8)	57	镧	La	138.9055(2)
22	钛	Ti	47.867(1)	58	铈	Ce	140.116(1)
23	钒	V	50.9415(1)	59	镨	Pr	140.907 65(2)
24	铬	Cr	51.9961(6)	60	钕	Nd	144.24(3)
25	锰	Mn	54.938 049(9)	61	钷*	Pm	(145)
26	铁	Fe	55.845(2)	62	钐	Sm	150.36(3)
27	钴	Co	58.933 200(9)	63	铕	Eu	151.964(1)
28	镍	Ni	58.6934(2)	64	钆	Gd	157.25(3)
29	铜	Cu	63.546(3)	65	铽	Tb	158.925 34(2)
30	锌	Zn	65.39(2)	66	镝	Dy	162.50(3)
31	镓	Ga	69.723(1)	67	钬	Ho	164.930 32(2)
32	锗	Ge	72.61(2)	68	铒	Er	167.26(3)
33	砷	As	74.921 60(2)	69	铥	Tm	168.934 21(2)
34	硒	Se	78.96(3)	70	镱	Yb	173.04(3)
35	溴	Br	79.904(1)	71	镥	Lu	174.967(1)
36	氪	Kr	83.80(1)	72	铪	Hg	178.49(2)

（续）

原子序数	元素名称	元素符号	相对原子质量	原子序数	元素名称	元素符号	相对原子质量
73	钽	Ta	180.9479(1)	93	镎*	Np	(237)
74	钨	W	183.84(1)	94	钚*	Pu	(244)
75	铼	Re	186.207(1)	95	镅*	Am	(243)
76	锇	Os	190.23(3)	96	锔*	Cm	(247)
77	铱	Ir	192.217(3)	97	锫*	Bk	(247)
78	铂	Pt	195.078(2)	98	锎*	Cf	(251)
79	金	Au	196.966 55(2)	99	锿*	Es	(252)
80	汞	Hg	200.59(2)	100	镄*	Fm	(257)
81	铊	Tl	204.3833(2)	101	钔*	Md	(258)
82	铅	Pb	207.2(1)	102	锘*	No	(259)
83	铋	Bi	208.980 38(2)	103	铹*	Lr	(260)
84	钋*	Po	(210)	104	*	Rf	(261)
85	砹*	At	(210)	105	*	Db	(262)
86	氡*	Rn	(222)	106	*	Sg	(263)
87	钫*	Fr	(223)	107	*	Bh	(264)
88	镭*	Ra	(226)	108	*	Hs	(265)
89	锕*	Ac	(227)	109	*	Mt	(268)
90	钍*	Th	232.0381(1)	110	*		(269)
91	镤*	Pa	231.035 88(2)	111	*		(272)
92	铀*	U	238.0289(1)	112	*		(277)

注：本表相对原子质量引自1999年国际相对原子质量表。表中加*者为放射性元素。放射性元素相对原子质量加括号的为该元素半衰期最长的同位素的质量数。